KB154350

눈에 보이지 않는 지도책

작가들의 전작

『런던: 정보의 수도 London: The Information Capital』

·

『동물은 어디로 가는가 Where the Animals Go』

ATLAS OF THE INVISIBLE

눈에 보이지 않는 지도책

• 세상을 읽는 데이터 지리학 •

제임스 체셔 &
올리버 우버티 지음

송예슬 옮김

윌북

ATLAS OF THE INVISIBLE:
MAPS & GRAPHICS THAT WILL CHANGE HOW YOU SEE THE WORLD

First published as ATLAS OF THE INVISIBLE: MAPS & GRAPHICS THAT WILL CHANGE HOW YOU SEE THE WORLD
by Particular Books, an imprint of Penguin Press. Penguin Press is part of the Penguin Random House group of companies.

Designed by Oliver Uberti
Set in Bureau Grot, Dolly, Surveyor, Whitney and Yana

아일라에게

- 제임스 -

저스틴에게

- 올리버 -

차례

2
우리는 누구인가

4
우리가 마주하는 것

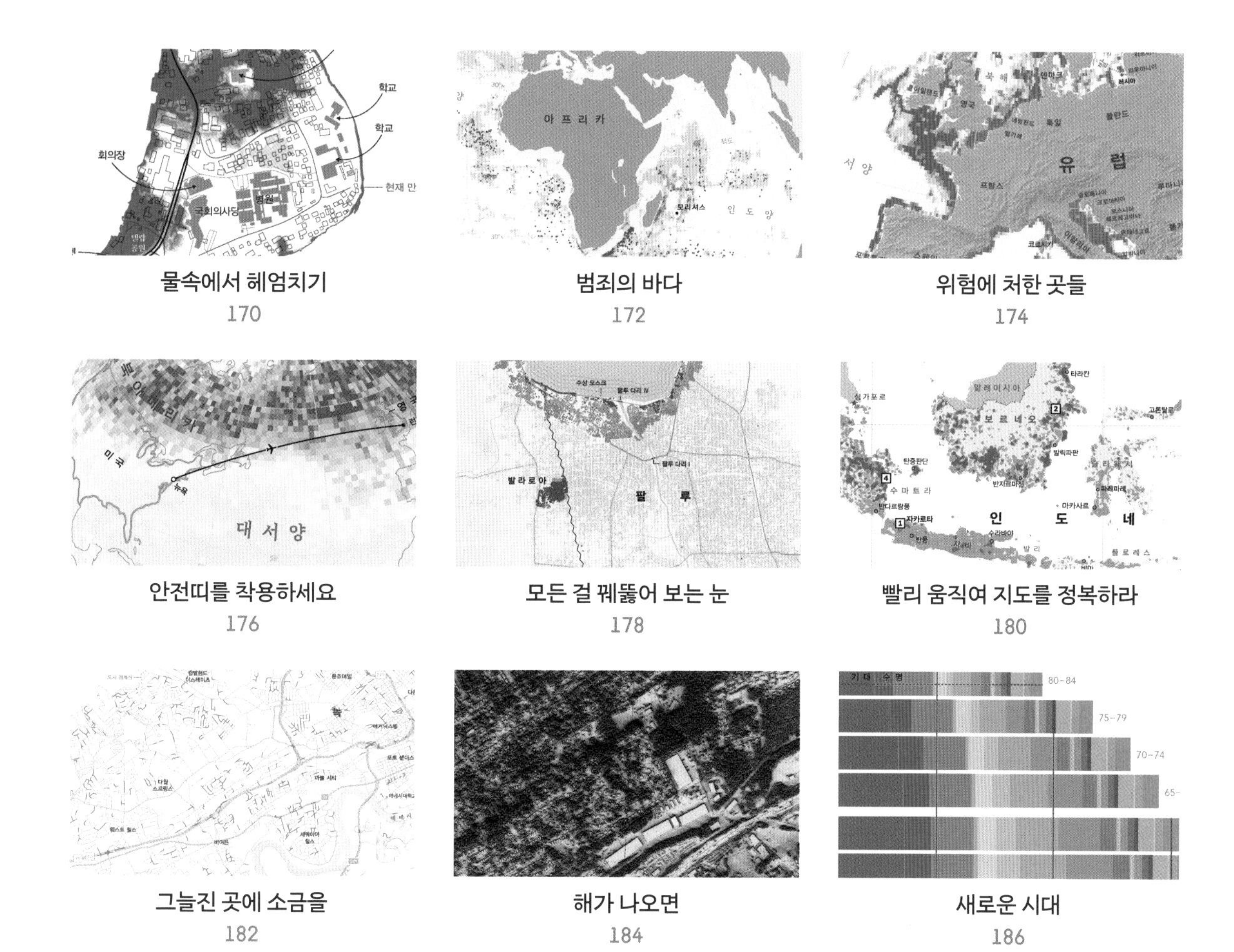
학교
학교
회의장
현재 만
국회의사당
아 프 리 카
모리셔스
인 도 양
유 럽
서 양
대 서 양
미 국
뉴욕
발 라 로 아
팔 루
보 르 네 오
인 도 네
싱가포르
자카르타
80~84
75~79
70~74

에필로그 & 부록

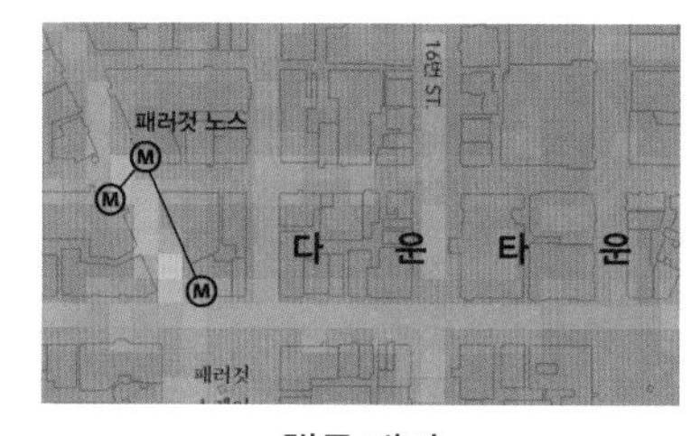
16번 ST
패러것 노스
다 운 타 운
패러것

"profile_banner_url": "https://pbs.twimg.com/profile_
"protected": false, "screen_name": "GuyLansley",
"utc_offset": null, "verified": false
\"nofollow\">TWITTER FOR IPHONE</a>", "text": "RT
abled": false, "created_at": "Fri Jan 15 13:05:39 +0000

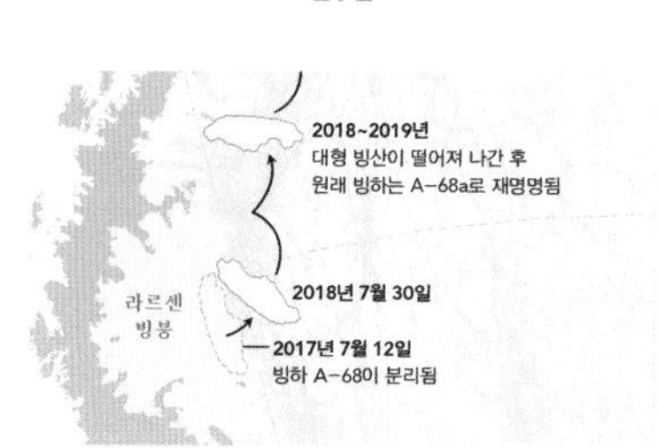
2018~2019년
대형 빙산이 떨어져 나간 후
원래 빙하는 A-68a로 재명명됨
2018년 7월 30일
라르센 빙붕
2017년 7월 12일
빙하 A-68이 분리됨

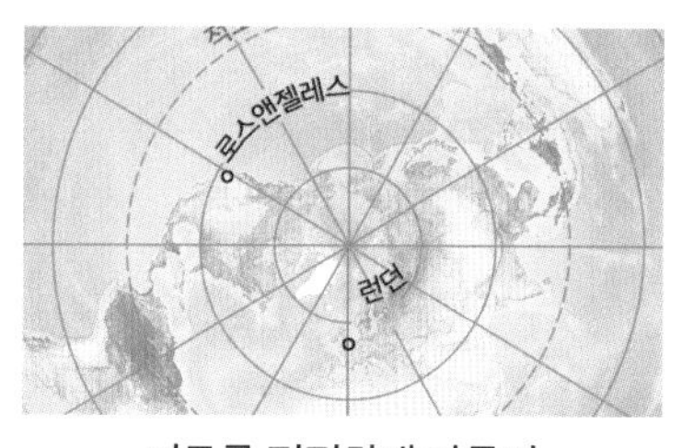
로스앤젤레스
런던

머리말

올리버가 나와 함께 이 책을 작업하려고 런던에 왔을 때 마침 유럽에 코로나19가 퍼지기 시작했다. 아직 전문가들도 이 상황을 팬데믹이라고 부르지 않던 때였지만, 비행기로 어디든 갈 수 있는 세상에서 바이러스가 전 세계로 퍼지는 것은 불가피해 보였다. 올리버는 시차 적응 때문에 늦게까지 잠 못 이루며 뉴스를 스크롤하고 대시보드를 새로고침했다. 아침마다 우리는 새로 나온 뉴스에 관해 이야기했다. 우한에 있는 병원들에 관해, 바다에 발이 묶인 유람선에 관해, 보이지 않는 것이 우리 눈앞에 나타나기까지 우리 각자가 얼마나 오랫동안 그것을 감지했었나에 관하여.

올리버는 상황이 최악으로 치달을 것이라 예상했으나 나는 경보음을 울리기 전에 데이터를 더 보고 싶었다. 올리버가 로스앤젤레스로 돌아간 날, 나는 지도 제작 수업을 듣는 학생들에게 늘어나는 확진자 통계를 지도로 만들라는 과제를 내주었다. 심각하면서도 우리와 동떨어진 상황을 어떻게 추적할지 배울 기회라고 생각했기 때문이었다. 지금에야 고백하지만, 그때 나는 지도에 표시된 집중 발병 지역에 학생들의 가족과 친구가 얼마나 많이 사는지 미처 헤아리지 못했다.

일주일이 지나자 몇몇 학생이 국경 봉쇄 전에 서둘러 고국으로 돌아가느라 수업에 오지 못했다. 며칠 후인 3월 23일에는 영국 전체가 록 다운에 돌입했다. 나는 하드드라이브를 챙겨 지하철에 올라탔고 집에 돌아가서는 방 한 칸을 줌 강의실로 꾸몄다. 아내의 할머니가 병원에 입원했다가 코로나 양성 판정을 받았을 때조차 위험은 모호했고 눈에 보이지 않았다. 할머니는 생의 마지막 순간을 홀로 격리된 채 보내야 했고, 우리는 할머니에게 오로지 문자 메시지로 작별 인사를 전했다. 함께 애도하는 의식조차 없었기에 할머니가 영영 떠났다는 것이 좀처럼 믿기지 않았다.

올리버가 방문하고 두 달이 지난 4월 말이 되어서야 나는 현실을 실감했다. 대기오염 그래픽을 만드느라 데이터를 처리하고 있는데 밖에서 구급차 소리가 들려왔다. 창밖을 내다보니 구급 대원들이 우리 집 건물 앞 담벼락에 모여 보호 장비를 착용한 뒤 옆집으로 들어갔다. 몇 시간이 흘러 다시 나타난 대원들은 낙심한 모습이었다. 현장에 도착한 장의사들을 보고 나서야 나는 가장 우려하던 상황이 벌어졌음을 직감했다. 새 부리 가면을 쓰고 회진하던 흑사병 의사를 볼 때 기분이 그렇지 않았을까. 1854년 존 스노John Snow가 만든 콜레라 지도 속 소호 거리처럼, 조용하던 우리 집 길목에도 표식이 붙었다. 수업에서나 다루던 역사 속 사건이 별안간 우리 시대에 유효한 경고 메시지가 되었다.

비로소 나는 우리 가운데 있는 죽음의 존재를 느꼈다. 무기력했고, 대단히 슬펐다. 우리 옆집을 가리키는 데이터 포인트에 이러한 감정은 빠져 있다. 공식 기록상으로 옆집 사람의 죽음은 총계에 더해질 또 하나의 숫자, 우리가 사는 거리와 구, 도시와 국가, 나아

영국에서 코로나19가 발생하고 처음 6주 동안 사망자는 2만 명에 달했다. 지도에 표시된 점은 사망자 한 명을 가리킨다.

가 세계지도에 표시될 또 하나의 점에 지나지 않는다. 노골적이지만, 말끔히 소독된 죽음. 이것으로는 모든 이야기를 설명할 수 없다. 확진 사례가 매번 확인시켜주듯이 검사받지 않았을 뿐 전염된 채 사는 사람들도 존재한다. 만약 그들이 세계 통계에 가시화되었더라면 2020년 5월에는 아내와 나도 그 집계에 포함되었을 것이다. 이 글을 쓰는 지금도 과학이 설명 못 하는 부작용으로 조용히 고통받는 코로나19 생존자들이 있다. 아내는 아직도 후각이 돌아오지 않았다.

이 책은 올리버와 내가 코로나19 이전에 대부분 작업해둔 것이다. 바이러스가 사회의 거의 모든 면면을 바꿔놓는 동안 우리는 과거에 존 스노가 그랬듯이, 위기에서 생존하는 능력은 원인을 얼마나 잘 파악하느냐에 달렸음을 직접 확인했다. 시각화된 데이터는 정보가 되어 사람들을 지켜야 하는 자리에 있는 이들에게 무기가 되어준다. 우리가 맞서는 것이 바이러스이건, 불평등이건, 기후 위기이건 틀림없이 그러하다.

수 세기 동안 지도책은 도로, 강, 산과 같이 인간이 볼 수 있는 것들을 묘사했다. 이제 우리에게는 보이지 않는 패턴이 우리 삶을 어떻게 형성하는지를 보여줄 지도가 필요하다. 『눈에 보이지 않는 지도책』은 눈에 보이지 않는 존재, 문자나 숫자만으로는 전달되지 않는 정보의 세계에 부치는 송가이다. 이 책에 가시화된 패턴이 계속 똑같은 삶에 머무를지, 아니면 더 나은 세상을 재건할지를 여러분이 선택하는 데 도움이 되기를 바란다.

2021년 2월 런던에서, 제임스 체셔

코로나19 사망자 수[1]
2020년 2월 1일~4월 17일

그레이터 런던	잉글랜드와 웨일스
4,950	**20,283**

런던
0 100 km

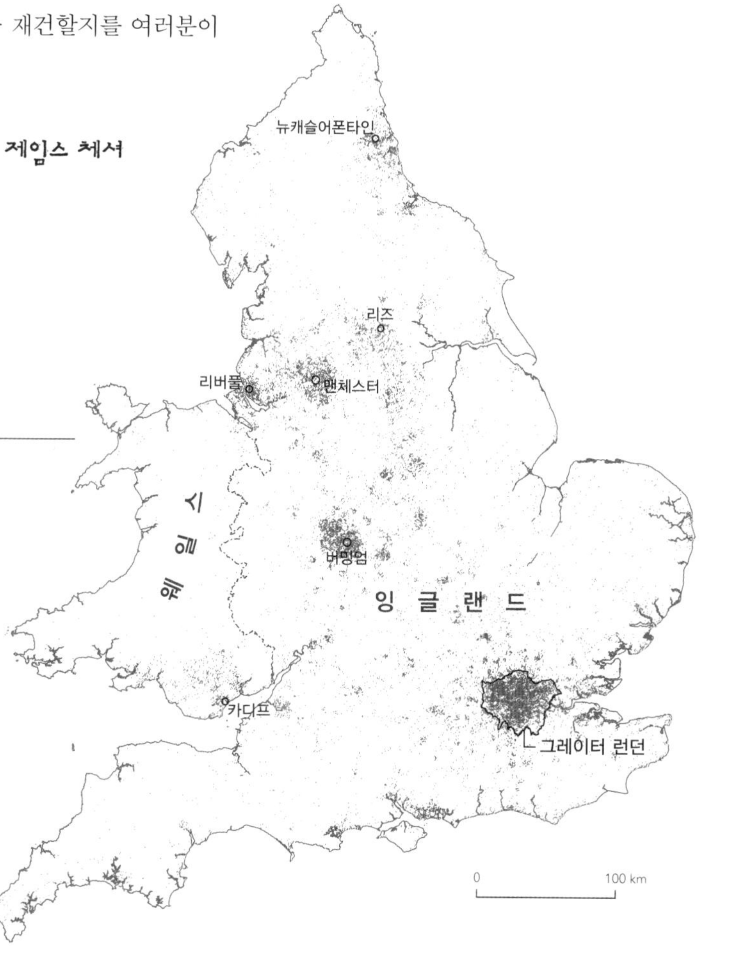

뉴캐슬어폰타인
리즈
리버풀
맨체스터
웨일스
버밍엄
잉글랜드
카디프
그레이터 런던
0 100 km

보이지 않는 것에 관하여

우리는 결론을 내릴 수 있고,

비교적 확실하게 그 존재를 상정할 수 있다.

하지만 그것을 표현하려면 유추하는 수밖에 없다.

보이지 않는 것을 의미하지만

눈에 보이는 방식으로만.[2]

게르하르트 리히터

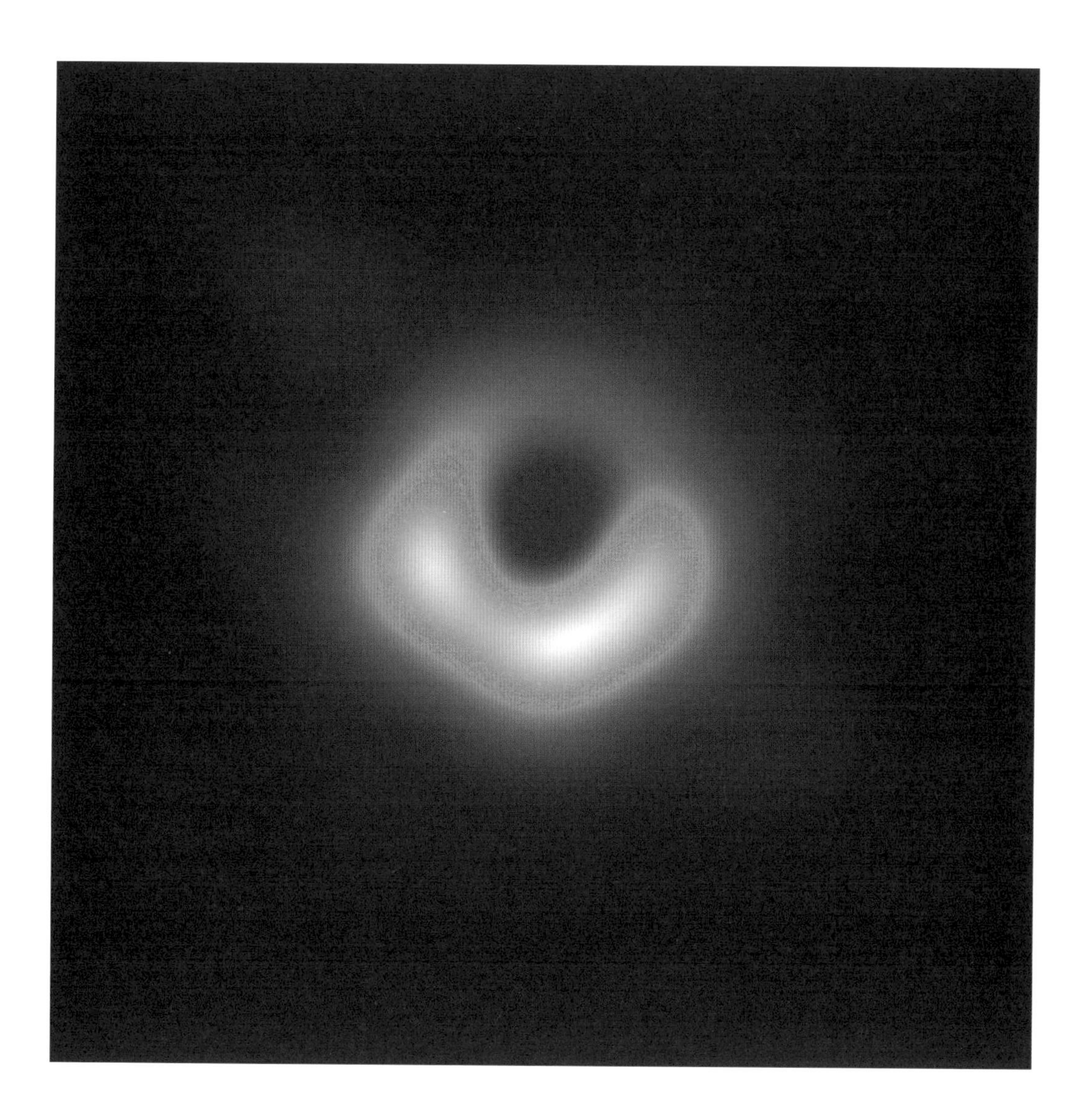

MIT의 학생 케이티 보먼Katie Bouman은 '이전에는 볼 수 없었던 것들을 관찰할 수 있는'[3] 영상 시스템의 가능성을 입증했다. 2년 후 사건 지평선 망원경Event Horizon Telescope 팀은 하드디스크 더미에 담긴 페타바이트 단위의 데이터를 처리하는 알고리즘을 만들어 최초의 블랙홀을 촬영했다.

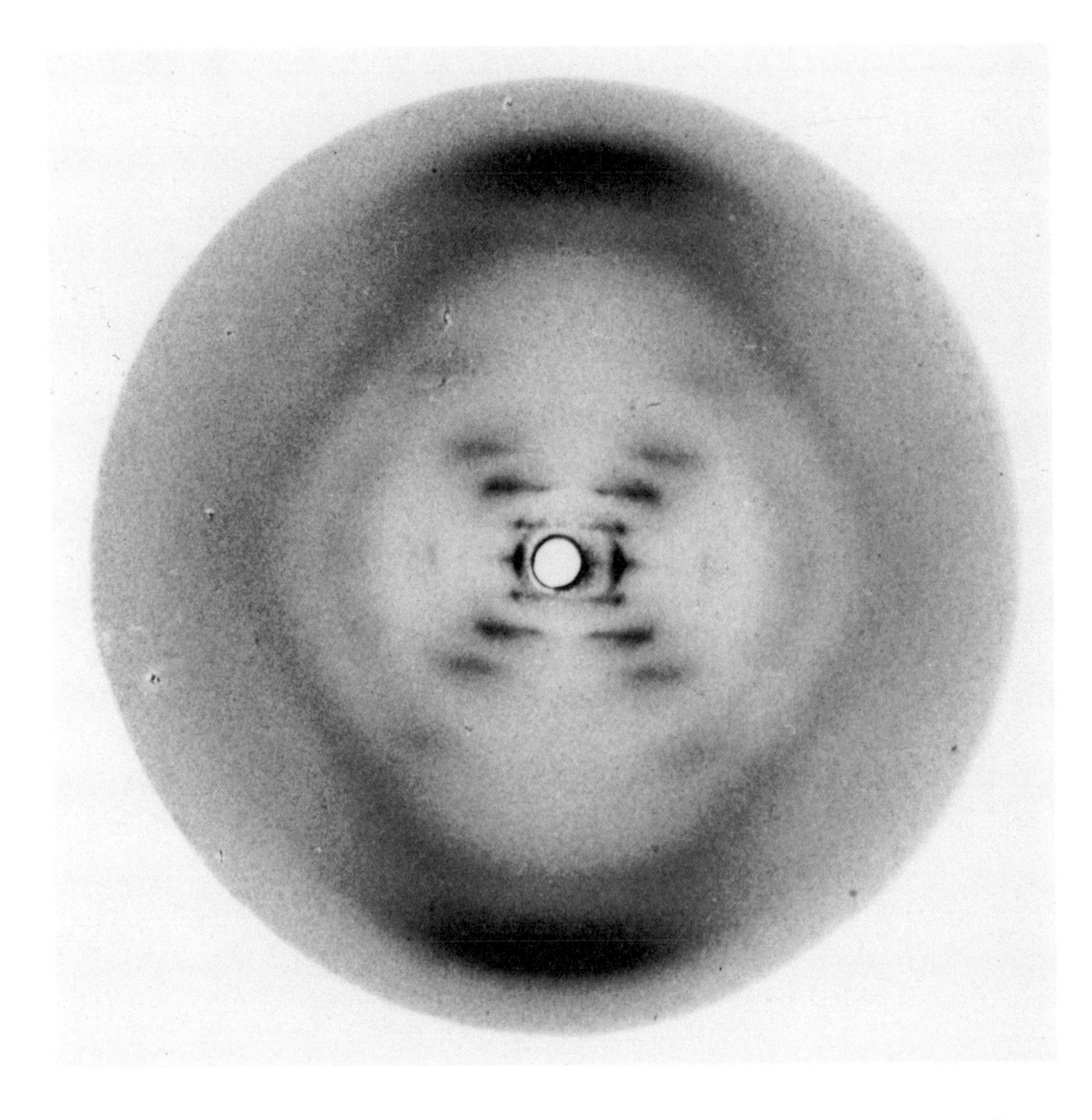

로절린드 프랭클린Rosalind Franklin과 대학원생 레이 고슬링Ray Gosling은 DNA 가닥 하나에 엑스선을 60시간 넘게 조사했다.[5]
그러자 엑스선이 분자의 원자를 이루는 전자에 튕겨 나올 때 십자 모양으로 굴절되는 것이 관측되었다.
이는 DNA의 이중나선 구조를 밝히는 단서가 되었다.[6]

서문 | 보아라, 보이지 않는 것을

이제껏 누구도 본 적 없는 것을 처음 보게 된다면 얼마나 황홀할지 상상해보라. 1952년 엑스선 영상 실험으로 DNA의 진짜 구조가 드러났을 때 화학자 로절린드 프랭클린의 기분이 바로 그랬다. 70년 후, 사건 지평선 망원경 팀 연구원이였던 케이티 보먼도 자신이 개발한 영상 촬영 기술이 블랙홀을 최초로 시야에 담아냈을 때 두 손을 맞잡으며 희열했다.[4]

비전문가가 보기에 앞에 실린 두 사진은 오래된 상형문자처럼 해독 불가능하다. 그러나 프랭클린에게 사진 속 검은 자국은 인간의 유전 암호가 이중나선 구조를 이룬다는 증거였고, 보먼에게 초승달을 닮은 주황색 덩어리는 블랙홀 광자 고리에서 발산되는 에너지였다. 두 사진은 오랜 연구와 기술 발전 덕에 탄생한 것이지만, 무한소로 작으면서 동시에 무한대로 커다란 발견이 가능했던 것은 두 과학자의 개념적 도약 덕분이었다.
단순히 작아서 무언가가 보이지 않는 것은 아니다. 때로는 한눈에 들어오지 않아 놓치게 된다. 계속 자라나는 도시들, 머리 위에 떠다니는 오염 물질, 발아래서 데워지는 토양 같은 것들. 어떤 보이지 않는 것들은 긴 세월에 걸쳐 천천히 모습을 드러낸다. 이를테면 젠트리피케이션이나 녹아내리는 빙하 같은 것들. 역사를 돌아보면 한 세대가 사라지면서 보이던 것들이 보이지 않게 되기도 한다. 데이터는 특정 순간을 포착해 보존하는 힘을 지녔다. 네거티브 필름을 보려면 현상 과정을 거쳐야 하듯, 데이터 세트에 감춰진 패턴은 지도와 그래픽을 통해 바로 볼 수 있다. 눈으로 보아야 확대하고, 비교하고, 기억할 수 있다.

여기에 오기까지

19세기 초, 과학 연구는 대부분 '자연 철학'이라는 상위 개념으로 묶였다. 1833년 전까지는 '과학자'라는 말조차 쓰이지 않았다.[7] 연구할 재력이 있거나 부유한 후원자를 둔 사람들에게 자연 철학은 격변하는 세상을 이해하는 방편이었다. 바로 이 시기에 최후의 위대한 박물학자로 꼽히는 알렉산더 폰 훔볼트Alexander von Humboldt(1767~1835)가 등장했다.[8] 그는 **모든 것**에 관해 모든 것을 알고 싶어 했다. 훔볼트의 전기 『자연의 발명The Invention of Nature』을 저술한 안드레아 울프Andrea Wulf는 훔볼트를 가리켜 "과학자들이 비좁은 학문 분야에 기어들어 가는" 동안 바깥으로 밀려난 "과학계의 잊힌 영웅"이라고 평했다. 훔볼트는 "예술, 역사, 문학, 정치를 아우르고 확실한 데이터가 뒷받침하는"[9] 과학 방법론을 꿈꿨으나, 학문이 분화하면서 그 위대한 상상력은 외면받고 말았다. '철학'보다 '자연'에 관심이 많았던 훔볼트는 직접 화산에 올랐고, 바닷물을 채취했고, 선인장을 측정했다.[10] 여기저기를 다니며 방대하게 정보를 수집했고 남들에게 정보를 구하기도 했다. 정보와 지혜를 부탁하는 편지를 보낸 뒤 답장이 오면 중요한 구절만 잘라 봉투에 보관하곤 했는데, 저마다 주제가 다른 봉투를 그는 상자째 쌓아놓고 살았다.[11] 남들 눈에는 영락없이 수집광의 집처럼 보였겠지만, 그에게 그 공간은 서로 연결된 시스템의 세상이었다. 대표 저작 『코스모스Cosmos』 머리말에서 그는 이렇게 말했다. "자연은 … 다양한 현상으로 이루어진 통일체, 형태와 특성이 제각각인 피조물을 한데 섞은 조화, 생명의 숨결로 움직이는 거대한 총체이다."

홈볼트는 글로 유창하게 호소하는 데 그치지 않았다. '거대한 총체'를 믿게 하려면 그것을 보여주어야 했다. 그는 친구 하인리히 베르크하우스Heinrich Berghaus에게 『코스모스』에 곁들일 지도책을 제작해달라고 부탁했다.[12] 그의 요구 사항은 실로 광범위했다. "전 세계 식물과 동물의 분포, 강과 바다, 활화산 분포, 자기 편각과 복각, 자기에너지 세기, 바다 조류, 기류, 산맥, 사막과 평원, 인종 분포, 산 고도와 강 길이 등을 표시한 지도"[13]를 만들어달라는 것이었다.

베를린 건축학교 응용수학 교수였던 베르크하우스는 그 제안을 받아들였다. 그렇게 1838년 『자연 지도Physikalischer Atlas』 전반부가 출간되었다. 베르크하우스는 이후로 지도를 마저 완성해 책 후반부를 세상에 내놓았다. 분할 출간이 끝난 1848년, 지도의 개수는 무려 75장에 달했다.[14] 무척이나 겸손했던 베르크하우스는 이 대단한 역작을 "여러 기법을 이용해 다양한 판형으로 제작한 지도 모음"[15] 정도로 소개했다. 하지만 정확히 말해 그는 홈볼트와 함께 지도책의 한계를 재정립한 셈이었다. 오랜 세월 단조롭게 지명만 표시하던 지도들은 자연의 작용을 시적으로 보여주는 새로운 지도에 자리를 내주어야 했다. 『자연 지도』는 어디에 무엇이 있고 누가 어느 곳을 차지했는지가 아니라, 어떻게 그리고 왜라는 질문을 던지며 세계를 탐구한 최초의 지도책이다. 이를테면 '어떻게 기후가 사람들 옷차림새에 영향을 주지?' '왜 기후는 위도보다 바람 패턴에 더 크게 영향받지?' '왜 고도에 따라 식물 종이 달라지지?' 같은 질문들.

황금기

홈볼트와 베르크하우스만이 아니었다. 데이터 시각화의 역사를 연구하는 저명한 학자 마이클 프렌들리Michael Friendly에 따르면, 19세기는 통계학과 데이터 수집, 기술 발전이 '거대한 폭풍'[16]을 일으킨 시대여서 '유례없이 완성도 높고 광범위한' 작업이 가능했다. 플로렌스 나이팅게일은 '장미 도표'[17]를 고안해 계절에 따른 영국군 사망률 패턴을 나타냈고, 존 스노는 콜레라가 창궐한 런던 거리를 지도로 만들어[18] 현대 질병 지도의 기틀을 잡았다(22쪽 참고). 19세기 말에는 찰스 부스Charles Booth가 가가호호 직접 방문해 가구 단위로 빈곤 지도를 제작했는데(22쪽)[19], 훗날 그 지도는 시카고의 사회 운동가 플로렌스 켈리Florence Kelley(69쪽), 필라델피아의 흑인 운동 지도자 W.E.B. 듀보이스W.E.B. Du Bois가 지도를 만드는 데 영감을 주었다.[20]

19세기 말 사람들은 국가 발전에 관한 최신 정보를 통계 지도책으로 남기기 시작했다. 프랑스 정부는 통계그래픽국을 세워 『통계그래픽 화집Album de Statistique Geographique』을 발간하기도 했다.[21] 대중교통(철도) 이용자 수(22쪽)부터 운하를 출입하는 화물선 용

항공 라이다는 과거를 드러내는 방법이 되어준다. 레이저가 지면에 반사되어 항공기 센서로 되돌아오기까지 시간을 측정하면 고도 지도를 정밀하게 제작할 수 있다. 이 지도는 수백만 번 측정한 끝에 미시시피강의 과거 곡류를 복원한 것이다.[22]

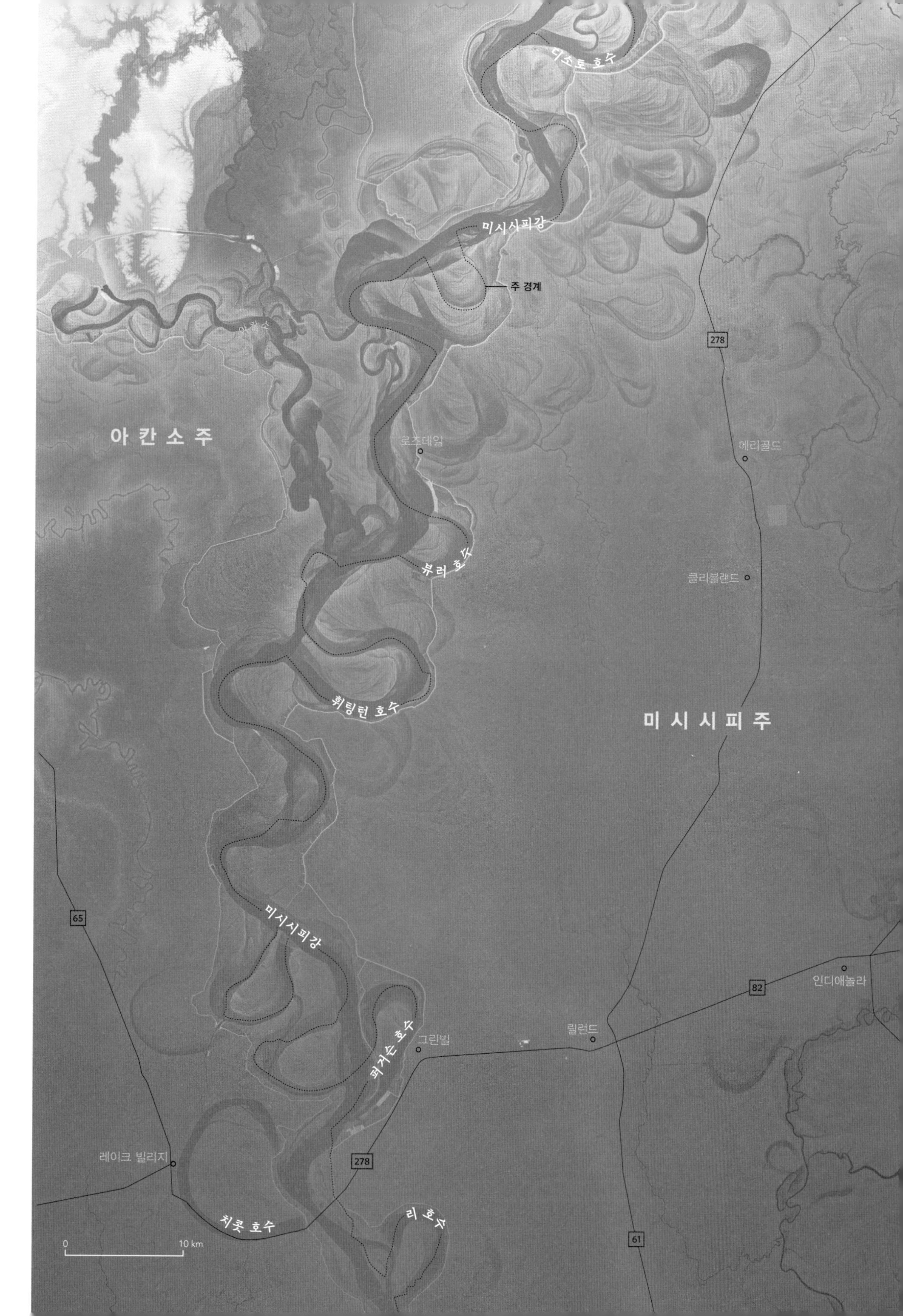
디소토 호수
미시시피강
주 경계
278
아칸소주
로즈데일
메리골드
뷰러 호수
클리블랜드
휘팅턴 호수
미시시피주
65
미시시피강
82
인디애놀라
퍼거슨 호수
그린빌
릴런드
레이크 빌리지
278
치콧 호수
리 호수
0
10 km
61

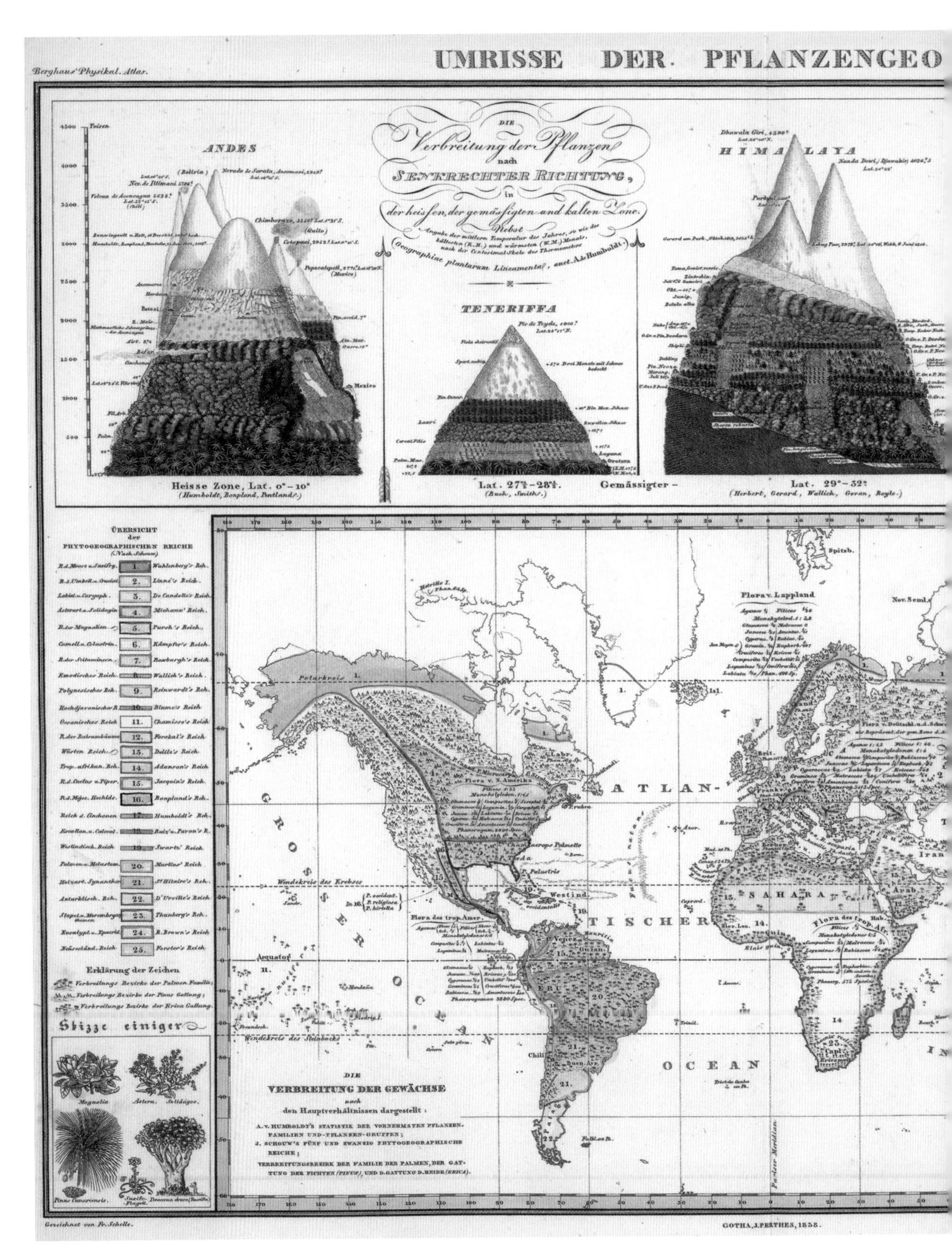

하인리히 베르크하우스가 1838년 발표한 식물대 지도는 식물 그림과 고도별 서식종 도표를 함께 실었다.

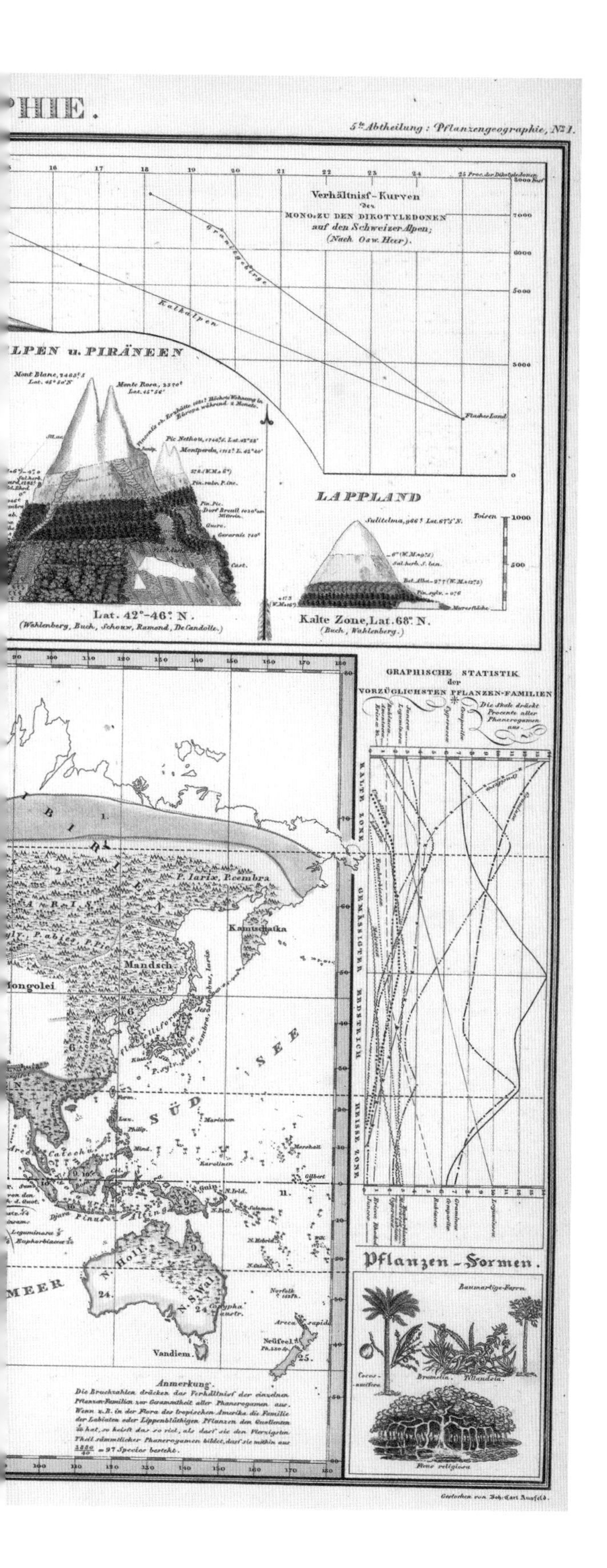

정확히 말해 베르크하우스는 홈볼트와 함께 **지도책의 한계**를 재정립한 셈이었다. 오랜 세월 단조롭게 지명만 표시하던 지도들은 자연의 **작용**을 시적으로 보여주는 새로운 지도에 자리를 내주어야 했다.

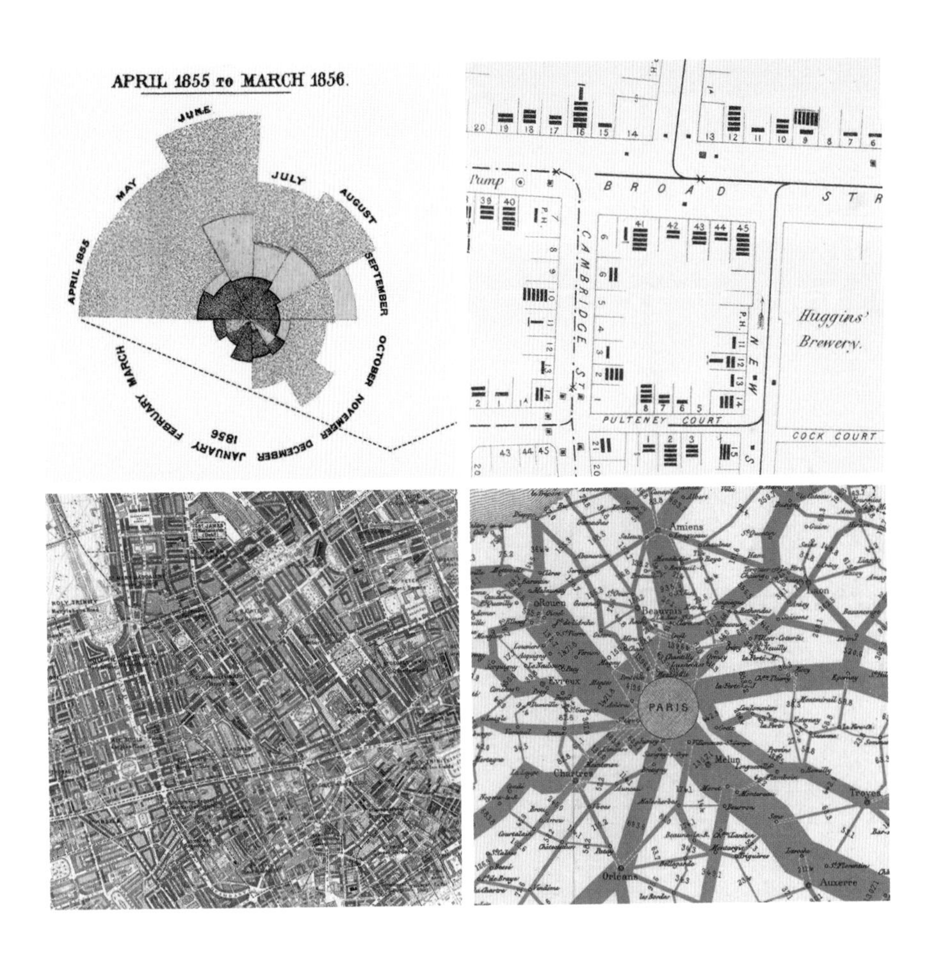

적량, 포도밭의 생산량, 연극 관람객 수까지 그야말로 모든 것을 도표로 옮겼다. 삶을 이루는 모든 면면의 영향이 예전과 비교할 수도 없이 상세하게 가시화되었다.
커다란 판형에 여러 색깔로 채색한 지도책을 만들려면 시간과 인화 비용이 어마어마하게 들었다. 결국 출판사들은 지도책의 주제를 좁혔고 레이아웃을 표준화했다. 세상을 시각화해 이해한다는 발상의 참신함도 차츰 시들해졌다. 프렌들리는 이렇게 말했다. "데이터를 시각화한 그림들이 그저 평범한 그림으로 여겨지기 시작했다. 보기에 예쁘고 감흥을 일으킬 뿐 '사실'을 소수점 세 자리 혹은 그 이상으로 정확히 진술하지 못하는 그림으로."[23] 훔볼트가 보여주려고 했던 '하나의 거대한 총체'를 후대 통계학자들은 아주 잘게 나누고 말았다.

왼쪽 상단부터 시계 방향: 나이팅게일의 장미 도표→존 스노의 콜레라 지도 중 브로드 스트리트 부분→1890년 프랑스 철도 이용자 수→찰스 부스의 런던 빈곤 수준 채색 도표

디지털 시대

20세기 전반기에 들어서도 지도와 그래픽의 필요성은 여전했다. 두 차례 세계대전으로 아수라장이 된 세상에서, 혹은 최초의 장거리 비행기 여행이 도래한 순간에, 또는 갈수록 세계화되는 경제를 신문과 잡지가 포착할 때 지도와 그래픽은 요긴한 도구였다. 그러다 컴퓨터의 등장으로 통계분석과 인쇄 지도는 또 한번 분기점을 맞이했다.

1963년 노스웨스턴대학교 강사 하워드 피셔Howard Fisher는 프로그래머 베티 벤슨Betty Benson과 함께 SYMAP이라는 시스템을 개발했다.[24] 이 시스템은 천공 카드에 입력된 데이터로 지도를 산출했다(아래 그림). 이전까지 도시 계획가는 대형으로 인쇄한 지도를 놓고 그 위에다 투명 오버레이를 바꿔가며 여러 시나리오를 궁리하곤 했다. 예를 들어 성장 중인 도시에 도로를 새로 짓는다고 치면 지질 지도부터 토지 소유권과 인구 증가율 등이 표시된 지도가 필요했다. 25년 치 인구 추계를 5년 주기로 확인하려면 지도 다섯 장이 필요했다. 지도는 손으로 직접 그려야 했고, 계산이 달라지면 작업을 처음부터 다시 해야 했다. SYMAP은 그러한 수고를 없애주었다. 10년 주기로 추계를 확인하고 싶으면 컴퓨터 코드를 수정해 '인쇄' 버튼만 누르면 된다. 초기 디지털 지도의 디테일과 생김새는 손으로 그린 지도에 비하면 어설펐지만 그건 중요하지 않았다. 디지털 지도는 수학 함수를 이용하면 버튼을 누르기만 해도 지도를 만들 수 있다는 사실을 증명했기 때문이다.

SYMAP은 마치 타자기 예술처럼 격자로 겹친 대시 부호와 플러스 부호, 숫자와 글자를 이용해 이미지를 만든다. 이 사진은 그레이터 보스턴의 등고선 지도를 표현한 것이다.

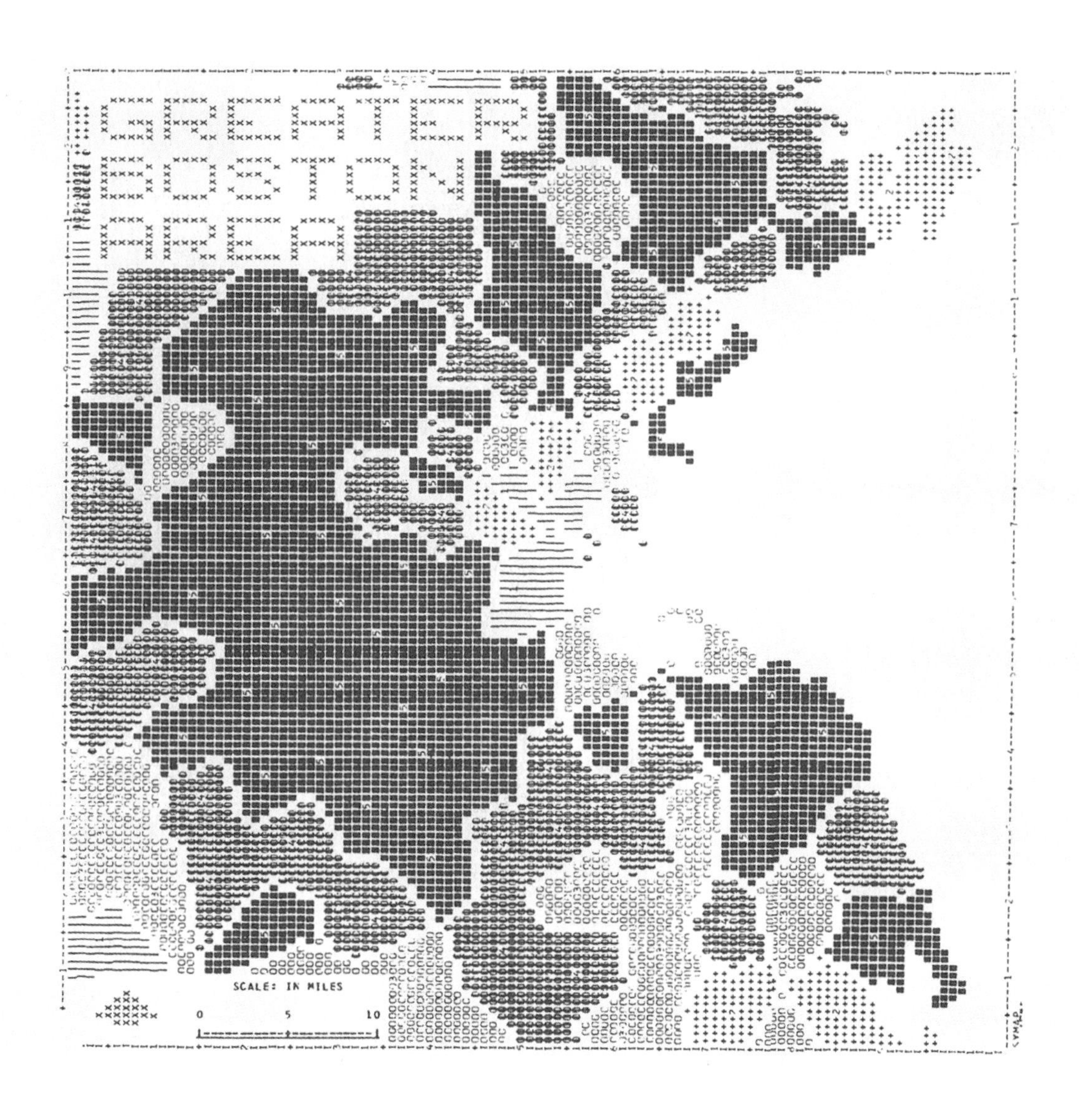

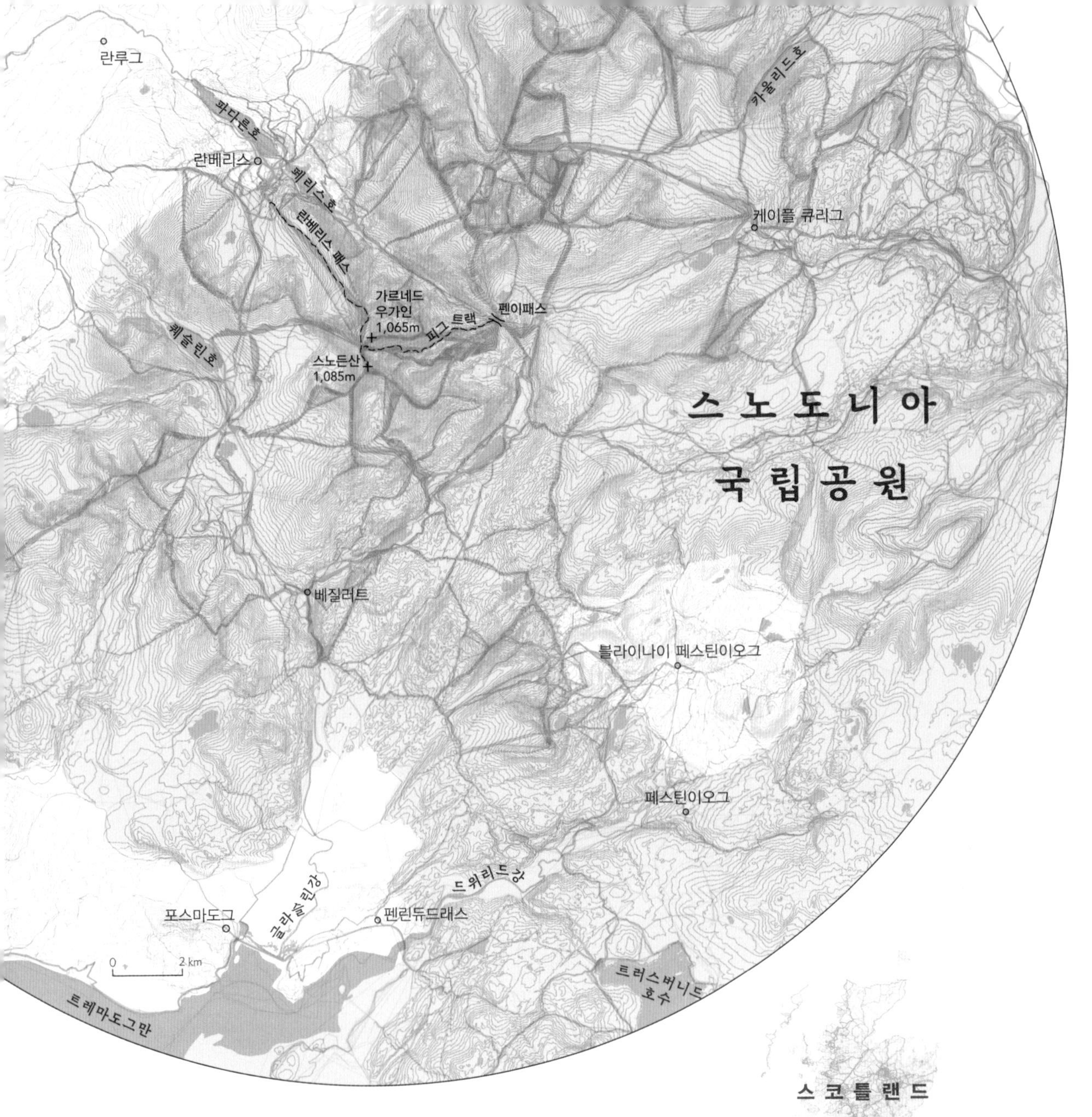

데이터가 만든 코스

영국 국립지리원은 탐험을 돕는 앱을 만들어 운영하고 있다. 2010년대에 이 앱 사용자들은 1,100만 개에 이르는 코스를 기록[25]으로 남겼다. 오른쪽 그림은 40만 개 가까이 되는 코스를 겹쳐 표시한 것이다. 이 앱 개발에 참여한 지도 제작자 찰리 글린Charley Glynn은 사람들이 다닌 길이 브리튼 섬의 윤곽과 상당히 일치한다는 사실에 놀랐다. "여러 선일 뿐인데 사실에 가깝게 또렷한 공간을 그려내더라"[26]라는 것이다. 데이터를 모아 보면 가장 인기 있는 경로를 알 수 있다. 웨일스에 있는 스노도니아 국립공원은 수년간 가장 인기 있는 곳으로 꼽혔다. 등산객들은 여러 경로를 통해 높이가 1,085미터인 스노든산 정상에 올랐다(위 그림).

이러한 노력 끝에 지리정보시스템GIS이 탄생했다. 이 책에 실린 지도들도 그 시스템 덕에 만들어졌다. 봉투와 상자에 데이터를 나눠 저장했던 훔볼트처럼 GIS는 고도, 토지피복, 도로망 등 주제별로 데이터를 저장한다. 덕분에 우리는 발품을 팔지 않고도 지상 모든 곳으로 가는 길을 계산할 수 있고(92~93쪽) 겨울철 눈과 얼음에 대처해야 할 때 보수가 가장 필요한 도로를 결정하는 데도 도움이 된다(182~185쪽).

우리가 곧 지도다

디지털 지도가 막 생겨나던 1960년대에 영국 국립지리원 오드넌스 서베이Ordnance Survey는 장장 30년에 걸쳐 정확한 그레이트브리튼 지도를 수작업으로 제작하는 과업을 마무리했다. 측량사들은 측량기구를 들고 언덕 꼭대기에 올라 '삼각점' 구실을 하도록 설치된 콘크리트 받침대에다 기구를 두었다. 그렇게 측량사들은 근처 언덕 꼭대기에 있는 받침대 위치와 비교해 자신의 위치를 정확하게 측정(삼각 측량)했다.[27] GPS와 라이더 같은 기술이 등장하면서 아날로그 도구는 무용지물이 되었지만, 아직도 브리튼 지역에는 콘크리트 받침대가 6,500개 정도 남아 있다.[28] 웨일스에 우뚝 솟은 가르네드 우가인Garnedd Ugain 언덕 꼭대기에도 찬 바람을 견디느라 여기저기 금이 가고 페인트가 벗겨진 받침대가 하나 서 있다. 그 아래를 지나 근처 스노든산 정상에 오르는 사람들은 나름대로 지도를 만들며 이동하는 셈이다. 브리튼 전역에서 길 검색용으로 쓰이는 오드넌스 서베이 앱을 켜면 이동 경로를 직접 기록하고 표시해 공유할 수 있다. 그렇게 누구나 이용할 수 있는 길이 만들어진다. 이 새로운 지도는 아마도 과거 측량사들이 고심해 정해놓은 길에 의존하고 있겠으나, 사람들의 지혜를 빌려 어디를 가고 가지 않을지 결정하도록 지도에 역동성을 부여하는 것은 디지털 데이터로만 가능한 일이다.

오드넌스 서베이의 온라인 스토어는 각종 스마트워치와 '웨어러블'을 판매한다. 이러한 기기들은 등산객이 대장정을 앞두고 얼마나 숙면하는지, 피그 트랙을 오를 때 심장박동 수가 어떻게 변하는지, 란베리스 패스(24쪽 지도 상부)를 따라 내려갈 때 최고 속도가 어느 정도인지 등을 추적한다. 사용자들이 더 건강한 삶을 살 수 있게 수면과 운동 목표를 직접 설정할 수도 있다.

물론 건강 데이터는 지극히 사적인 정보다. 누가 보게 될지 장담할 수 없고, 그걸 바탕으로 지도를 만들었다가 너무 많은 것이 노출되기도 한다. 운동 앱으로 유명한 스트라바Strava 엔지니어들은 2018년 전 세계 사람들이 어디서 운동하는지를 표시한 지도를 공개했다.[29] 수십억 개에 달하는 데이터 포인트가 공원과 강변 길에 밝은색으로 활동 패턴을 생성했다. 딱히 대단한 발견은 아니었다. 그런데 몇 달

스트라바 사용자들의 운동 경로가 아프가니스탄에 주둔하던 미 공군기지의 둘레를 적나라하게 드러냈다.

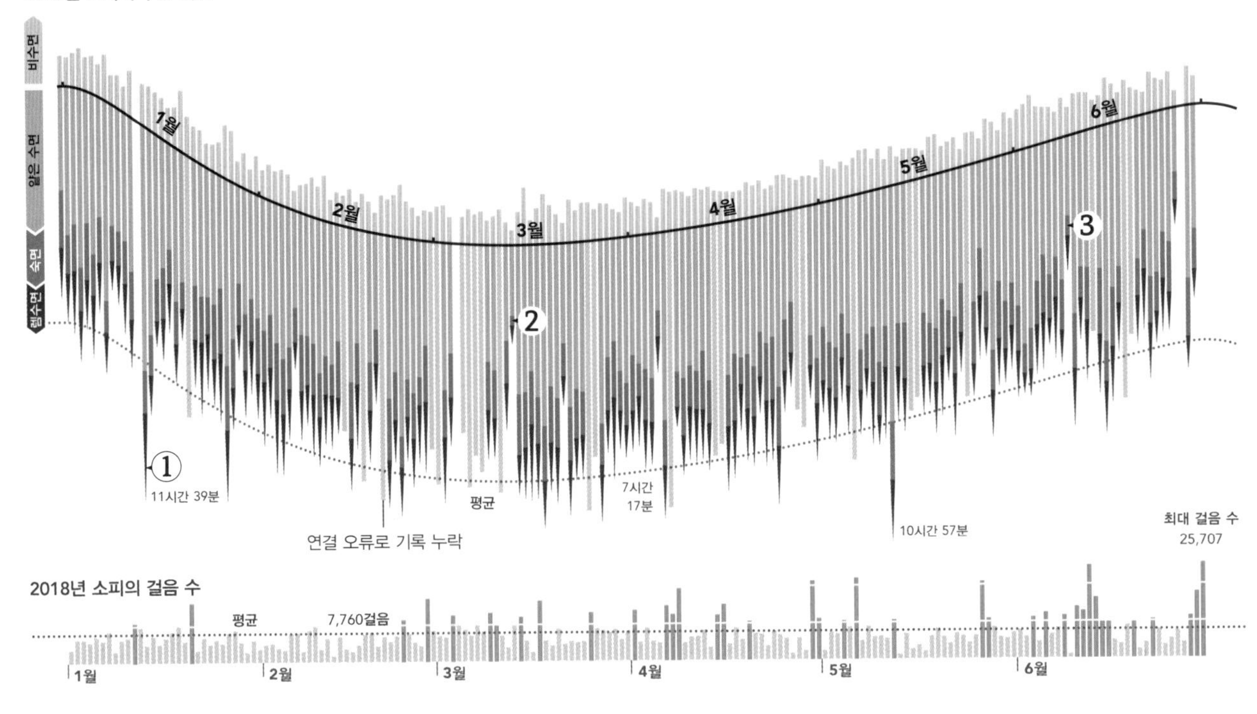

후, 오스트레일리아전략정책연구소에서 일하던 네이선 루서Nathan Ruser가 지도 위 검게 표시된 지역에 밝은색 점들이 아주 작게 모여 있는 것을 예리하게 발견했다.[30] 확대해 보니 중동과 아프리카에 있는 미군 비밀 주둔 기지로 드러났다(25쪽 지도). 스트라바 앱을 사용해 매일같이 운동하던 군인들이 저도 모르게 기지 위치를 공유하고 만 것이다. 스트라바 측은 마케팅 차원에서 지도를 공개한 것이지 기밀 정보를 유출할 의도는 전혀 없었다고 해명했다.[31] 그런 의도가 없었던 것은 미 국방부도 마찬가지였다.[32] 세계 최첨단 군사 집단이 실수로 기밀 정보를 흘린 것이다.

웨어러블을 차고 다니는 사람만 데이터를 흘리고 다니는 것이 아니다. 이제는 무엇을 하든지 디지털 데이터가 대부분 흔적으로 남는다. 무인도로 도망가 휴대전화를 바다에 던져봤자 머리 위를 지나는 위성이 모닥불에서 나는 열 신호를 탐지해낼 것이다(162~163쪽 참고). 전 세계 데이터 실타래는 매 순간 불어나고 있다. 이 책에다 그 실타래를 풀어 우리가 발견한 것들을 지도로 만들었다. 지난 4년여간 우리는 과거에 관해, 또 우리가 누구이며 무엇을 하며 미래에 무엇을 맞닥뜨릴지를 말해줄 데이터를 찾아다녔고, 이 책에 실린 그래픽은 그 결과물을 손에 잡히고 눈에 보이는 형태로 만든 것이다. 정말이지 놀라운 작업이었다. 각 장을 여는 글을 쓰면서 우리는 인류애와 환멸을 동시에 느꼈다. 초기 기상예보관들의 기발함은 실로 경이로웠다. 짐 크로 법 시절 미국 남부의 추악한 폭도들을 보면서는 참담했다. 그래도 끝내는 역사를 감싸 안는 선한 의지와 데이터 세계가 약속하는 미래에 희망을 느꼈다. 이 책은 삶의 구성 원리나 우주의 비밀을 과학적이고 획기적으로 밝혀내지는 않는다. 그래도 이 책으로 세상을 새롭게 바라보는 기쁨을 모두와 나눌 수는 있다.

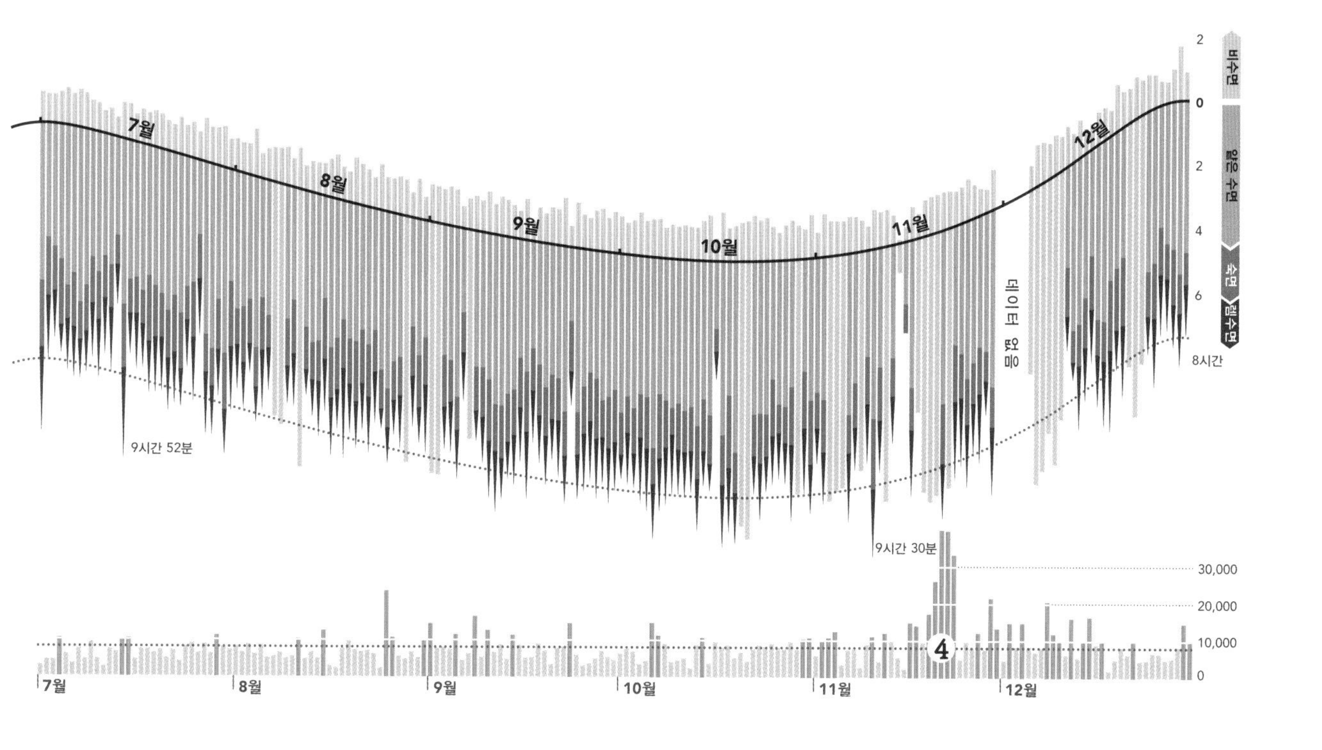

2018년, 올리버의 아내 소피는 수면 시간과 걸음 수를 측정하기 위해 웨어러블 기기 핏빗Fitbit을 차고 생활했다. 출장이 잦았고 결혼식을 치렀으며 신혼여행까지 다녀온 한 해였기에 비행기에서 잠을 설치고 장시간 하이킹 후에 숙면했다는 사실쯤이야 놀랍지 않았다. 진짜 놀라운 사실은 훨씬 내밀한 부분에서 발견되었다. 데이터는 소피가 매일 밤 자다가 짧게 깨는 시간이 있다는 사실을 알려주었다. 그렇게 잠을 살짝 설치는 시간이 쌓여갔다(노란색 막대기). 잠을 8시간 자기 위해서는 9시간 동안 침대에 누워 있어야 했다.

① 1월

1월 12일 해외로 나가는 야간 비행편을 이용하느라 피로했던 소피는 다음 날 밤 1년 중 가장 길게 잠을 잤다.

② 3월

유엔에서 아침 일찍 열리는 행사를 준비하느라 전날 밤늦게까지 잠을 못 이뤘다. 눈을 붙인 시간은 고작 세 시간이었다.

③ 6월

올리버와 결혼식을 준비하느라 평균보다 적게 잤다. 이후 신혼여행으로 간 요세미티에서 하이킹한 날에는 길게 숙면했다.

④ 11월

말을 타고 닷새 동안 트레킹한 것을 핏빗이 걸음 수로 오인했다. 그것을 제외하면 하루 평균 걸음 수는 7,757걸음이다.

이 책의 활용법

2세기 전 훔볼트와 베르크하우스가 그랬듯이 우리의 목표는 장소가 아닌 패턴을 드러내는 것이다. 이를테면 휴대전화 신호로 오늘날 이주 흐름을, DNA 흔적으로 과거 이주 흐름을 가시화했다. 또 세계 행복과 불안 수치를 확인하고, 기후 온난화가 허리케인부터 메카 순례까지 세상 모든 것에 어떤 영향을 미치는지 드러내 보였다. 조감도처럼 멀리서, 때로는 줌 렌즈처럼 아주 가까이에서 패턴을 살필 것이다. 어떤 지도는 우리가 사는 이 행성을 독특한 방식과 낯선 각도로 그려낸다. 지도 제작에 관심이 있는 독자를 위해 198~201쪽에 지도 투영법 목록을 전부 실어두었다. 책에 실린 그래픽은 제작 시점을 기준으로 삼았다. 즉 2020년 말에 확인할 수 있는 최신 데이터를 반영했다. 일부 데이터가 바뀌었을 수는 있으나 큰 경향은 변함이 없다.

우리는 어디에서 왔나

“

편견과 억압의 물을 바짝 말리려면
우리가 만든 방법들에 의지해야 합니다.
우리가 만든 법의 지혜에, 제도의 온건함에,
이성적인 정신과 따뜻한 마음에 말입니다.
또 불꽃이 꺼지지 않게 하려면
세상에서 내쫓고 싶은 악에 대한 생생한 기억에
의지해야 합니다.
더 정의로운 세상을 만들기 위한
지난한 투쟁의 과정에서 기억은 우리가 지닌
가장 강력한 자원입니다.[1]

”

대법관 루스 베이더 긴스버그, 2004년 4월 22일
미국 홀로코스트 박물관에서 열린 추모의 날 기념 연설에서

타인의 삶

2세기 전 잉글랜드는 수십 년 동안 나라 밖에서 치러진 전쟁 후유증에 시달렸다. 병사와 선원 수만 명이 일자리도 집도 없이 미들섹스 카운티의 런던 거리에 쏟아졌다.[2] 의회는 이를 해결하고자 1824년 부랑자법을 통과시켰다.[3] 이 법은 지금도 유효해서 "최저 생활을 영위할 수단이 마땅치 않으며 받아들이기 힘든 이유로 야외, 천막, 수레나 마차에서"[4] 잠을 청하는 사람을 법원이 기소할 수 있다.

부랑자를 단속하는 법은 문제의 근원을 해결하기는커녕 집이 없는 사람들을 보이지 않는 존재로 만든다. 레버 맥시Lever Maxey도 그런 존재 중 하나였다. 그는 1784년 세인트 자일스인더필즈 교구St Giles-in-the Fields에서 '떠돌이 방랑자'라는 이유로 아내, 자식과 함께 체포되었고[5] 클러큰웰 교정 시설로 옮겨졌다가 '즉각 이송해 추방'하라는 지시에 따라 수레에 실려 약 96킬로미터(60마일) 떨어진 마을에 떨궈졌다.[6] 훗날 맥시의 이야기는 부랑자의 삶Vagrant Lives이라는 프로젝트[7] 덕에 다시 가시화되었다. 이 프로젝트는 1777년부터 1786년까지 미들섹스 바깥으로 쫓겨난 부랑자 14,789명에 관한 법원 기록을 디지털화했다. 이 데이터 세트 덕에 영국 전역에 퍼져 있던 이송 네트워크가 세상에 드러났고, 추방 명령이 떨어진 맥시의 이동 경로를 상세히 따라가며 한 개인의 여정을 추적할 수 있었다.

그의 추방 길을 되짚어가다 보면 의문이 생긴다. 맥시가 뭘 잘못한 거지? 맥시의 가족은 집이 없었을 뿐이다. 가난한 교구에서 넘어온 이주자들을 관리해야 했던 치안 판사에게 이는 아마도 충분한 죄목이었을 것이다. 1824년 법이 시행되기 전까지 영국 부랑자 단속법은 처벌이 아닌 송환을 강제했다. 교구에 거주하려면 출생, 결혼, 임차, 고용 등으로 거주권을 증명해야 했고 그러지 못하면 1662년 제정된 정주법에 따라 법적 거주권이 있는 교구로 송환되었다.[8] 맥시가 돌아가야 할 곳은 월링퍼드였다. 월링퍼드 교구는 돌아온 맥시가 일자리를 구하도록 도와야 했고 필요시에는 추가로 구제를 베풀 의무가 있었다.[9] 맥시가 그 조치를 반겼는지는 기록에 남지 않았다. 고용을 보장한 송환 조치가 맥시 가족에게 과연 이롭기만 했을까? 어쩌면 맥시는 대도시에서 돈을 벌어보려다 제대로 시작도 못 하고 쫓겨난 것일지도 모른다. 오늘날 런던은 얼마나 달라졌을까? 2015년 정보자유법에 따라 공개된 정보를 확인해보면, 런던 자치구 의회들은 2015년 한 해 동안만 17,000여 가구를 다른 자치구 또는 다른 지역에 마련된 임시 거처로 이주

맥시의 여정

월링퍼드 2월 21일

빅스

헨리온템스 2월 20일

메이든헤드 2월 19일

칠턴스

옥스퍼드셔

템스강

버크셔

미들섹스에서 부랑자 이송 사업을 했던 헨리 애덤스Henry Adams는 런던 시내, 또는 콜른브룩 같은 접경 마을에 있는 수용 시설을 거쳐 인근 카운티 순경들에게 부랑자를 인도했다. 법원 기록에 따르면, 부랑자 중 92퍼센트가 잉글랜드나 아일랜드 교구로 송환되었다.[10] 런던 남부나 동부 출신 부랑자가 맡겨지는 일은 극히 드물었다.[11] 이동 거리가 짧으면 애덤스에게 맡길 필요 없이 카운티 직원들이 직접 리강이나 템스강을 건너 부랑자들을 넘길 수 있었기 때문이다.

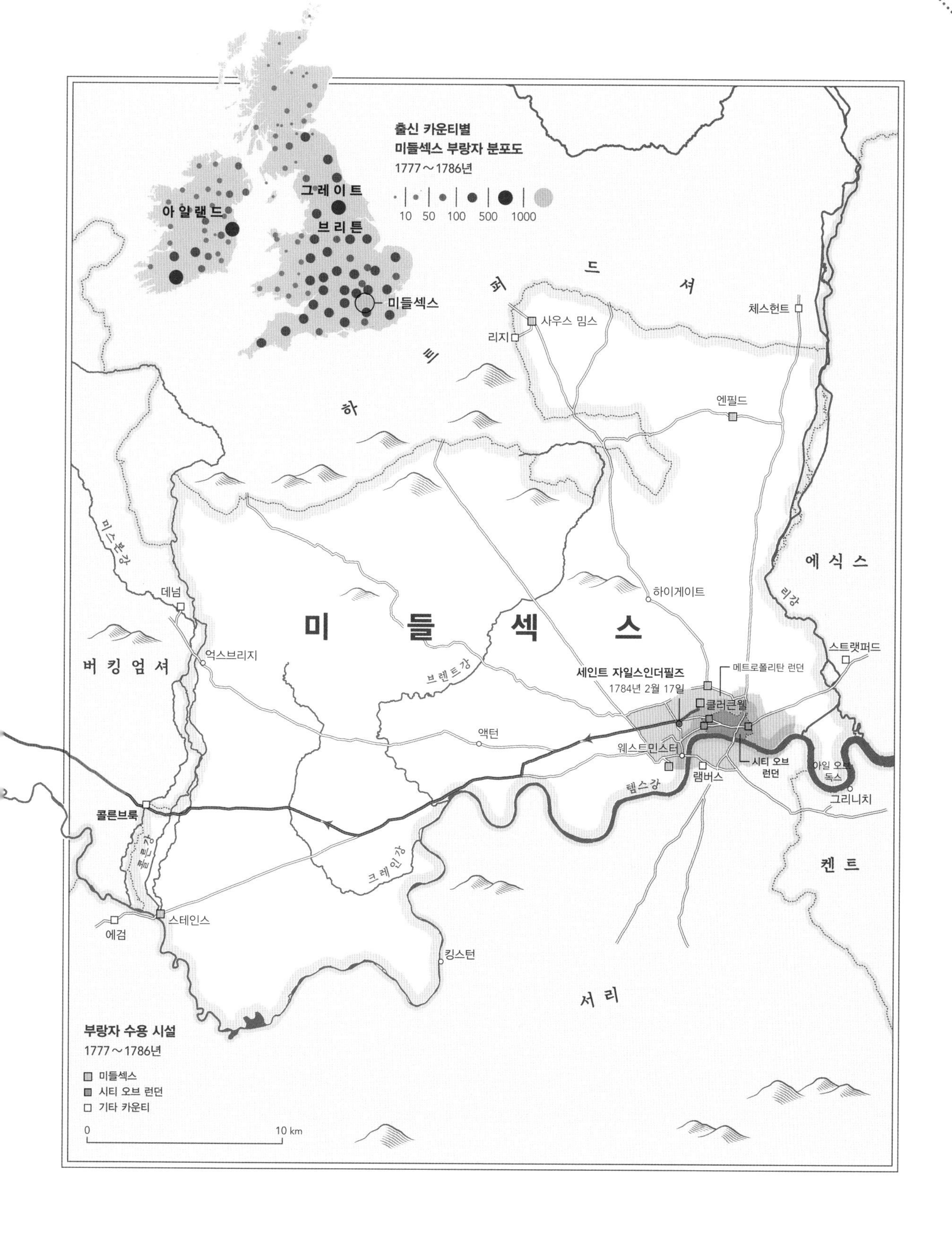
출신 카운티별
미들섹스 부랑자 분포도
1777～1786년
10 50 100 500 1000
아일랜드
그레이트
브리튼
미들섹스
하
트
퍼
드
셔
사우스 밈스
리지
체스헌트
엔필드
에식스
리강
하이게이트
미
들
섹
스
데넘
미스본강
억스브리지
버
킹
엄
셔
브렌트강
세인트 자일스인더필즈
1784년 2월 17일
메트로폴리탄 런던
클러큰웰
액턴
웨스트민스터
램버스
시티 오브
런던
스트랫퍼드
아일 오브
독스
그리니치
템스강
콜른브룩
크레인강
켄트
스테인스
에검
킹스턴
서리
부랑자 수용 시설
1777～1786년
미들섹스
시티 오브 런던
기타 카운티
0
10 km

시켰다.[12] 2018년 왕실 결혼식을 앞두고 윈저 앤드 메이든헤드 왕립구 의장은 "유감스럽긴 하지만 아름다운 마을을 호감 가지 않는 모습으로"[13] 선보일 수는 없지 않냐며 일대 거리를 정리할 목적으로 부랑자법을 언급했다. 2020년 10월 영국 내무부는 외국인 노숙자※를 강제 추방하려는 계획을 내놓았다.[14] 최근 영국에 거주하는 노숙자 458명을 대상으로 설문 조사한 결과, 90퍼센트가 넘는 사람들이 경찰 단속에도 노숙 행위를 그만두지 않았다고 답했다.[15] 그들은 오히려 단속 때문에 "자책감에 시달렸고, 잠잘 곳을 찾아 눈에 띄지 않는 곳으로 숨어들다 위험에 더 많이 노출되었다".[16] 우리는 왜 아직도 모르는 걸까? 이주 조치는 노숙자들을 없애주지 않는다. 우리 눈앞에서만 사라지게 할 뿐이다. 번번이 뿌리 뽑혀 쫓겨나는 삶을 살면서 어떻게 제대로 일하고 교육받을 수 있겠는가?

크라이시스Crisis 같은 자선단체들은 강제 이주나 처벌 대신 구제를 주장한다. 거처와 끼니를 해결해주고 의료 서비스와 직업 훈련을 받게 해주어야 한다는 것이다. 이러한 접근법은 실제로 효과를 입증했다. 미국 유타주는 '하우징 퍼스트' 사업을 추진해 노숙자 수백 명이 거주할 영구 주택을 짓고 출장 지원 서비스를 운영했다. 그러자 10년 만에 장기 노숙자 인구가 71퍼센트 감소했다.[17] 캐나다 브리티시컬럼비아주에서는 기존 사회복지 서비스를 1년 운영하기보다 지원금 7,500달러를 한 번에 주었을 때 노숙자들이 집을 구하는 속도가 빨라진다는 연구 결과가 보고되었다. 쉼터 시스템을 운영하는 비용도 덩달아 줄었다.[18] 반면 2018년 기준으로 주택 60만 채와 별장 216,000채[19]가 비어 있는 영국에서는 4,700명[20]이 길바닥에서 생활하고 83,700명[21]이 쉼터를 임시 거처로 삼아 살아가고 있다. 코로나19가 창궐하자 영국 정부는 노숙자 14,500명[22]에게 임시 주택을 공급했다. 그곳을 영구 주택으로 전환할 수는 없는 걸까?

'부랑자의 삶 프로젝트'를 주도한 역사학자 애덤 크림블Adam Crymble은 디킨슨 소설스러운 데이터를 파헤친 끝에 머물러도 되는 내부자와 떠나야 하는 외부자의 정의가 끊임없이 변한다는 사실에 주목했다. "공동체의 자연적 경계는 고정적이지 않다." 영국에서 태어난 사람은 '우리'이고 그렇지 않은 사람은 우리가 아니라는, 포스트 브렉시트적 개념이 실은 허상이라는 것이다. "오늘날에는 폴란드에서 태어나 런던으로 온 사람을 외부자로 여긴다. 하지만 200년 전에는 에식스 출신이기만 해도 외부자 취급을 받았다."[23]

부랑자의 삶 프로젝트처럼 과거 데이터를 디지털화하려는 움직임은 늘고 있다. 이 장에서 우리는 몇 가지 데이터 세트를 분석하고 시각화해 우리가 익히 들어왔던 과거 이야기, 특히 인류가 지구 전역으로 어떻게 이동했고 이동당했는지에 관한 이야기에 도전하고자 한다. 역사적으로 묻힌 자들의 이야기에 주목할 것이다. 법원 기록물은 레버 맥시라는 인간의 삶에 대해 침묵하지만, 적어도 그의 이름은 보존하고 있다. 아프리카에서 노예로 팔려나간 사람들은 그러한 기본 권리마저 빼앗겼다. 그들의 삶은 아무리 도표로 그려보아도 미처 다 가늠할 수 없는 매매 행위의 일부분으로 축소되었다(50~53쪽 참고). 우리는 그 흐름에 묻힌 개개인들을 기억하려고 한다. 아프리카인 이름 데이터베이스African Names Database[24]는 대서양 횡단 무역 말기에 노예선에서 풀려난 성인 남녀와

※ 영국 정부는 '노숙자'를 '야외 또는 거주 용도로 지어지지 않은 공간에서 잠을 자거나 잠자리를 만들어 생활하는 사람'으로 정의한다. 즉 바깥에서 자는 사람만이 노숙자가 아닌 것이다.

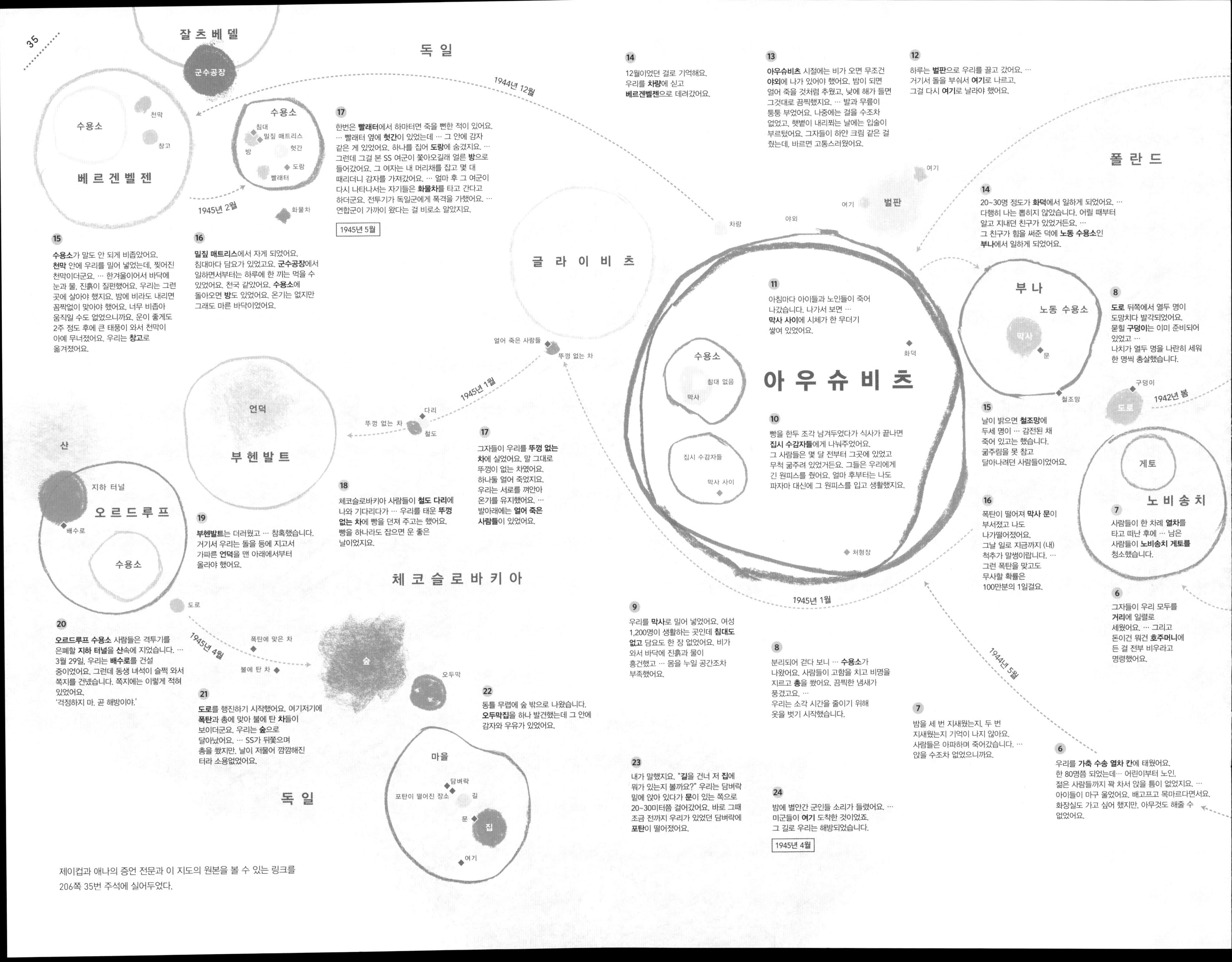

제이컵과 애나의 증언 전문과 이 지도의 원본을 볼 수 있는 링크를 206쪽 35번 주석에 실어두었다.

어린이 91,491명을 기억의 영역으로 불러낸다. 이는 인간을 위한 데이터를 만들고 숫자 뒤에 가려진 서사를 복원하는 훌륭한 사례이다. 기록으로 남은 것이 비록 이름뿐일지라도, 그들의 존재를 기억하는 것은 작고한 긴스버그 대법관이 말한 대로 '우리가 지닌 가장 강력한 자원'을 살리는 일이다.

긴스버그의 이 발언은 미국 홀로코스트 추모관에서 열린 추모의 날 행사에서 나왔다. 이 추모관은 과거에 일어난 참상이 반복되지 않도록 다양한 전시와 리더십 훈련, 교육 봉사활동을 후원하는 기관이기도 하다.[25] 2007년에는 지리학자와 역사학자를 대거 초대해 일주일간 워크숍을 열었다. 워크숍 주제는 역사에서 가장 어두웠던 시기를 지도와 데이터 분석으로 어떻게 재조명하느냐였다. 학자들의 관심사는 단연 "사람들이 어디서 붙잡혀 어디로 보내졌는지, 어디서 죽임을 당했는지"를 비롯한 "장소"였다.[26] 학자들은 추모관에 있는 방대한 아카이브를 바탕으로 나치 친위대(SS)가 운영한 수용소 시스템의 확산과 부다페스트의 게토화, 아우슈비츠 건설, 또 홀로코스트가 "연관된 모든 지역과 공간의 의미를 변화시킨"[27] 방식을 지도로 그려냈다.

워크숍에 참여한 역사지리학자 앤 켈리 놀스Anne Kelly Knowles는 그 지도에 만족할 수 없었다. 그 지도는 두 가지 차원에서 문제였다. 하나는 '신의 관점'[28]에서 정밀하게 지도를 제작하는 소프트웨어가 세상을 비인간적으로 바라본 나치의 관점을 재강화한다는 것이었다. 또 하나는 레버 맥시의 추방 명령 기록이 그랬던 것처럼 애초부터 역사적 기록이 피지배자가 아닌 지배자의 관점에서 만들어졌다는 것이었다. 놀스는 희생자의 관점으로 지도를 그리고 싶었다.

놀스는 연구 조교들을 데리고 문자 그대로 백지상태로 돌아갔다. 그들은 홀로코스트 생존자들을 구두로 인터뷰하면서 되는 대로 연관 지역을 표시했다. 처음에는 분필로, 그다음에는 끈으로, 종잇조각 등으로 지역을 표시해가다 보니 "가장 극적인 이야기가 벌어진 공간, 가장 깊은 감정과 사적 의미가 담긴 공간은 기존 지도에 표시하기에는 너무나도 사소했다"[29]라는 사실이 점차 분명해졌다. 수용소에 갇혀 지낸 사람들은 정확한 지역을 알지 못해 상대적인 위치(예를 들어 **막사 사이** 공간), 또는 의미가 있는 물체(형제가 얼굴을 내민 **창문**)를 기억하는 경우가 흔했다.

놀스의 조교였던 레비 웨스터벨드Levi Westerveld는 이를 바탕으로 새로운 유형의 지도를 만들기 시작했다. "지도 제작 수업을 듣기 전이라 한계가 있었다"[30]고 그는 회고하지만, 결국은 그 한계 덕분에 틀을 깰 수 있었다. 웨스터벨드는 데카르트 좌표계에 연연하지 않고 기억이 형성하는 지형을 따라 생존자들의 경험을 그려냈다. 홀로코스트 생존자 제이컵 브로드먼Jacob Broadman[31]과 애나 파티파Anna Patipa[32]의 삶은 카르파티아산맥 양 끝에서 시작되지만 끝내는 한 지점에서 얽히게 된다. 웨스터벨드는 두 생존자가 기억해낸 공간마다 동그라미를 그리거나 얼룩을 남겨 표시했는데, 주변과 비교해 상대적 크기를 결정했고 공간이 언급되는 빈도수(공간의 중요성)에 맞춰 투명도를 조정했다. 파스텔 색깔을 사용한 것은 지도의 불확실성을 상기시키기 위해서였다. 우리는 놀스와 웨스터벨드에게 협업을 제안해 그들이 만든 지도를 일부 수정했고, 그 결과물을 뒤에 실었다. 홀로코스트의 기억은 우리가 보기로 선택하는 한 사라지지 않을 것이다.

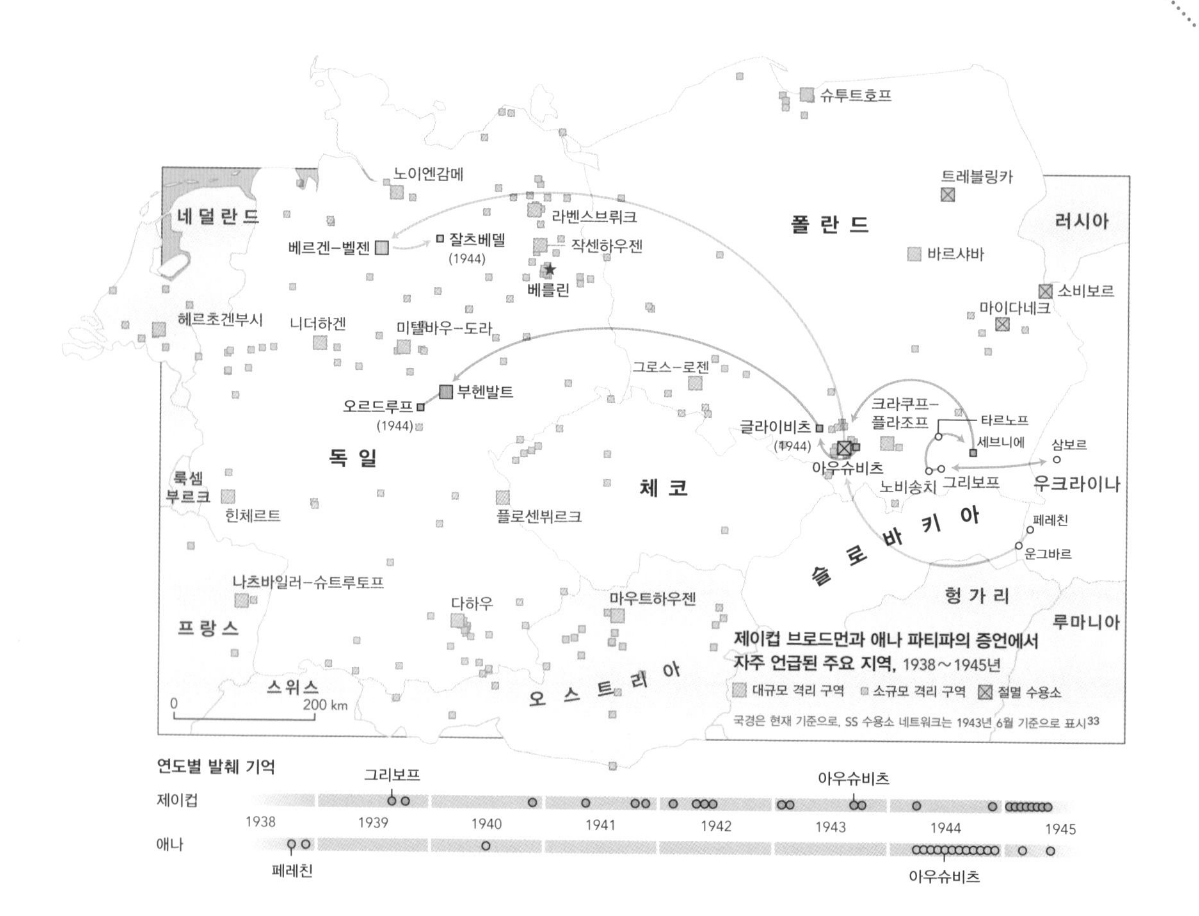

목격자의 지도

기억 속 의미는 지리적 공간을 초월해 존재한다.

위 지도만으로는 제이컵 브로드먼과 애나 파티파의 여정을 결코 상상할 수 없다. 제이컵과 애나 두 사람이 어디로 이송되었으며 그 무렵 나치 수용소가 어디까지 퍼져 있었는지 정도는 가늠할 수 있겠으나, 고향에서 떠밀려 가족과 생이별하고 한겨울에 폴란드 길을 행진하던 **기분**을 과연 우리가 상상이나 할 수 있을까?

뒤에 나올 페이지 속 그래픽은 지리학자 앤 켈리 놀스와 레비 웨스터벨드가 협업해 만든 지도 「내가 있었던 곳, 홀로코스트에서 경험한 장소들I Was There, Places of Experience in the Holocaust」을 다듬은 것이다. 이 그래픽은 홀로코스트 생존자인 제이컵 브로드먼(초록색)과 앤 파티파(황동색)가 살아낸 경험을 생생하게 담아낸다. 두 사람 초상화 밑에 삽입된 첫째 항목에서부터 출발하면 이송 첫날부터 해방되기까지 특정 시공간에 대한 두 사람의 증언을 따라갈 수 있다.

제이컵과 애나를 포함해 25만여 명 정도 되는 유대인이 나치 집단수용소에서 살아 돌아왔다.[34] 600만 명은 끝내 그러지 못했다. 헤아릴 수도 없이 큰 숫자다. 이 기억의 지도에 적힌 글과 흔적으로나마 그들을 기억하고 싶다.[35]

폴란드 기타 지방

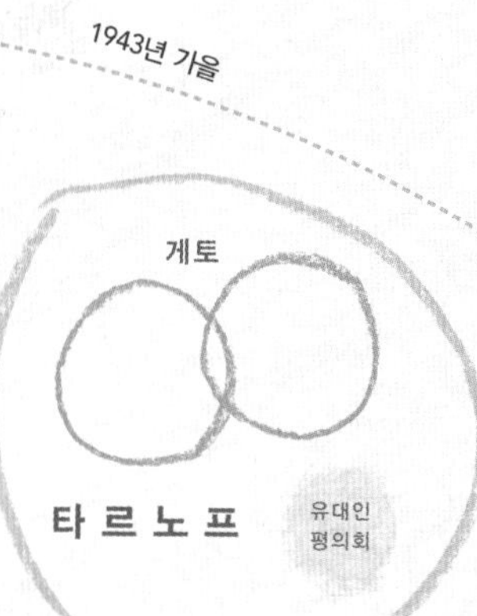

1943년 가을

13

가축 수송 열차를 타고 꼬박 사흘을 이동해 **아우슈비츠**로 갔어요. … 음식도 물도 없이요. **열차**에서 달아나는 사람들도 있었지요. **구멍**으로 바깥을 들여다봤는데 탈출한 남자 하나가 소리를 지르고 있었어요.

가축 수송 열차

구멍

세브니에

화형대

1943년

12

모두 발가벗은 채 일렬로 서 있었어요. 우리는 **결길**에서 대기해야 했고요. 나치가 그들을 총살하면 우리가 시체를 **불구덩이**에 던졌습니다.

결길

발포

숲속

러시아

러시아–헝가리 국경

국경 지대

삼보르

9

타르노프에서는 매일같이 사람이 죽었습니다. 다섯 명, 여섯 명, 일곱 명, 열 명, 열다섯 명이 **유대인 평의회**라는 이유로 목숨을 잃었지요.

10

게토는 두 곳으로 나뉘었습니다. 한 곳에는 일할 수 없는 노인들이, 다른 한 곳에는 일하는 사람들이 살았는데, 두 곳을 오갈 수는 없었어요.

11

세브니에에는 러시아 군인 2만 명이 있었는데 한 명도 빠짐없이 죽임을 당했습니다. 한 명 한 명 죽이고 불에 태웠어요. 멀리서부터 타는 냄새가 났어요.

도시

그리보프

공원

자동차

창문

사무실

집

말

마차

호주머니

거리

학교

기차역

열차

열차 칸

창문

1941년 말

제이컵 브로드먼

1939년 8월

1940~1941년

2

삼보르에 도착했는데 독일군이 우리보다 한발 앞서 그곳을 장악한 후였어요. 내 기억으로는 이틀 밤을 거기서 지새우고 **고향**으로 돌아갔습니다. 더 가봤자 소용이 없었으니까요.

3

남동생과 내가 다시 삼보르로 갔지만 **러시아**로 넘어가지 못했어요. … **국경** 경비가 삼엄했거든요.

1

학교를 더는 못 다니게 되었습니다. … 온 가족이 **자동차**와 **마차**에 **짐**을 실었고 … **러시아와 헝가리 접경지대**로 떠났어요.

5

당시 나는 **기차역**에서 근무했습니다. 어느 날 **열차** 한 대가 사람을 가득 싣고 들어오더군요. 그중 **한 칸**에 내 누이가 있었는데, **창**밖으로 소리를 질러댔어요. "살려주세요, 살려주세요." 하면서요.

4

젊은 남자들이 **다른 지역**으로 (전출되어) 일하러 가서는 … 사라졌어요. 갔다 하면 영영 돌아오지 못했지요. … 하루는 비밀경찰이 열 사람을 골라 끌어냈어요. 아버지는 "내가 가지 않으면 **도시** 전체가 불탈 거야"라고 말씀하셨어요. 나는 밖을 내다봤습니다(**사무실 창문** 너머 **공원**을). 이윽고 (그자들이) 아버지 배에 한 방, 머리에 한 방 총을 쐈어요.

농부들

전문대

페레친

침대

집

침실

기차역

애나 파티파

1 **1938년 가을**

전문대에 다니고 있었는데 전쟁이 발발해 학교가 문을 닫았어요.

2

헝가리군이 들어온 후로는 (우리) **침실**을 헝가리군 장교들에게 내주어야 했어요.

3

어머니가 이불이나 수건 같은 물건을 **농부들**에게 갖다 팔아 음식을 구했어요.

1944년

5

그자들이 우리를 데려간 곳은 **웅그바르**였어요. … 밤새 **벌판**에 머물러야 했는데, 정말이지 추웠어요. 날이 밝은 후에야 그자들이 우리를 **벽돌 공장**에 집어넣었습니다. 아무것도 없는 **공터**였어요. … **욕실**도, **변기**도 없었지요. 이와 벌레가 들끓었고요. … 끔찍했습니다.

웅그바르

벌판

벽돌 공장

변기 없음

욕실 없음

공터

가축 수송 열차

4

어머니가 몸이 안 좋아져 **병상** 생활을 하게 되었어요. … 그자들이 그러더군요. "자, 짐을 싸도록. 원하는 건 챙겨가도 좋아." … 그자들이 우리를 **기차역**으로 데려갔고, 우리는 그곳에서 꼬박 하루를 대기했어요.

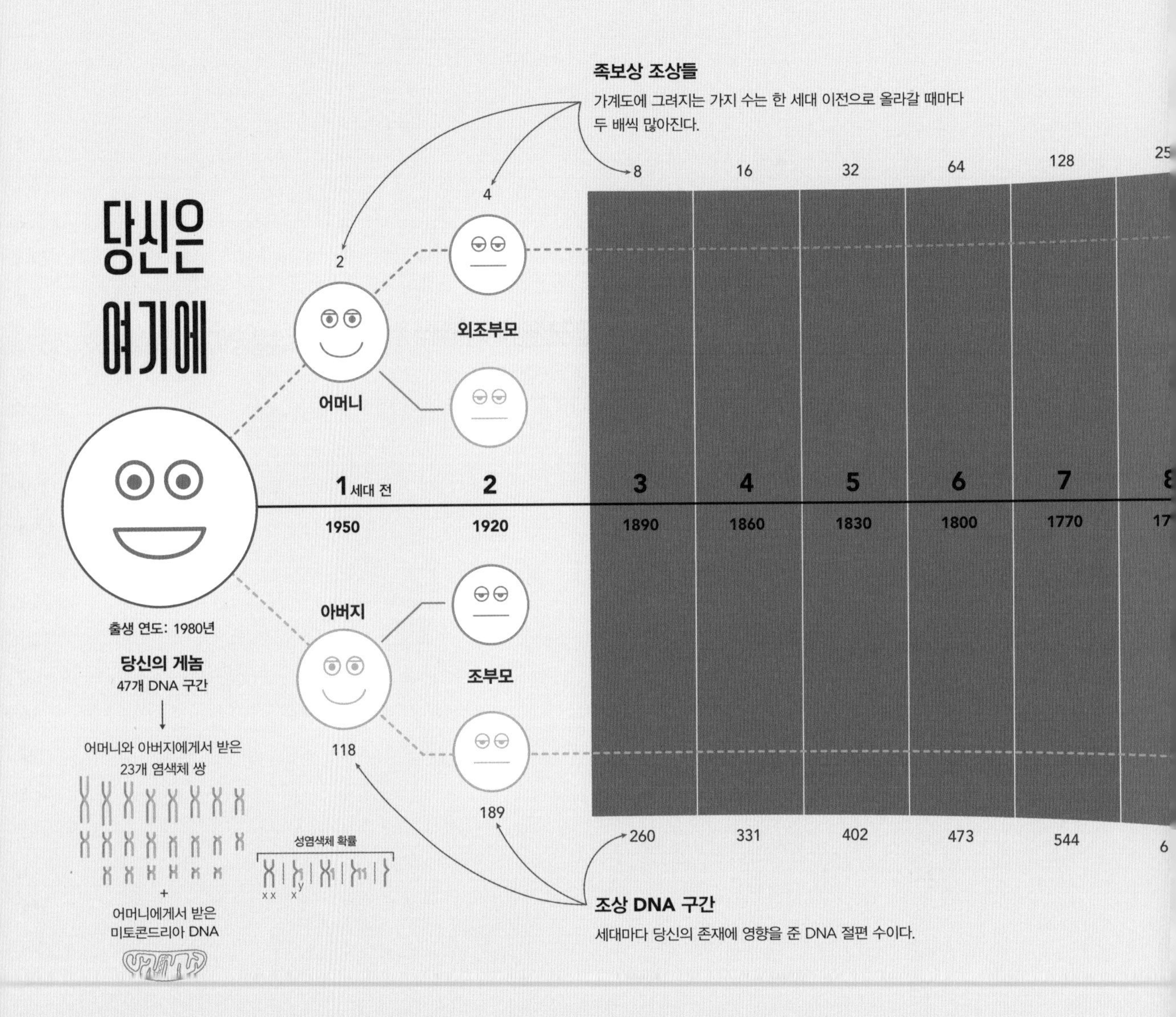

당신이 기록이다

당신의 게놈을 47권짜리 유전 암호 책이라고 생각해보라. 그 책은 과거에 있던 책들에서 찢어낸 페이지들로 엮은 것이다. 세대가 바뀔 때마다 대략 71페이지가 교체된다. 멀리 거슬러 올라갈수록 당신의 기원 서사는 달라진다.

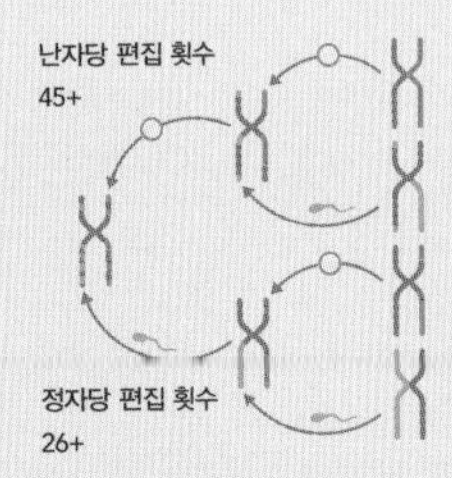

수많은 저자들

가계도의 가지 수는 한 세대 이전으로 올라갈 때마다 두 배씩 많아진다(이를테면 부모 둘, 조부모 넷). 300년 전으로 돌아가면 가지 수가 무려 1,000개가 넘는다. 그 지점에서부터 족보상 조상 수가 유전자를 물려준 조상 수를 넘어서게 된다.

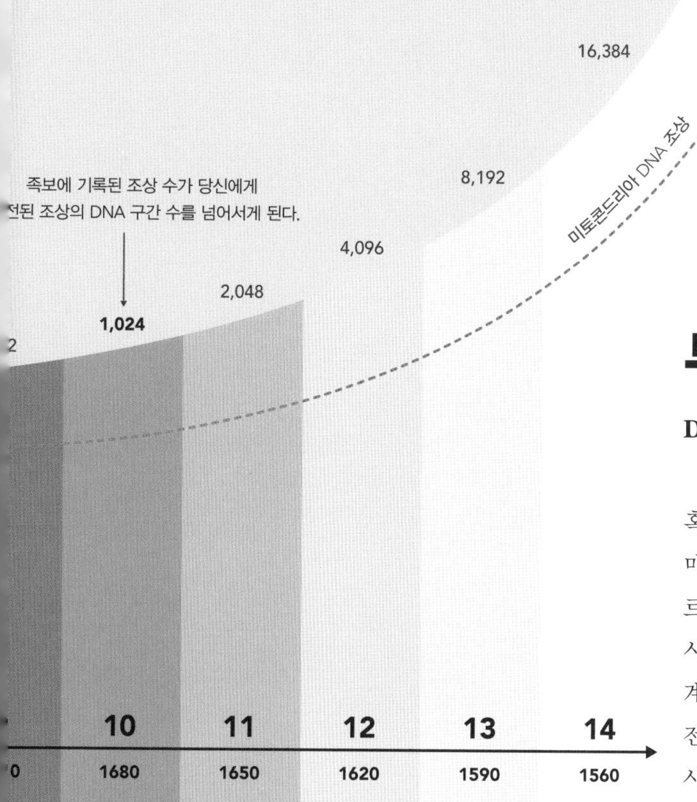

줄어드는 영향력

10세대 이전으로 돌아가면 족보상 조상은 1,024명, 유전자를 물려준 조상은 757명으로 차이가 난다. 14세대 이전으로 거슬러 올라가면 이 격차는 약 16 대 1로 벌어진다. 즉 가계도에 포함된 옛 조상들 상당수가 당신에게 DNA를 물려주지 않았다는 뜻이다.

부분적인 유전

DNA 키트가 당신에 관해 말해주지 않는 이야기

혹시 당신도 진짜 혈통을 알아보겠다며 DNA 키트를 구매한 3천만 명[36] 중 하나가 될 거라면, 키트를 신중히 고르기를 권한다.

시중에 팔리는 키트 상당수는 미토콘드리아 DNA의 모계 유전만을 추적하거나, 아버지의 Y 염색체로 부계 유전을 추적한다. 각 경로는 왼쪽 그래픽[37]에 점선으로 표시해두었다. 그런데 이러한 방식은 분량이 10만 장에 달하는 책에서 달랑 두 장을 발췌해 그걸로 책 전체를 평가하는 것과 마찬가지이다. 23개 염색체 쌍과 약간의 미토콘드리아 DNA로 이뤄진 인간의 게놈은 한 가문의 역사보다 훨씬 더 풍부한 이야기를 담고 있다. 연구자들이 그 이야기를 읽을 수 있게 된 것은 게놈학의 발달 덕분이다. 전체 게놈 연구를 통해 우리는 유전자에 담긴 질병 위험인자를 가려내고, 게놈 돌연변이에 맞춰 약을 짓고, 그 돌연변이가 어디서부터 오는지를 밝혀낼 수 있게 되었다. 하지만 그것이 훌륭한 조상들에게서 특성을 물려받았다는 증명은 아니다. 설령 그렇게 주장하는 사람이 있을지라도 말이다.

문화적 유전이 아무 의미도 없다고 주장하려는 것은 아니다. 대대로 내려오는 요리 비법이나 이름(54쪽 참고)을 소중히 간직하는 것은 틀림없이 과거와 현재를 하나로 이어준다. 그러한 가보가 친족의식을 희미하게나마 형성해줄지도 모른다. 하지만 유전자는 아니다.

기원전 2500년 무렵 스톤헨지에 마지막 사르센석[41]을 올린 사람들과, 겨우 몇백 년 뒤 스톤헨지 거석을 옮긴 사람들의 유전자 데이터는 서로 다른 집단의 것이다.

순전한 미신

고대인의 DNA는 민족주의가 실체 없는 믿음임을 증명한다.

지난 10여 년 동안 전 세계 유전학자들은 고대 인류 유해에서 DNA를 추출하는 작업에 매진했다. 염기서열 정보가 해독된 DNA 가닥은 하나하나 모여 유전자 구성 지도를 만든다. 이 지도[38]는 단순히 국경을 그려내는 것보다도 흩어진 점들을 잇고 '누가 스톤헨지를 만들었을까?'와 같은 미스터리를 푸는 데 목적이 있다. 영국 사람들에게 물으면 대부분 자기 조상이 스톤헨지를 지었다고 대답할 것이다. 하지만 DNA 표본을 보면, 솔즈베리 평원에서 그 거석이 지어질 당시 오늘날 북부 유럽 사람들의 주요 조상이 된 사람들은 아직 그 지역에 발을 디디

2018

수출 항구

서커우 항구는 1989년 개항했다.[84] 옌톈 항구는 그로부터 5년 후에 지어졌다.[85] 두 항구가 있는 선전은 2013년 홍콩을 제치고 세계에서 세 번째로 분주한 컨테이너항 도시가 되었다.[86] 컨테이너 10개 중 9개는 수출용으로 출하되며 그중 절반 가까이가 북미에 도착한다.[87]

다리 건설

삼각주가 주변 지역과 잘 연결되어 있어야만 대도시로 기능할 수 있다. 2018년 열린 홍콩-주하이-마카오 다리 터널[88]은 55킬로미터 길을 놓아 그 문제를 해결했다. 또 하나의 초장거리 다리가 완공되고 나면[89] 주강 어귀를 지나는 통근길이 30분으로 단축된다.

이동 방식의 혁명

비주류였던 자전거 공유는 이제 없어서는 안 될 이동 수단이 되었다.

1965년 네덜란드 무정부주의 단체 프로보Provo는 암스테르담에서 자동차를 퇴출하겠노라고 선언했다. 그들은 "자가용을 소유한 부르주아들이 일으키는 아스팔트 테러"[90]로부터 도로를 해방시키겠다며 흰색 자전거 1만 대를 잠금장치 없이[91] 누구나 탈 수 있도록 보급하려 했다. 프로보는 자전거 50대를 우선 보급했으나 경찰은 절도 범죄를 우려해[92] 그 자전거들을 즉각 회수했다.[93]

60년이 지난 지금, 프로보가 시대를 많이 앞서갔다는 것이 분명해졌다. 어느덧 자전거 공유는 친환경 도시 조성에 공을 세우고 싶어 하는 시장이라면 무조건 추진하는 사업이 되었다. 자전거 공유 시스템은 2020년 세계에서 3,000개가 넘게 운영되고 있으며, 도시 교통수단 중에서 가장 빠르게 성장하고 있다. 여기 그려진 혼잡한 그래프에서 알 수 있듯이 모든 시스템이 올바른 방향으로 가고 있는 것은 아니다. 그러나 뉴욕처럼 모범적으로 운영되고 있는 곳을 보면 자전거당 일일 이용률이 상당히 높다. 이 그래프 오른쪽 상단에 그러한 사례들이 나와 있다. 반면 아직 뒤처진 지역들은 자전거 대수도 부족할뿐더러 이용자 수도 적다. 오클랜드와 크라이스트처치는 아마도 시스템을 없애고 싶어 할지도 모르겠다. 반면 중간에 머무르는 도시들은 홍보에 조금만 더 신경 쓴다면 리우데자네이루와 같은 성공을 거둘 수도 있다.

세계 자전거 공유 시스템
2016~2018년

- 유럽
- 북아메리카
- 남아메리카
- 아시아
- 오세아니아

400만
23,000
동그라미 크기는 자전거 보관소 반경 1킬로미터 이내 인구를 의미

2016 2018

헤로나

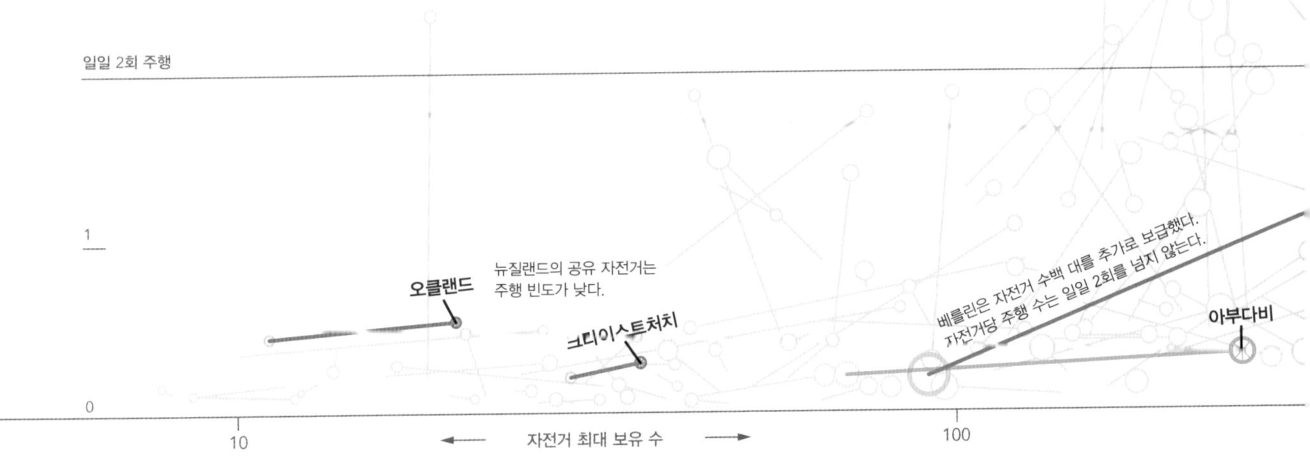

지도 않았다는 사실이 확인된다.[39] 사실 유럽인 대다수는 얌나야Yamnaya라는 다소 생소한 집단에서 많은 퍼센트의 DNA를 물려받았다. 5000년 전 얌나야 유목민은 동쪽으로는 알타이산맥을, 서쪽으로는 다뉴브강을 끼고 있는 혹독하고 건조한 스텝 초원 지대에 모여 살았다. 그들의 유전자가 널리 퍼질 수 있었던 비결은 무엇일까? 바로 바퀴였다.

얌나야 사람들은 말을 길들여 바퀴 달린 마차를 만들었고[40] 초원 서쪽으로 이동해 유럽에 유전자와 언어를 전파했다. 고대인 DNA를 분석해보면 얌나야 사람들 일부가 초원 동쪽으로 이동해 중앙아시아를 지나 인더스 계곡으로 갔다는 사실도 알 수 있다.

이렇듯 유전자가 퍼지는 경로는 순수 민족이라는 개념에 의문을 던진다. 얌나야 사람들은 초기 유럽인, 남아시아인과 섞이기 전에 이미 스텝 초원 지대에 살던 정착민들 및 캅카스산맥에서 북쪽으로 올라온 사람들이 교잡한 집단이었다. 그러니 태곳적부터 오늘날까지 인류 역사가 끝없는 혼합의 과정이라는 말도 지나친 비약은 아닐 것이다.

조상의 땅

'거대한 남쪽 땅'은 유럽인이 도착하기 전부터 수백만 명[42]의 터전이었다.

최초로 오스트레일리아 해안에 발을 디딘 사람들은 해수면이 지금보다 75미터 낮았던[43] 5만 년 전 그곳에 도착했다. 오늘날 카펀테리아만과 토러스 해협이 있는 자리에는 대초원이 펼쳐져 오스트레일리아 북부 해안부터 뉴기니까지 이어졌다. 머리카락 표본에서 추출한 DNA를 분석해보면, 머리카락 주인의 조상들은 1000년에서 5000년에 걸쳐 시계 방향과 반대 방향 양쪽으로 이동해 오늘날 우리가 아는 오스트레일리아 대륙 남부 해안에 터를 잡았다.[44]

이윽고 여러 집단이 형성되었다. 성스러운 사암 유적지 울루루 근처에 사는 피찬차차라족, 고유한 수어를 가진 욜릉우족, 독특한 머리 장식으로 알려진 토러스 해협 섬 사람들은 18세기 말 영국 정착민들이 오스트레일리아 땅에 등장하기 오래전부터 그곳에서 문화를 일궜다.[45] 1788년 이오라족이 살던 땅에 시드니가 수립된 것을 시작으로 2세기에 걸쳐 아래 지도에 표시된 다양성을 지우려는 노력이 전개되었다. 오스트레일리아 원주민들은 유럽에서 건너온 질병에 시달렸고, 땅을 도둑맞았으며, 무려 1970년대까지 자녀 강제 분리 정책에 희생되었다.[46] 캐나다 비영리 단체 네이티브 랜드 디지털Native Land Digital은 토지권, 언어, 지역 역사에 관한 논의가 이뤄질 수 있게 오스트레일리아 원주민 터전 392곳을 표시한 대화형 지도를 온라인에 올렸다.[47] 다른 나라의 원주민 터전 지도도 공개되었으니 일본, 뉴질랜드(아오테아로아), 러시아, 스칸디나비아, 아메리카 대륙에 사는 독자들은 자신이 어느 조상의 땅에 살고 있는지 확인해볼 수 있다.

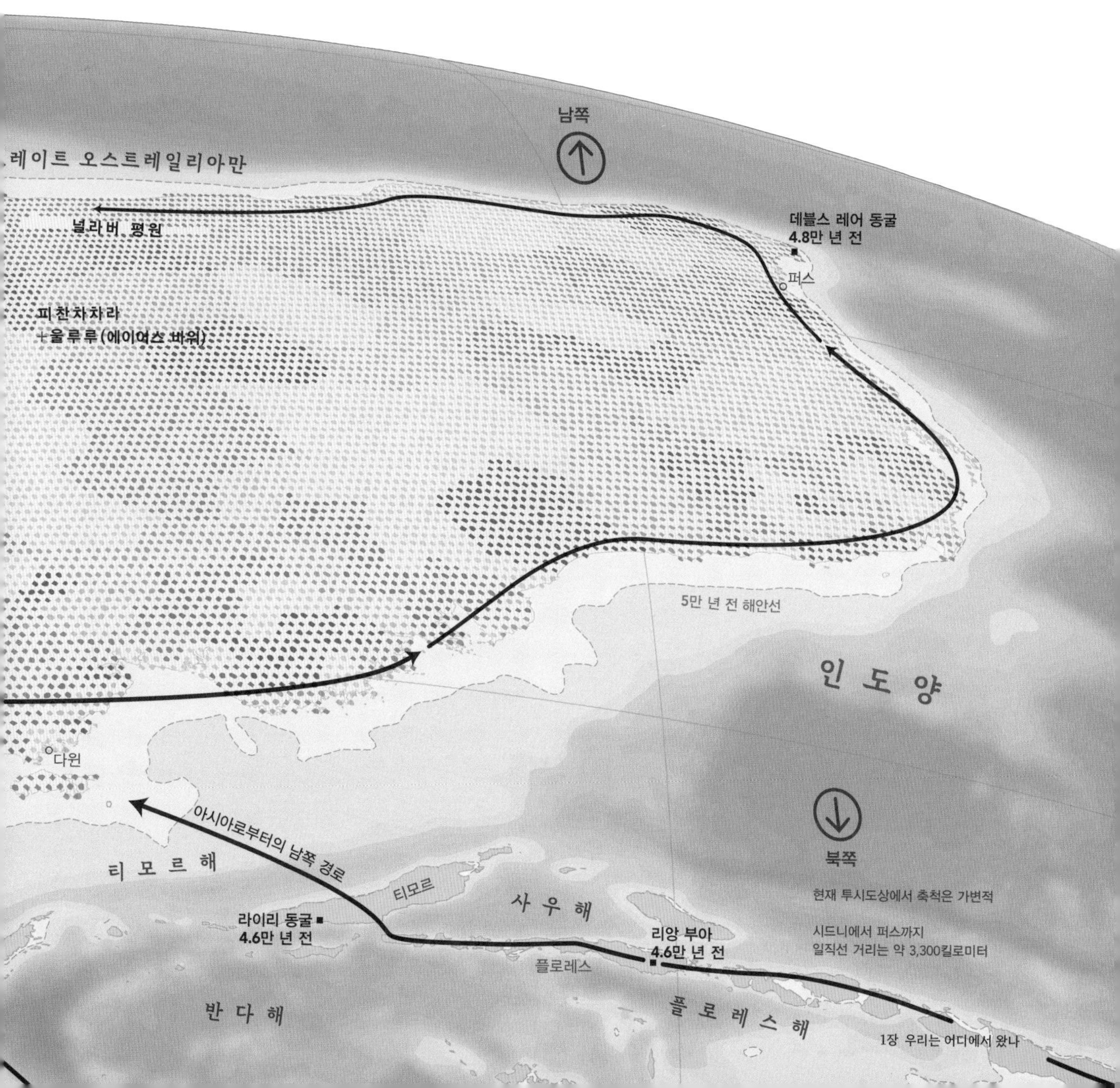

데이터의 바다

국제 경제는 먼지 쌓인 항해일지에서부터 시작되었다.

해운업에서 시간은 언제나 돈이다. 그런데 1840년대 미 해군 대위였던 M.F. 모리Maury가 보기에 뱃사람들은 시간도 돈도 허투루 쓰고 있었다. 해도는 풍향이나 최단 경로를 하나도 보여주지 못했고, 배들은 더디게 움직여 뱃길에 갇히기 일쑤였다. 모리는 선원들에게 항해하는 동안 날씨를 기록해 보고하라고 지시했다. 그렇게 1,000건이 넘는 자료가 모였다.[49] 돌아가는 길에 모리는 그 데이터를 이용해 해양 지도를 만들었다. 그 지도는 아주 상세해서 선원이면 누구나 '1,000번은 다녀본 길처럼'[50] 항해할 수 있었다. 결과는 놀라웠다. 모리가 만든 지도는 잉글랜드와 오스트레일리아 왕복에 걸리는 시간을 250일에서 160일로 단축했고[51] 비용도 수백만 달러 절감했다. 모리의 지도는 증기선과 디젤선에도 도움이 되었다. 1980년대 들어 미국 해양대기청은 해상 부표와 항해일지 등 지난 3세기 동안 쌓인 관측 자료를 디지털화했는데[52] 그중에는 모리의 지도도 포함되었다. 현대 과학자들은 그걸 바탕으로 기후와 해류를 연구한다.[53] 그 기록은 세계를 교차하는 항로가 얼마나 단축되었는지도 보여준다. 잉글랜드와 오스트레일리아 왕복에 걸리는 시간은 이제 불과 80일이다.[54]

이 지도는 데이터베이스에 등록된 선박만을 표시한 것이다. 항해일지에 기록된 위치가 부정확할 수 있다는 사실도 유의할 필요가 있다.

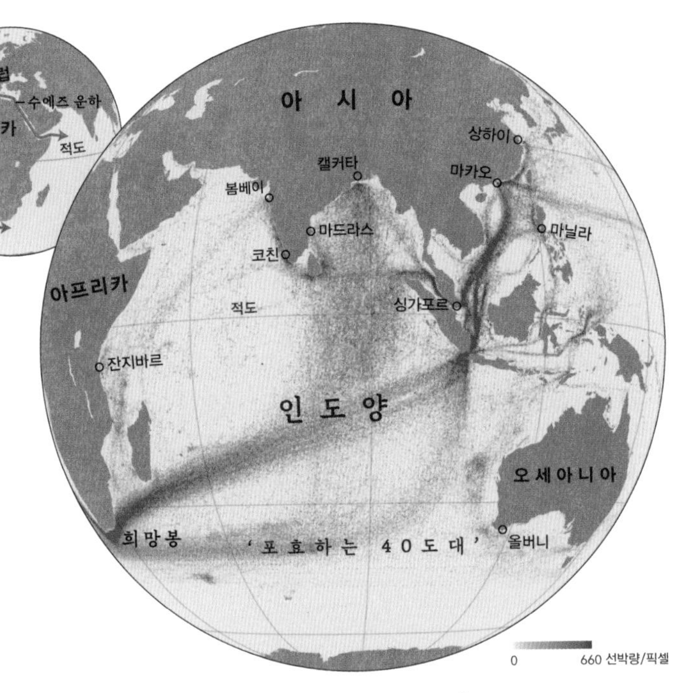

범선의 시대(1570~1860년)

1611년 네덜란드 탐험가 헨드릭 브라우어르Hendrik Brouwer가 '포효하는 40도대' 해역을 발견한 후로 유럽에서 향신료가 풍부한 동남아 섬들까지 항해하는 시간이 절반으로 줄었다.[55]

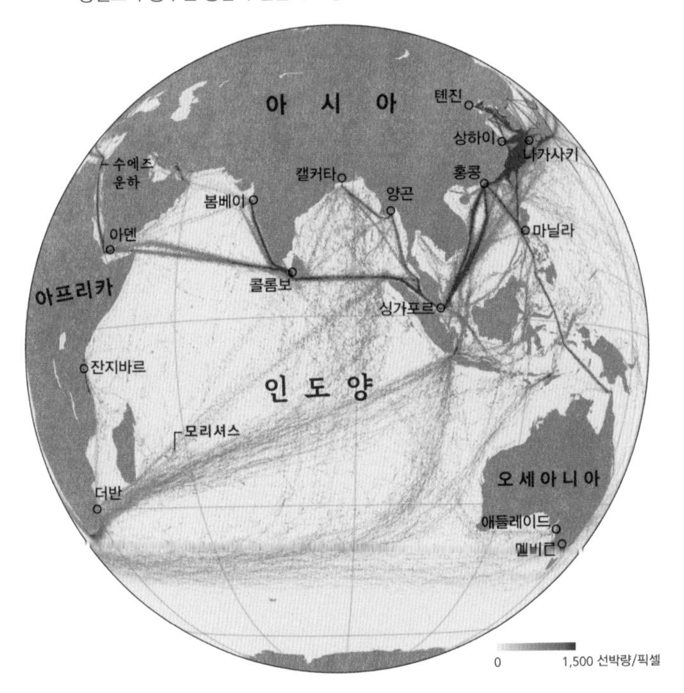

증기선의 시대(1860~1920년)

1869년 수에즈 운하가 개통돼 증기선들이 아시아와 유럽을 직항으로 오가게 되었다.

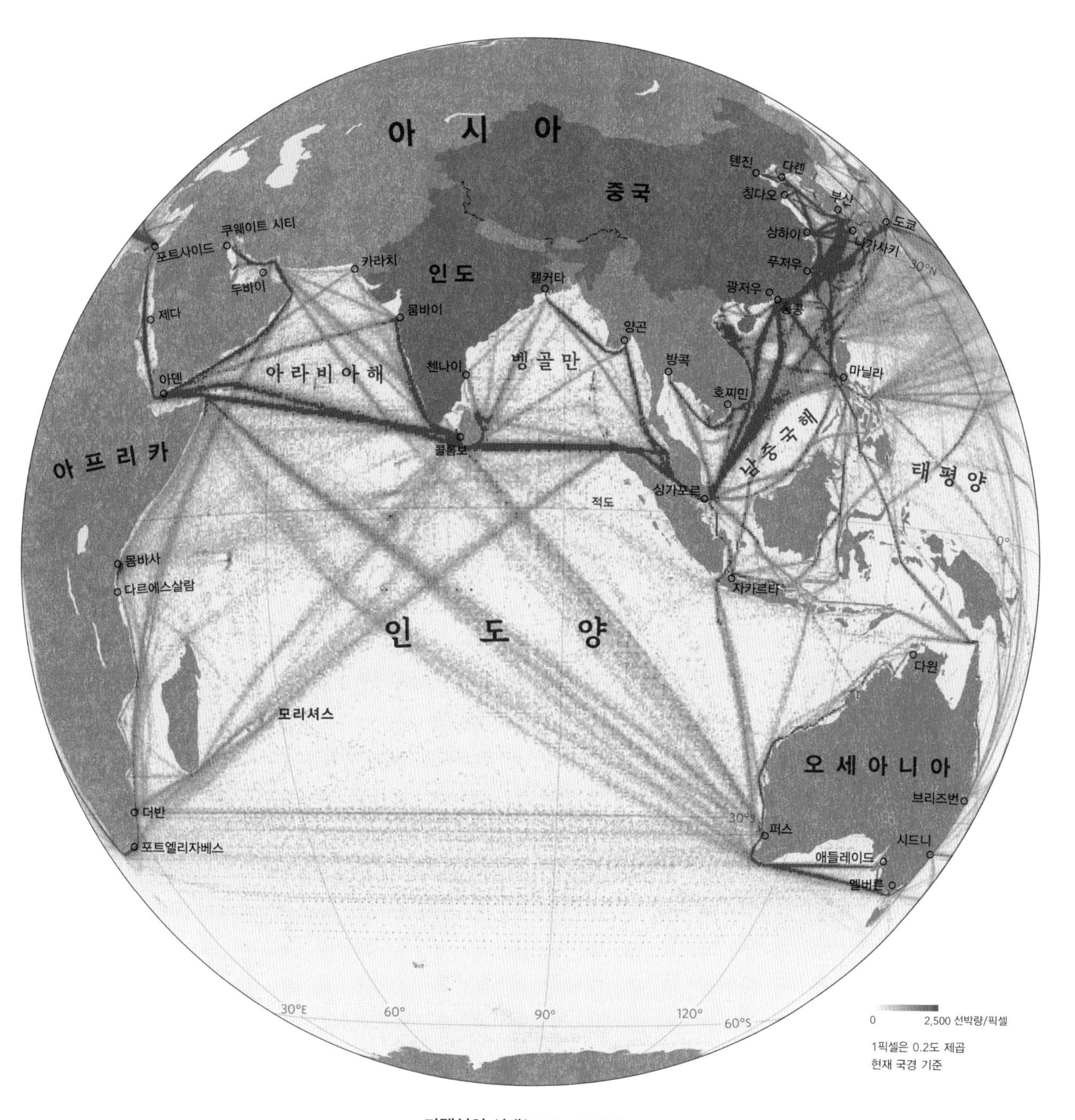

디젤선의 시대(1920~1970년)

1950년 이후부터 저가 디젤에 힘입어 국제 해상 운송량이 폭발적으로 늘었다. 오늘날 해상에서는 인도에서 의류를, 중동에서 원유를, 중국에서 대두를 실어 나르는 배들의 행렬이 이어지고 있다.

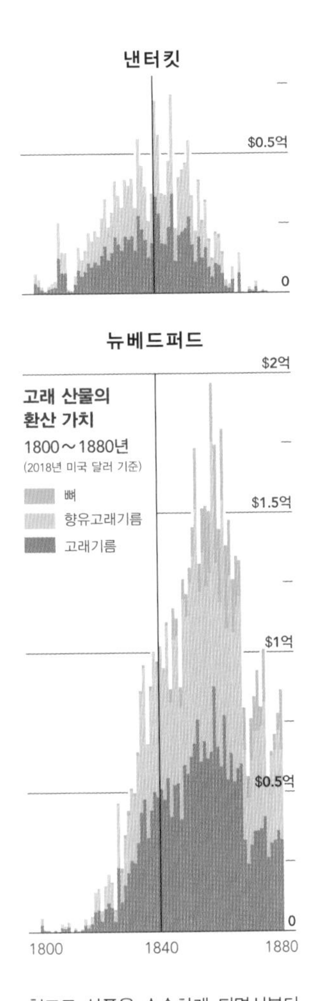

철도로 상품을 수송하게 되면서부터 뉴베드퍼드가 낸터킷 섬을 꺾고 미국 최대 고래잡이 도시가 되었다.

붉은 얼룩을 마주하다

피로 물든 바다 앞에서
지도 속 얼룩은 무색해진다.

1761년부터 1920년까지 고래잡이가 던진 작살에 고래 수만 마리가 죽었다. 이 지도에는 고래잡이배 항해일지에 기록되어 훗날 디지털화된 34,144마리 고래의 죽음이 표시되었다.[57] 찰스 W. 모건호(보라색)는 향유고래기름을 구하러 남태평양으로 출항했고, 라고다호(파란색)는 우산, 코르셋, 치마 버팀대 등으로 쓰일 고래 뼈를 얻으러 알래스카만으로 나갔다.

1851년 『모비딕』이 출간되었을 당시 낸터킷과 뉴베드퍼드 같은 고래잡이 전진기지는 미국에서 손꼽히게 부유한 도시였다. 고래잡이가 한창 호황이던 1857년 뉴베

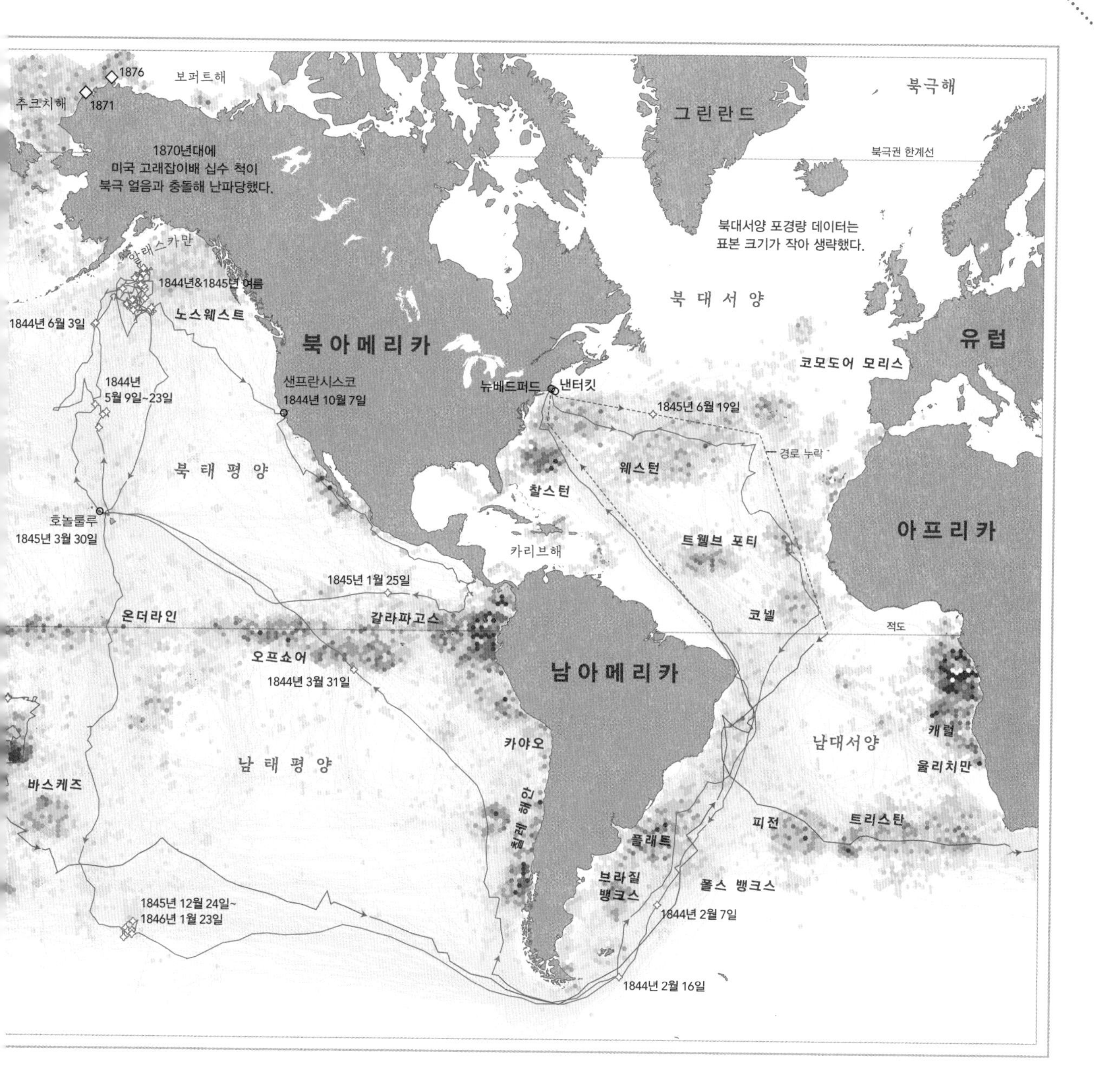

드퍼드에서 출항한 고래잡이배 329척이 무려 1만여 명을 고용할 정도였다.[58] 하지만 호황은 오래가지 못했다. 남북전쟁이 서부로 확장되면서 포경업은 철로와 기타 산업에 밀리기 시작했다. 줄어든 어선들은 기름이 풍부한 북극고래를 잡으러 꽁꽁 언 북극으로 향했다. 하지만 1870년대에만 대형 사고가 두 차례 터지면서[59] 포획물은 물론 장비와 선박까지 잃는 수백만 달러 규모의 피해가 발생하자 투자자들은 포경업의 안전성에 의문을 품었다. 석유의 등장으로 이제 기름은 땅만 파도 구할 수 있는 자원이었다.

그 틈을 타 노르웨이가 산업 수준의 대규모 도살 방법을 고안해냈다. 동력이 강한 증기선과 디젤선은 속도가 빠른 어종을 잡기에 충분했으며, 수류탄을 장착한 작살포는 사냥 성공률을 높였다. 연구자들이 추산하기로 지난 세기에만 고래 290만 마리가 도살당했다.[60] 1962년부터 1972년까지 죽임을 당한 향유고래 수는 18세기와 19세기 기록을 합친 것보다 많다.[61] 사라진 고래의 수는 오늘날 바다가 얼마만큼의 고래를 받아들일 수 있는지를 가늠하게 한다. 이는 고래 개체수를 회복하는 데 꼭 필요한 데이터다.

해당 기간에 찰스 W. 모건호는 위 지도상 해역에서만 고래 117마리를 목격했고 포경을 시도하다 73차례 충돌했다. 그 고래잡이배는 낸터킷에서 출항한 지 5개월 만인 1845년 11월 오스트레일리아에 도착했다. 3년 가까이 그곳에 머무르며 뉴질랜드, 통가, 피지 인근 해역에서 향유고래를 잡다가 1848년 8월에 고국으로 돌아갔다.

4월과 5월이 되면 바스케즈와 프렌치록 해역에서 포경 활동이 가장 활발해졌다. 남반구 겨울철(6~9월)에 해수 온도가 낮아지면 고래잡이배는 고래를 따라 적도와 가까운 북쪽으로 이동했다.

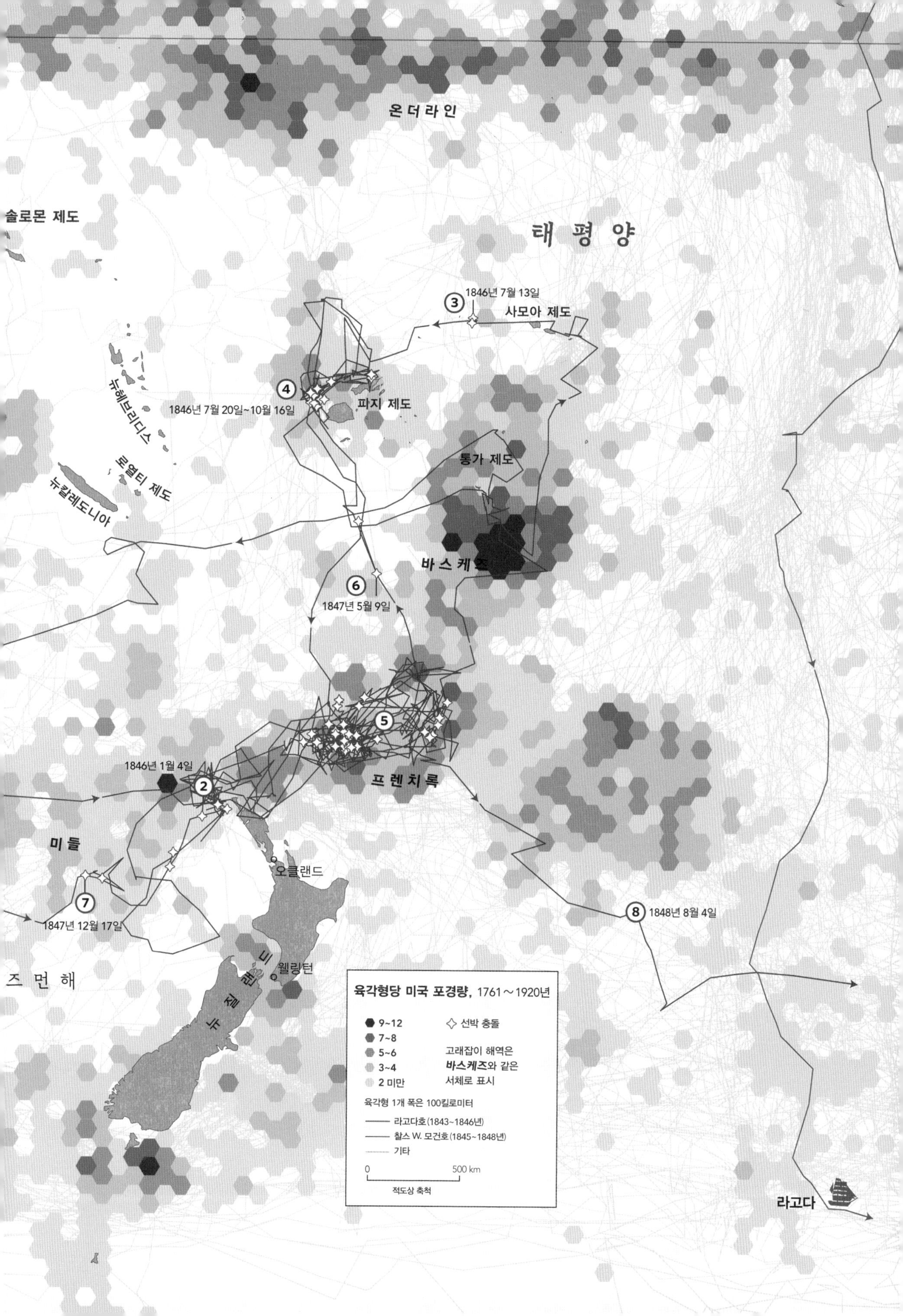

온더라인
솔로몬 제도
태 평 양
1846년 7월 13일
사모아 제도
뉴헤브리디스
1846년 7월 20일~10월 16일
파지 제도
로열티 제도
뉴칼레도니아
통가 제도
바스케즈
1847년 5월 9일
1846년 1월 4일
프렌치록
미들
오클랜드
1847년 12월 17일
1848년 8월 4일
뉴질랜드
웰링턴
즈먼해
육각형당 미국 포경량, 1761~1920년
9~12
7~8
5~6
3~4
2 미만
선박 충돌
고래잡이 해역은
바스케즈와 같은
서체로 표시
육각형 1개 폭은 100킬로미터
라고다호(1843~1846년)
찰스 W. 모건호(1845~1848년)
기타
0
500 km
적도상 축척
라고다

비인간적인 흐름

노예무역 데이터를 지도에서 떼어내 보면 거대한 공모의 진실이 드러난다.

1798년 지난날을 돌아본 자유인 벤처 스미스Venture Smith는 신분이 바뀌어버렸던 60년 전 아노마부에서의 하루를 생생히 떠올렸다. "럼주 15리터와 옥양목에 팔려 … 배에 실렸습니다. 그날부터 벤처로 불리게 되었지요. … 그게 내 이름이 되었어요."(원래 이름은 브로티어 푸로Broteer Furo였다.[63]) 벤처와 같이 노예선에 실려 대서양을 건넌 아프리카인은 1,250만 명으로 추산된다. 그중 벤처와 몇몇 사람은 '중간 항로Middle Passage'를 지나던 나날의 기억을 글로 남겼다.

4개 대륙의 연구자들은 영영 묻혀버린 수백만 명의 이야기를 세상에 알리기 위해 대서양 항해 기록 36,000여 건

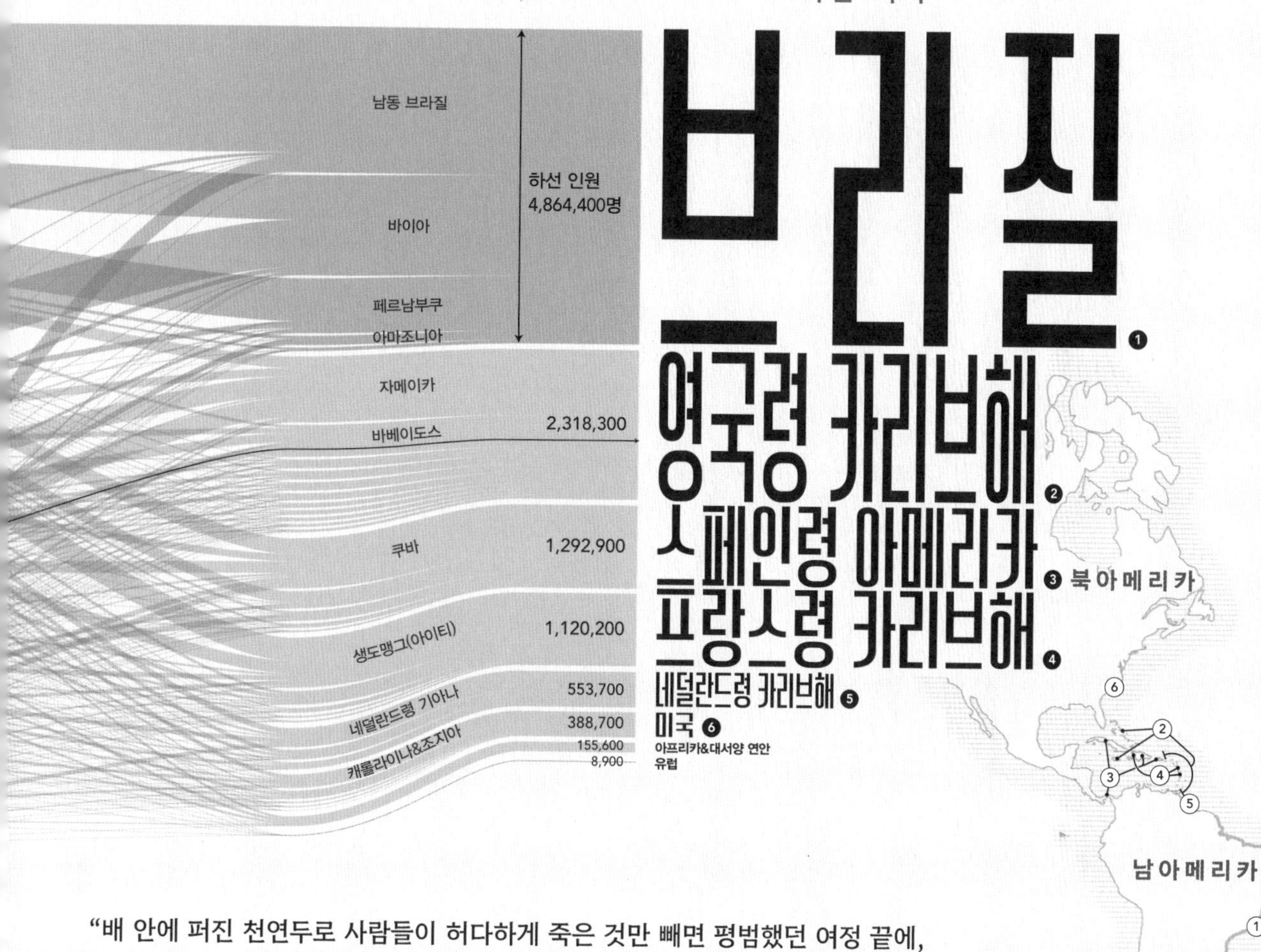

"배 안에 퍼진 천연두로 사람들이 허다하게 죽은 것만 빼면 평범했던 여정 끝에, 드디어 우리는 바베이도스섬에 도착했다."[62]
— 벤처 스미스

을 모아 검색 가능한 온라인 데이터베이스를 만들었다. 연구자들은 항해일지와 거래 장부를 수집해 노예선 정보와 항해 일정, 선원 명부, 노예가 된 사람들의 나이와 성별, 사망률 등을 파악했다.[64] 마침내 그동안 봉인되었던 과거를 들여다볼 창구가 생겼다.

위 그림은 노예가 된 사람들이 배에 오른 지역과 배에서 내린 지역을 교차시켜 연결한 것이다. 처음에는 기존 지도에 화살표로 경로를 표시했는데, 지도상으로 작게 보이는 카리브해 영국령 섬들이 실제로는 두 번째로 무역량이 많았다. 노예무역량에 비례해 보는 것은 책임이 가장 무거운 국가를 확인하는 데 확실히 도움이 된다. 브라질은 그동안 노예무역을 논할 때 다른 국가들에 가려졌으나 위 그림에서는 존재를 여실히 드러낸다.[65] 중간 항로를 지나고도 살아남은 아프리카인 1,070만 명 가운데 약 절반이 브라질에 떨궈졌다.

벤처를 비롯해 40만 명 가까이 되는 사람들은 여러 기항지를 돌아다녀야 했다. 2019년 또 다른 연구진이 이전에 공개된 적 없던 아메리카 대륙 항해 기록 11,400건[66]을 데이터베이스에 추가했다. 다음 페이지에 나올 그림은 노예제가 바다뿐 아니라 아메리카 대륙 전체에 얽히고설킨 착취의 그물망을 만들어놓았다는 것을 보여준다.

승선 지역

자메이카

브라질

바베이도스

네덜란드령 카리브해

영국령 카리브해

도미니카

덴마크령 서인도 제도

미국

푸에르토리코

아메리카 기타 지역

프랑스령 카리브해

스페인령 아메리카

카리브해 기타 지역

생바르텔레미

네덜란드령 기아나

난파, 판매, 선상 사망 인원

아메리카 내륙 노예무역
1550~1840년

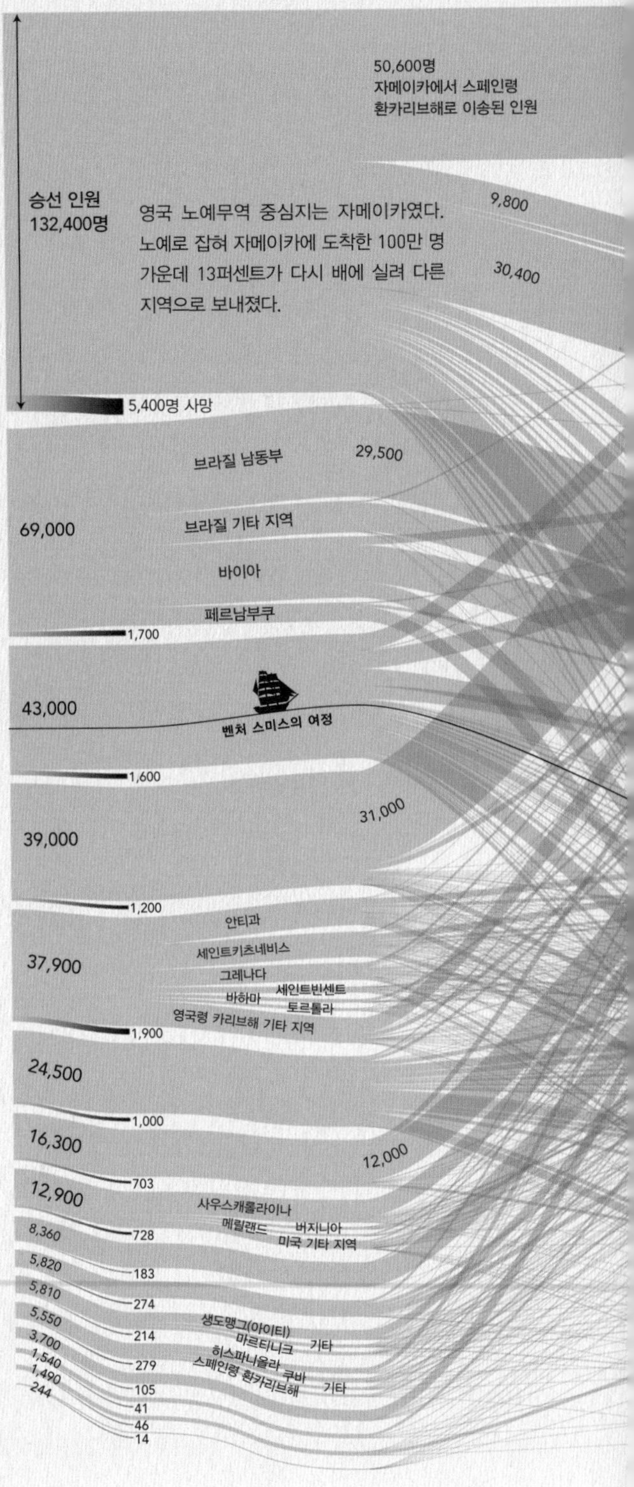

1500년대 초엽 전염병이 창궐해 아메리카 원주민 인구가 초토화되자 스페인 왕국은 다른 나라들과 계약을 맺어 노동력을 공급받았다.[67] 아프리카에서 출발한 노예선에 스페인 깃발이 나부끼는 일은 드물었을지라도 아메리카 안쪽에서 이동해 노예 26만여 명이 최종 하선한 항구에서는 스페인 깃발을 쉽게 볼 수 있었다.

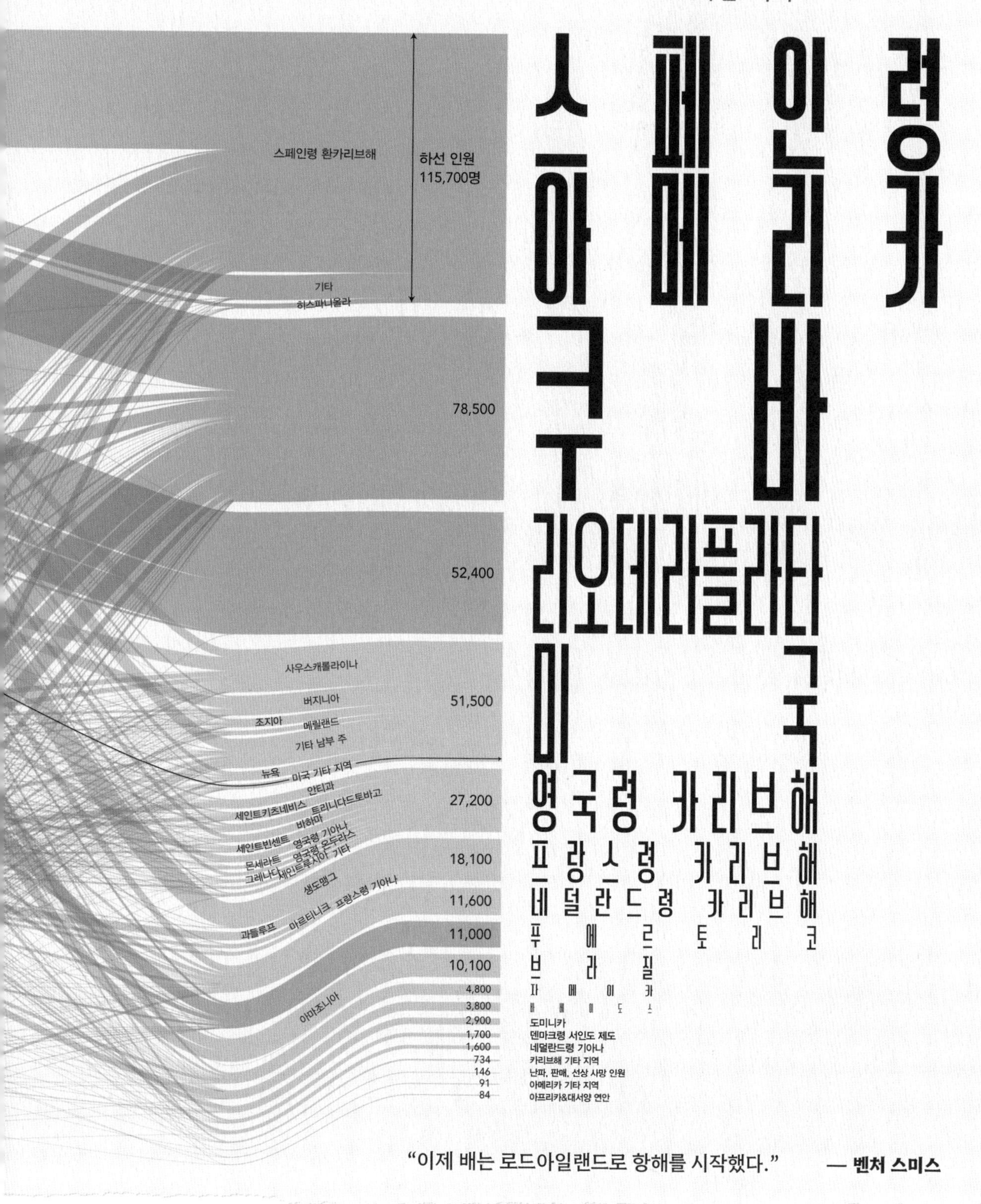
하선 지역
스페인령 아메리카
쿠바
리오데라플라타
미국
영국령 카리브해
프랑스령 카리브해
네덜란드령 카리브해
푸에르토리코
브라질
자메이카
바베이도스
도미니카
덴마크령 서인도 제도
네덜란드령 기아나
카리브해 기타 지역
난파, 판매, 선상 사망 인원
아메리카 기타 지역
아프리카&대서양 연안
스페인령 환카리브해
하선 인원
115,700명
기타
히스파니올라
78,500
52,400
사우스캐롤라이나
버지니아
조지아
메릴랜드
기타 남부 주
뉴욕
미국 기타 지역
51,500
안티과
세인트키츠네비스
트리니다드토바고
27,200
바하마
세인트빈센트
영국령 기아나
몬세라트
영국령 온두라스
그레나다
세인트루시아
기타
18,100
생도맹그
프랑스령 기아나
11,600
과들루프
마르티니크
11,000
10,100
4,800
아마조니아
3,800
2,900
1,700
1,600
734
146
91
84
"이제 배는 로드아일랜드로 항해를 시작했다."
— 벤처 스미스

작명 문화

이름만으로 배경을 알 수 있다.

성명은 자신이 누구인지를 선언하는 말로 후대에 대물림되기도 한다. 당신의 성은 11세기 노르만 왕가 남작에게서 시작된 것일 수도, 혹은 그저 부모나 배우자에게서 얻은 것일 수도 있다. 어느 쪽이건 간에 당신의 언어와 문화, 가문의 기원 또는 역사적 사건과 관련 있을 가능성이 크다. 예를 들어 모하메드Mohamed라는 성의 여러 변형은 이슬람과 함께 북동 아프리카에 널리 퍼졌고, 칸Khan이라는 성은 파키스탄과 아프가니스탄에 자리 잡았다. 위 지도에는 각국에서 가장 흔한 성이 적혀 있는데

유럽

유럽에서 작명은 직업, 가족 관계와 관련이 깊다. 멀러Muller와 멜니크Melnyk는 본래 방앗간 주인을 뜻한다. 포포비치Popovic는 사제를 의미한다. 존슨Jonsson(존의 아들)이나 요한손Johansson(요한의 아들)과 같은 식으로 이름에 아버지의 이름을 넣기도 한다.

국가별 성씨 순위, 2020년

100,000 50,000 10,000 3,000

100만 명당 성 빈도수

빈도수에 비례해 크기가 다르다.

나라마다 차이는 상당하다. 새Sae는 태국에서 가장 흔한 성이지만 가문마다 성이 달라야 한다는 법 때문에 동시에 무척 희귀하기도 하다.[68] 이웃 국가인 베트남에서는 응우옌Nguyen이라는 성의 비율이 유독 높다. 마지막 왕조의 성이자 2000년 전 중국이 베트남을 지배하던 시절 중국 관리들이 세금 징수를 위해 부여한 성 '루안Ruan'의 변형이기 때문이다.[69]

다음 페이지에는 가장 흔한 이름을 실어보았다. 태국에서는 대다수가 서류상 이름 대신 별명을 쓰기 때문에 가장 흔한 이름 시리폰Siriporn이 가톨릭 국가인 포르투갈의 마리아Maria만큼 흔하지는 않다.

이름의 역사가 국가마다 천차만별이듯이 그에 대한 공공 기록도 형편이 다 다르다. 우리는 각국 전화번호부와 선거 명부 등을 수집해 데이터 세트를 만들었다. 당연히 남성 '가장'과 같이 특정 집단에 편향되었을 수 있다. 당신이 생각하기에 흔한 이름이 이 지도에 없는 것은 아마 그래서일 것이다.

아프리카

아프리카 북부 해안을 따라 이슬람 성이 밀집해 있다. 사하라 이남으로 가면 대륙의 다양한 언어만큼이나 성이 다채로워진다.

중국

인구 절반이 19개 성을 나눠 쓴다.[70] 가장 흔한 성은 (왕을 의미하는) 왕Wang이다. 이와 대조적으로 미국은 인구 절반이 2,000개에 달하는 성을 쓰고 있다.

아메리카

유럽식 성과 부칭(곤살레스, 에르난데스, 페레스 등)이 일반적인 것은 식민화와 노예무역의 잔재이다.

국가별 이름 순위, 2020년

M M M M
100,000 50,000 10,000 3,000
100만 명당 이름 빈도수

이름

성이 우리의 출신 배경을 말해준다면, 이름은 부모가 원하는 우리의 모습을 투영한다. 하지만 이름으로 사람을 평가하기에는 꽤 많은 이름이 존, 모하메드, 조지프, 메리와 같이 종교적 이름의 변형이다.

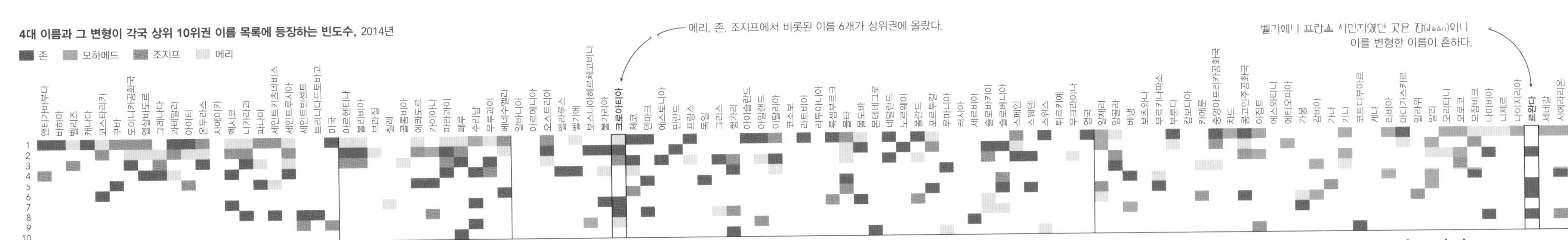

북아메리카
유럽
아시아
아프리카
남아메리카
오세아니아
조르지
세르다르
울루그벡
히로시
하지
아이제림
간볼드
아즈마트
웨이
러스탐
모함마드
소남
유팅
모함메드
압둘
메리
우
어
훙
모함메드
시리퐌
소페악
태국
모하드
주니어
태
존
시티
존
존
모함메드
호세
무니
누로아
요르단
아흐메드
알리
데이비드
존

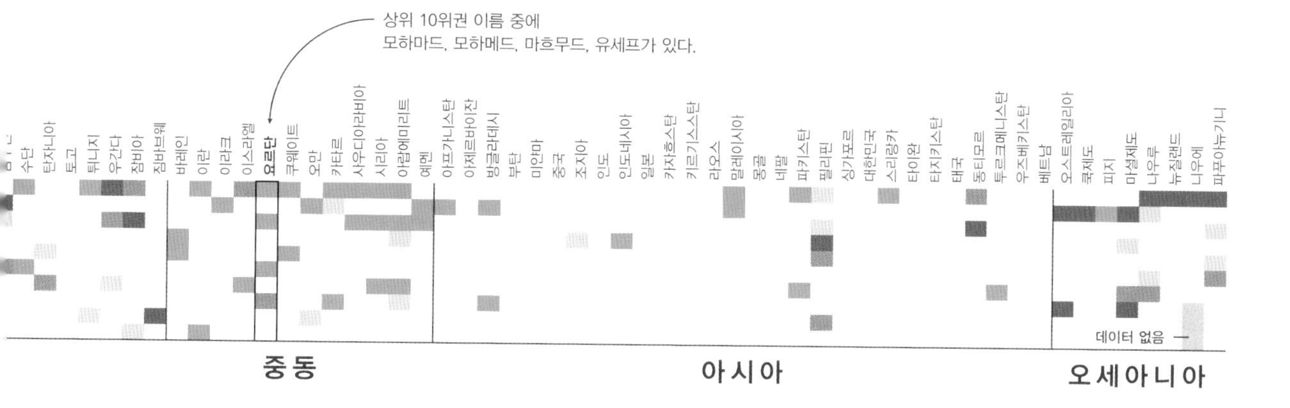
상위 10위권 이름 중에
모하마드, 모하메드, 마흐무드, 유세프가 있다.
수단
탄자니아
토고
튀니지
우간다
잠비아
짐바브웨
바레인
이란
이라크
이스라엘
요르단
쿠웨이트
오만
카타르
사우디아라비아
시리아
아랍에미리트
예멘
아프가니스탄
아제르바이잔
방글라데시
부탄
미얀마
중국
조지아
인도
인도네시아
일본
카자흐스탄
키르기스스탄
라오스
말레이시아
몽골
네팔
파키스탄
필리핀
싱가포르
대한민국
스리랑카
타이완
타지키스탄
태국
동티모르
투르크메니스탄
우즈베키스탄
베트남
오스트레일리아
쿡제도
피지
마셜제도
나우루
뉴질랜드
니우에
파푸아뉴기니
데이터 없음
중동
아시아
오세아니아

80세 70 60 50 40 30 20

에곤 실레 〈기대어 있는 소녀 세미누드화〉
장 미쉘 바스키아 〈조니펌프의 소년과 개〉
마르셀 뒤샹 〈계단을 내려오는 누드〉
토마소 마사초 〈성전 세〉
파블로 피카소 〈아비뇽의 여인들〉
조르조 데 키리코 〈거리의 우울과 신비〉
조르주 쇠라 〈그랑드 자트 섬의 일요일 오후〉
조지 벨로우스 〈샤키 체육관의 권투 선수〉
살바도르 달리 〈기억의 지속〉
라파엘 〈아테네 학파〉
테오도르 제리코 〈메두사호의 뗏목〉
클로드 모네 〈센 베네쿠르 강변에서〉
재스퍼 존스 〈세 개의 깃발〉
귀스타브 쿠르베 〈돌 깨는 사람들〉
에드바르트 뭉크 〈절규〉
카라바조 〈성 마태오를 부르심〉
움베르토 보치오니 〈자전거 타는 사람의 역동성〉
앙리 드 툴루즈 로트레크 〈물랑 루즈에서〉
외젠 들라크루아 〈민중을 이끄는 자유의 여신〉
조르주 브라크 〈신문, 병, 담배 한 갑〉
페테르 파울 루벤스 〈십자가에 달리심〉
아메데오 모딜리아니 〈모자와 목걸이를 한 잔 에뷔테른〉
프리다 칼로 〈가시 목걸이를 한 자화상〉
얀 베르메르 〈편지〉
로메어 비어든 〈골고다〉
앤디 워홀 〈캠벨 수프 캔〉
산드로 보티첼리 〈비너스의 탄생〉
렘브란트 반 레인 〈야간순찰〉
장 프랑수아 밀레 〈씨 뿌리는 사람〉
프레더릭 에드윈 처치 〈코토팍시〉
윈슬로 호머 〈스냅 더 휩〉
빈센트 반 고흐 〈삼나무가 있는 밀밭〉
미켈란젤로 〈시스티나 성당 천장화〉
제임스 맥닐 휘슬러 〈휘슬러의 어머니〉
앙리 마티스 〈삶의 기쁨〉
제프 쿤스 〈강아지〉
잭슨 폴록 〈가을 리듬〉
카지미르 말레비치 〈절대주의 구성〉
존 컨스터블 〈위븐호 공원〉
페르낭 레제 〈도시〉
조토 디 본도네 〈아레나 예배당, 파도바〉
조지아 오키프 〈검은 붓꽃 III〉
피에로 델라 프란체스카 〈성 십자가〉
피에터 브뤼겔

하늘이 내려준 재능

경지에 오른 예술가라도 영감을 받는 나이는 천차만별이다.

천재라고 하면 흔히들 젊음을 떠올린다. 피카소가 회화에 일대 혁신을 일으켰을 때 나이는 고작 스물여섯이었다. 하지만 그가 특출난 사람들 가운데서도 예외적인 사람이었다면? 위 그림의 광선은 13세기부터 현대까지 예술가 88명의 수명을 의미한다.[71] 언급된 작품 가운데 3분의 2가 예술가의 나이가 30대 또는 40대일 때 완성되었다. 들라크루아는 서른두 살에 낭만주의 깃발을 높이 치켜들었고, 미켈란젤로는 서른일곱 살에 시스티나 성당 천장화를 완성했으며, 케힌데 와일리는 마흔한 살에 대통령 오바마의 초상화를 선보였다. 괜히 주눅이 들 필요는 없다. 구사마 야요이는 무려 아흔한 살에 〈무한 거울의 방〉[72]을 만들었다.

나이와 업적의 상관성을 연구하는 심리학자들은 어떤 분야에서 경지에 오르려면 무수히 많은 시간을 투자해야 하는데[73], 비범한 재능을 타고난 사람들이 그 경지에 가장 빨리 오르게 된다고 말한다.[74] 정말 그렇다 하더라도 젊음의 가치가 지나치게 부풀려진 것은 사실이다. 1933년 미술 비평가 로저 프라이Roger Fry는 예술가를 크게 두 유형으로 나누었다. 하나는 피카소처럼 "손대는 모든 것에다 젊음의 행복과 열정을 곧장 쏟아붓는"[75] 선동가 유형이고, 다른 하나는 세잔처럼 수십 년간 홀로 묵묵히 일에 매진하는 뗌장이 유형이다. 두 유형 모두 전형적이지만, 우리가 수집한 표본만 놓고 보았을 때는 후자가 확실히 더 많다. 그렇다면, 이제는 일찍 꽃피운 천재의 초상에 새로운 덧칠을 해볼 차례다.

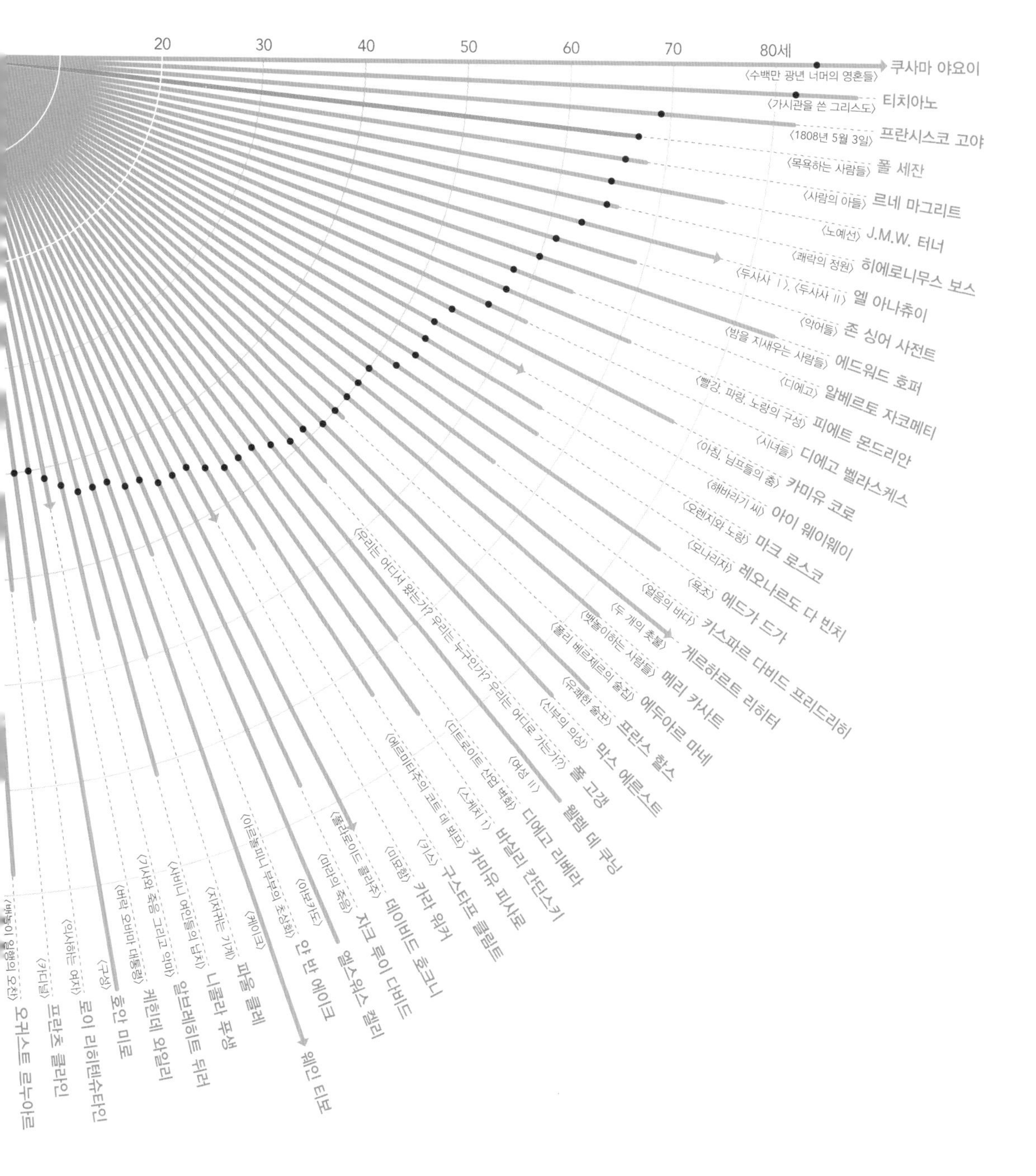

유명한 화가들

— 수명(2021년 2월 기준)

• 이 작품을 완성했을 때 화가 나이

* 작가와 작품을 고른 기준은 단순히 개인적인 취향을 따랐다.

1907년 젊은 파블로 피카소는 〈아비뇽의 여인들〉[76]로 미술계를 뒤흔들었다. 한편 세잔은 1906년 67세에 숨을 거둘 때까지 〈목욕하는 사람들〉[77]을 다듬었는데, 세잔이 평생을 공들여 만든 이 작품에서 평면성과 다시점을 주장한 큐비즘 운동이 시작되었다.

우리는 누구인가

“

인구조사를 위한 법안이 하원을 통과했고
이제 상원이 그 법안을 검토 중입니다.
사회 구성원들을 (그들의 직업을) 파악하는 계획도 포함되었는데,
그러한 정보는 입법부에 무척이나 필요한 것이지요.
… 하지만 괜히 골치만 아파지고 할 일 없는 사람들이 책을
쓰는 데 자료만 줄 뿐이라며 상원이 그 계획에
퇴짜를 놓았습니다.[1]

”

제임스 매디슨James Madison이 1790년 2월 14일 토머스 제퍼슨에게 보낸 서신

선을 긋다

올리버는 미국 헌법에 대한 서명이 이루어진 장소에서 32킬로미터 떨어진 초등학교를 나왔다. 미국의 여느 공립학교처럼 매일 아침 성조기 앞에서 다 함께 충성의 맹세를 읊으며 하루를 시작했다. 맹세는 '모두를 위한 자유와 정의'라는 유명한 표현으로 끝난다. 학교에서 올리버는 독립 혁명, 불가양 권리, 대의 민주주의 개념을 배웠다. 자유와 용기, 그 밖에 미국의 실험을 가능케 한 가치에 대해서도 가르침을 받았다. 하지만 인구조사에 대해서는 들은 게 거의 없었다. 어처구니없는 일이다.

자유와 평등이 혁명적인 개념인 것만큼이나 **의원석을 배분하기 위해 인구를 조사**한다는 것은 혁명적인 **생각**이었다. 역사적으로 인구조사는 징수나 징병을 위한 수단이었다.[2] 하지만 미국을 건국한 사람들의 생각은 달랐다. 여섯 개 질문으로(매디슨이 주장한 직업 조사를 제외하고) 구성된 인구조사 계획안은 끝내 의회를 통과했고[3] 드디어 1790년 8월 2일 연방 보안관 16명과 보조 요원 650여 명이 말을 타고 인구조사에 나섰다.[4] 조사 대상은 자유인 신분의 백인 남녀와 그 밖에 세금을 내는 자유인이었다. (당대 인종차별을 무심코 드러내듯, 노예를 보유했던 남부 주들과 인구가 상대적으로 적었던 북부 주들은 노예 1명을 5분의 3명으로 셈하여 통계에 반영하기로 합의했다.[5])

인구조사원들은 할당 구역에서 집계를 끝마치면 '모든 관계자가 볼 수 있게' 공개적으로 '정확한 사본'[6]을 게시해야 했다. 그만큼 많은 게 걸린 사업이었다. 당시 미국은 빚을 떠안은 신생국가였으며, 최초 인구조사에 들어간 돈은 어떠한 공공 정책 예산보다도 많았다.[7] 그러니 기필코 결과를 내야 한다는 압박이 심했다. 미국 대통령 워싱턴의 말을 빌리자면 의심 많은 바다 건너 사람들에게 "점점 커지는 미국의 존재감"[8]을 증명해야만 했다. 그가 예상한 미국 인구는 500만 명[9]이었다.

하지만 결과의 윤곽이 드러나면서는 '400만 명도 못 미칠 수준'[10]임을 인정할 수밖에 없었다. 그러나 워싱턴은 종교적인 이유로 조사에 응하지 않은 사람, 과세를 우려해 가족 수를 숨겼거나 줄여서 응답한 사람, 게을러 제 할 일을 하지 않은 보조 조사원들로 인해 기록되지 않은 인구를 생각하면 **진짜** 인구는 **공식** 보고된 숫자보다 훨씬 많으리라 믿었다.

1792년 최종 집계 결과, 14개 주와 2개 땅덩이에 390만 명이 거주하는 것으로 확인되었다(5분의 3만 인정된 노예 인구를 제외하면 360만 명이었다).[11] 다음으로 의회가 할 일은 총의석수를 결정해 주마다 배분하는 것이었다. 안타깝게도 헌법은 거의 도움이 되지 못했다. 미국 헌법 1조 제2항에 따르면, 총의석수는 3만 명당 의원 한 명 이상을 초과할 수 없고 각 주에 적어도 의원이 한 명은 배정되어야 한다(오른쪽 표 참고). 이를 문자 그대로 해석하면 단박에 문제가 생긴다. 인구당 의석수가 딱 나눠

미국 의원 할당 수[12]

1789년		1792년
3	뉴햄프셔	4
8	매사추세츠	14
–	버몬트	2
1	로드아일랜드	2
5	코네티컷	7
6	뉴욕	10
4	뉴저지	5
8	펜실베이니아	13
1	델라웨어	1
6	메릴랜드	8
10	버지니아	19
-	켄터키	2
5	노스캐롤라이나	10
5	사우스캐롤라이나	6
3	조지아	2
65석		105석

헌법에는 각 주에 처음 할당된 의석수가 명시되어 있다(왼쪽). 최초 인구조사 후로 버몬트와 켄터키가 주 목록에 추가되었고, 의석수가 줄어든 곳은 조지아가 유일하다(오른쪽).

떨어지지 않기 때문이다. 예를 들어 메릴랜드주 인구는 319,728명인데 이를 30,000명으로 나누면 메릴랜드주에는 의원 10.66명이 배정되어야 한다. 이걸 어떻게 해석해야 할까? 이 딜레마를 놓고 당시 국무장관이던 토머스 제퍼슨과 재무장관 알렉산더 해밀턴은 각자 다른 해결책을 제시했다. 해밀턴은 하원 총의석수를 120석으로 고정하고서 국민 인구에 따라 의석수를 달리하는 변동 비율제를 제안했다. 제퍼슨은 소수점을 버리고 딱 떨어지는 숫자만 남겨 하원 크기를 달리하는 방법을 선호했다.

처음에는 해밀턴 쪽에 힘이 실렸지만 정작 워싱턴이 그의 편을 들어주지 않았다.[13] 워싱턴은 대통령 거부권을 최초로 행사해 해밀턴의 제안을 무력화했다.[14] 북부 주들에 너무 유리하다는 이유에서였다. 재소집된 의회는 제퍼슨이 제안한 방식을 승인했다.[15] 이후로 의회는 네 번이나 방법을 바꿔가며 10년 주기 인구통계를 총의석수에 반영해오고 있다.[16] 그리고 이는 대단한 노력에도 통계가 왜곡될 수 있다는 것을 보여준다.

중요한 것은 단순히 의석수가 아니라, 선거구의 크기와 형태다. 권력자는 누구나 자기 입맛에 맞춰 선거 지도를 다시 그릴 수 있다. 이를 게리맨더링gerrymandering이라고 부른다.[17] 이 용어는 1812년 도롱뇽처럼 구불구불한 선거구를 만들었던 주지사 엘브리지 게리Elbridge Gerry의 이름에서 따온 것이다. 게리맨더링은 간단하다. 자기 진영에 우호적인 지역들을 단일 선거구로 '통합'해 확실히 승리를 가져오고, 반대 진영을 지지하는 지역들을 여러 선거구로 '분할'해 세력을 분산시키는 것이다. 보통 미국에서는 인구 분포가 다양한 도시 지역이 민주당을 지지하고 그렇지 않은 시골 지역이 공화당을 지지한다. 따라서 인구조사 후에 선거구를 재획정할 때마다 공화당은 도시 지역을 분할하고 시골 지역을 통합하려 든다. 민주당은 당연히 반대로 행동한다. 그러다 보니 양당이 재임 의원 자리를 보전하기 위한 '스위트하트 게리맨더링'[18]에 합의하지 않는 한, 선거 지도는 말도 안 되게 복잡한 모양으로 그려지며 높은 확률로 법적 분쟁에 휘말린다.

작고한 토머스 호펠러Thomas Hofeller는 게리맨더링의 대가였다. 공화당 쪽 정치 전략가였던 그는 2011년 재획정 연수 회의에서 '회의가 끝나기 직전까지 지도를 꺼내지 마시오. 지도를 꺼내는 순간 모든 형태의 소통이 중단될 테니'[19]라고 적힌 슬라이드 화면을 띄웠다. 찔려서 그랬던 걸까? 글쎄. 후회한 걸까? 전혀. 호펠러는 한 발 더 나갔다. 2015년, 호펠러와 공화당 지도부는 2020년 인구조사에 시민권 신분을 묻는 문항을 추가하려 했다.[20] 언뜻 보기에 대수롭지 않은 질문 같지만, 미국 인구조사를 혁명적이게 만든 핵심, 즉 인구로 의원 배정을 결정한다는 원칙을 떠올리면 문제는 심각해진다. 호펠러는 민주당이 강세를 보이는 지역에서 인구조사 참여를 억눌러 의회 내 민주당 자리를 빼앗겠다는 전략을 세운 것이다.

미국이 인구조사에 시민권 문항을 포함한 적은 여러 번 있었지만, 1950년 이후로는 없었다.[21] 인구조사국은 2020년의 정치 환경에서 시민권 여부를 묻는다면 히스패닉과 이민자 인구 응답률이 떨어질 것을 우려했다.[22] 호펠러는 바로 그 점을 노렸다. 민주당 지지율이 대체로 높은 대도시 인구가 적게 집계되면 당연히 민주당이 의석을 잃게 될 테니 말이다. 게다가 도시는 다른 지역이 파이를 많이 가져갈수록 의석을 잃게 된다. 뉴욕주가 대표 사례다. 인구조사가 실시된 2000년과 2010년 사이에 뉴욕주 인구 증가율(2.1퍼센트)은 전국 인구 증가율(9.7퍼센트)에 훨씬 못 미쳤다.[23] 따라서 뉴욕주는 의석

2010년 인구 조사 후 심하게 게리맨더링된 미국 하원의원 선거구

앨라배마 제1선거구

캘리포니아 제3선거구

코네티컷 제1선거구

일리노이 제4선거구

뉴욕 제8선거구

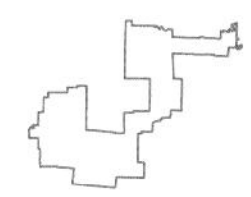
오하이오 제4선거구

오하이오 제8선거구

내슈빌
테네시 제4선거구

텍사스 제15선거구

샌안토니오
텍사스 제35선거구

을 재배분하는 과정에서 두 석을 잃었다. 처음 있는 일은 아니었다. 뉴욕주는 1940년 이후로 의석을 총 18석 잃어 전체 주를 통틀어 의석수가 가장 많이 줄었다.[24] 2020년 인구조사를 앞두고 시민권 문항을 금지하라며 소송이 시작된 건 바로 이러한 맥락에서다. 텍사스와 플로리다처럼 인구가 빠르게 늘어나는 주들에 뒤처지지 않으려면 뉴욕주는 인구를 최대한 많이 집계해야 했다.

'상무부 대 뉴욕주' 소송은 끝내 대법원까지 올라갔다. 다수 의견을 낸 대법원장 존 로버츠는 인구조사의 질문이 법을 위배하지는 않으나 트럼프 행정부가 특정 질문을 포함하려는 동기가 "독단적이고 변덕스럽다"[25]라고 발언했다. 인구 누락에 대한 우려가 부풀려졌다는 주장에 관해서는 정부의 조치가 응답자 행태에 "예측이 가능한 영향"을 끼친다는 것이 과거 응답률 기록으로 증명되었다고 지적했다. 사실상 법원은 인구조사가 지향하는 핵심 목표, 즉 모든 사람을 셈하는 것의 타당함을 인정한 것이다. 이후 뉴욕시는 인구조사에 소극적인 사람들의 마음을 되돌리는 데 힘을 총동원했다(오른쪽 그림 참고).

인구조사가 성공하느냐는 신뢰에 달렸다. 때로는 지역사회의 힘만으로 가장 정확한 통계가 만들어지기도 한다. 1880년대 시카고를 예로 들 수 있다. 산업화 바람이 불고 사회가 격변하던 당시 시카고에는 아메리칸드림을 좇아 들어온 사람들이 많았다. 플로렌스 켈리는 취리히대학교를 막 졸업하고(그전에는 코넬대학교를 졸업했다) 프리드리히 엥겔스의 『잉글랜드 노동계급의 상황Die Lage der arbeitenden Klasse in England』(1845)을 영어로 번역한 인재였는데[26], 학대를 일삼던 남편에게서 벗어나 보호시설 헐 하우스Hull House에 입소했다.[27] 헐 하우스는 미국 최초의 사회복지관 중 한 곳으로 가난한 지역사회를 개혁했다. 켈리 같은 고학력 봉사자들은 소득수준이 낮은 동네에 주거하며 사람들을 가르치고 도왔다.

먹여 살릴 자식이 셋이었던 켈리는 유급 일자리가 필요했고 워싱턴에 있는 미국 노동부와 일리노이 노동통계국에서 일하게 되었다. 1893년 노동통계국은 켈리와 '일람표' 작성원(당시에는 질문표를 일람표라고 불렀다) 네 명에게 헐 하우스 인근 지역을 낱낱이 조사해오라고 지시했다. 일람표 작성원들은 여름 내내 헐 하우스에 머물렀다. 날이 저물면 헐 하우스 사람들이 조사 기록을 따로 필사했고, 이를 토대로 시카고, 뉴욕, 볼티모어, 필라델피아의 빈민가 환경에 관한 대규모 연구가 진행되었다.

수 주가 흘러 데이터가 쌓이면서 켈리와 헐 하우스 설립자 제인 애덤스는 사회를 변화시킬 새로운 방법에 눈을 떴다. 두 사람은 비슷한 시기 찰스 부스가 런던 빈곤 수준을 채색한 지도에서 영감을 받아[28] 가구별 인종, 임금, 고용 이력을 조사해 아주 자세한 지도집을 만들었다(69쪽 참고). 그렇게 출간된 『헐 하우스 지도 보고서Hull-House Maps and Papers』는 지역사회 거주민이 직접 만든 지도라는 점에서 남다른 진정성을 지닌다. 지도에 표시된 인구가 지도 제작에 일조한 셈이니 말이다.

보고서의 서문에 애덤스는 이렇게 썼다. "[우리는] 이 지도와 보고서를⋯ 본격적인 논문이 아니라 관찰 기록서로서 내놓는다. 이 기록은 가까이에서 오랫동안 밀착해 관찰한 결과이기에 유의미하다." 매디슨처럼 애덤스 역시 풍부한 사회 데이터의 가치를 알아보았다. 사실을 먼저 수집하지 않으면 계속 늘어나는 사회문제를 무슨 수로 해결하겠는가? 헐 하우스의 경우 사실을 밝혀내는 행위는, 대법원장 로버츠의 표현을 빌리자

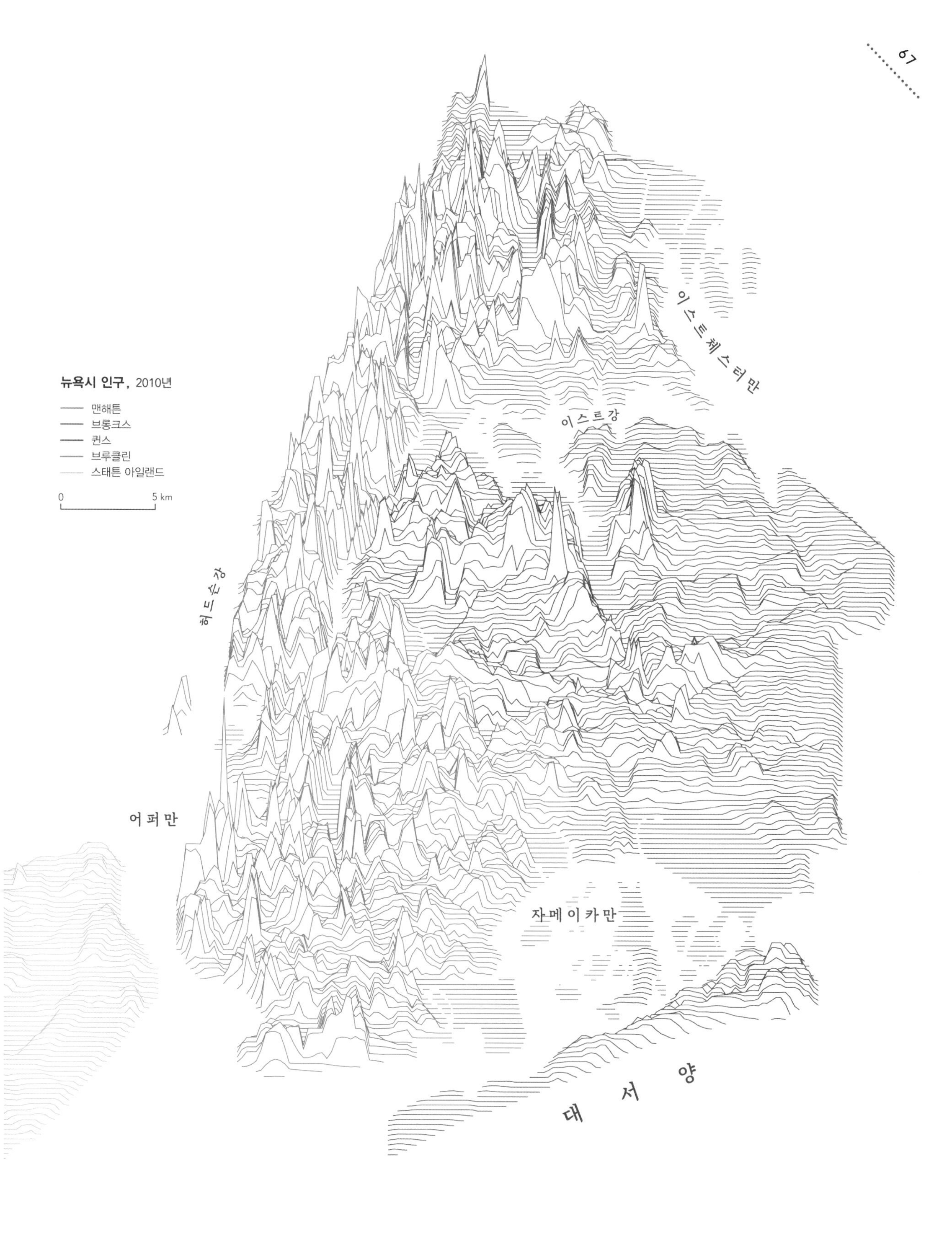

2020년 인구조사를 앞두고 뉴욕시 박물관이 10년 주기 인구 통계의 가치를 보여주는 데이터 시각화 전시회를 열었다. 우리는 이를 토대로 꼭대기와 골짜기가 그려진 인구 지형도를 만들어보았다. 빽빽한 산으로 표현된 브루클린 인구(250만 명)[29]는 다른 지역에 거주하는 인구 총합(220만 명)[30]보다 많다.

면 '독단'적이지도 '변덕'스럽지도 않게 이루어졌다. 헐 하우스 사람들은 질문의 민감성을 정확히 인지했다. 지도에 덧붙인 글에서 그들은 이렇게 말한다.

> 빈곤층 삶을 집요하게 뜯어보는 것은 설령 정부 관료라 할지라도 무례한 행위일 수 있다. … 호기심에 들뜨는 것은 무익할뿐더러 정당화하기 어렵다. 면밀한 조사가 불가피하게 일으키는 고통과 숱한 질문에 담긴 사적 무례함은, 누구보다 억눌려 있고 오래도록 고통받는 주민들을 위해 우리가 나서서 더 나은 환경을 요구해야 한다는 확신만 아니었다면, 견딜 수도, 용납할 수도 없는 것이다.[31]

미국 여성들이 참정권을 따내기 30년도 전에 헐 하우스 여성들이 이뤄낸 성과는 "1900년 이전 미국 여성 사회학자가 이룩한 최대 과업"[32](전기 작가 캐스린 키시 스클라Kathryn Kish Sklar의 표현)이었다. 혁명은 여기서 끝나지 않았다. 켈리는 여성들이 동등한 근로시간과 최저임금을 보장받도록 법 제정 캠페인을 펼쳤고, 신생아와 산모 의료 서비스를 위한 연방 기금을 모으는 데 힘썼다. 켈리는 전미유색인종지위향상협회※의 초대 이사회원 중 하나이기도 했다. 한편 제인 애덤스는 제1차 세계대전을 종식하고자 여성국제평화자유연맹을 창설했고 미국 여성 최초로 노벨평화상을 받았다.[34]

지역사회 자체적으로 집집이 돌아다니며 지도를 완성하는 것은 이렇듯 오래전부터 성공을 증명했지만, 인구조사 방식의 변화를 끌어내지는 못했다. 방문 조사원 수천 명을 고용하는 비용은 아직도 비싸다. 2020년 미국 인구조사 예산은 156억 달러에 달했다.[35] 그러니 일부 주정부가 다른 방법으로 눈을 돌리는 것도 이해가 간다. 조사 결과가 여당 반대 진영에 유리하리라 예상된다면 더더욱 그럴 것이다. 1790년 매디슨이 했던 고민은 지금도 유효하다. 보이지 않지만 '꼭 필요한' 데이터를 객관적으로 모을 방법은 무엇일까? 어떻게 하면 더 완벽한 인구조사를 만들 수 있을까?

지난 10년 동안 인류가 생산한 데이터는 지난 한 세기 데이터 생산량보다 많다. 휴대전화, 인공위성, 컴퓨터 모델은 개인이자 사회로서 우리가 누구인지를 알려주는 패턴을 만들어낸다. 그러한 데이터는 헐 하우스 지도처럼 진정성 있지도, 인구조사처럼 상세하지도 않지만 광범위하고 빈번하다는 점에서 가히 혁명적이다. 이 장에서 우리는 휴대전화 신호가 계절별 인구나 재난 현황을 어떻게 보여주는지 살피려 한다. 국경 이동 패턴이 지역 정책이나 팬데믹 대응에 어떻게 보탬이 되는지도 살필 것이다. 또 우리는 인공위성 데이터를 이용해 전쟁, 무역, 도시화의 영향을 관찰하고, 필수 서비스에 대한 세계의 접근 수준을 평가할 것이다. 이러한 사례는 가능한 데이터를 모은 표본일 뿐이지만 "할 일 없는 사람들이 책을 쓰는 데"는 충분한 자료다.

※ W.E.B. 듀보이스는 전미유색인종지위향상협회에서 홍보 및 연구 책임자로 일했다. 1932년 켈리 추도 연설에서 그는 "켈리 곁에 피상적인 친구라고는 없었다. 그건 그가 관습에 도전했기 때문이 아니다. 사회주의와 평화주의를 옹호했기 때문도, 성평등과 종교적 자유를 위해 노력했기 때문도, 아동과 민주주의 수호를 위해 투쟁했기 때문도 아니다. 1,200만 명 되는 미국 흑인의 권리를 요구했기 때문이다."[33]

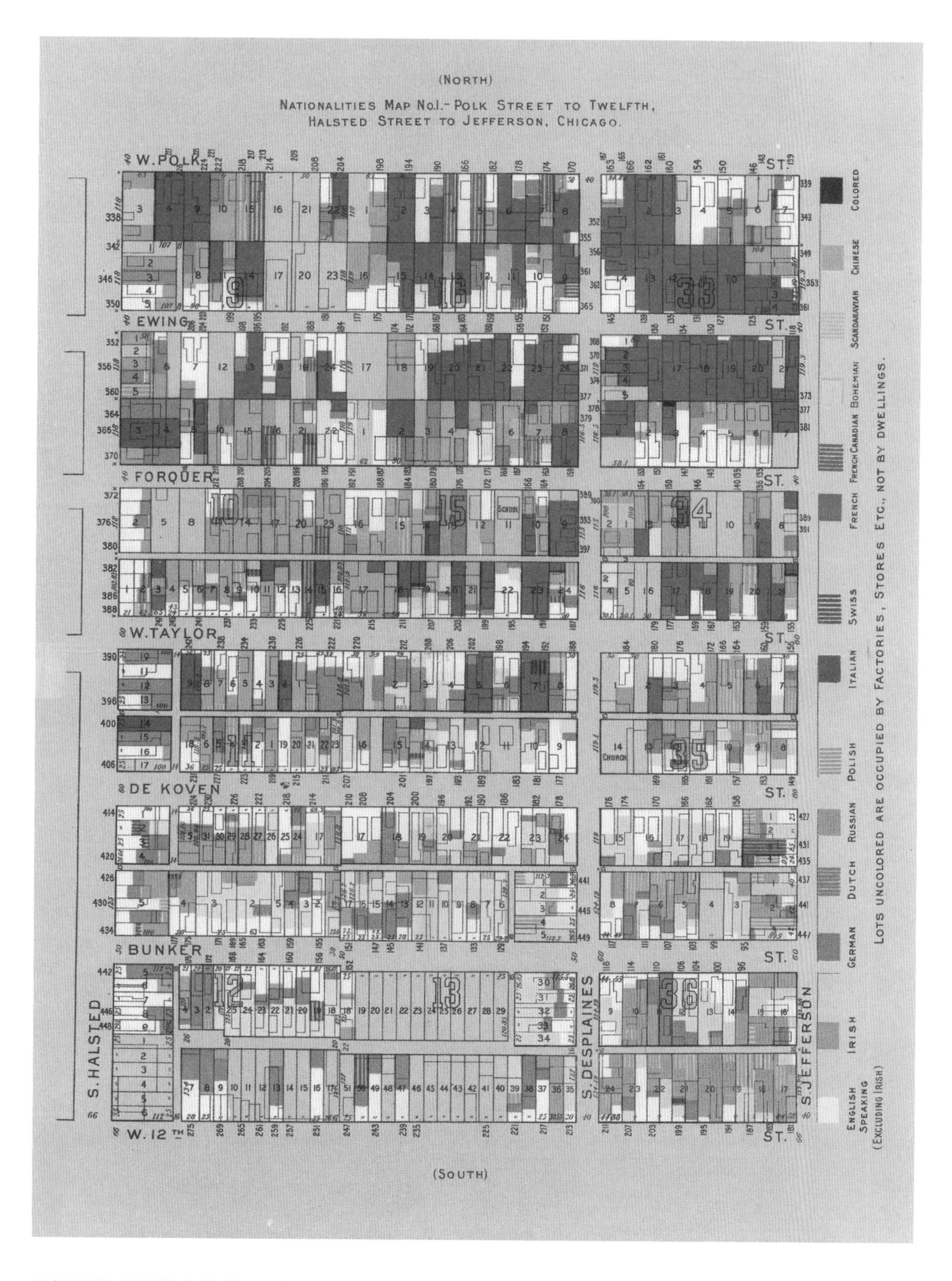

도시를 생생하게 구획해놓은 헐 하우스 통계 지도는 위치의 정밀함보다 명료함을 추구한다. 구획은 거주민의 출신 국가에 따라 색을 달리해 정착 패턴을 보여준다. 예를 들어 포크와 유잉 스트리트는 이탈리아인 집단 거주지를 형성하고 있다. 구획 내 채색 영역의 크기는 각 집단 비율을 의미한다.

언제 어디서든 인구조사

휴대전화 데이터를 이용하면 언제 어디서든 인구를 계산할 수 있다.

국가가 실시하는 인구조사는 보통 10년 주기로 실시되는데, 미리 정해진 양식대로 설문지를 발송한 뒤 응답지를 회수해 표로 만들어 분석하는 식이다. 이 작업은 수년이 걸리는 데다 돈도 많이 든다. 2011년 영국은 인구조사 집행비로 4억 8,200만 파운드를 지출했다.[36] 몇몇 나라는 이 정도 예산을 감당할 형편이 못 된다. 그럴 형편이 되더라도 10년 주기 통계는 지나치게 정적이다. 거주지를 파악하는 기존 인구조사는 우리가 어디서 잠을 자는지를 보여줄 뿐 우리가 종일 어디서 일하고 어디를 이동하는지는 보여주지 못한다. 계절별 변화나 예기치 못한 재난, 분쟁, 전염병으로 인한 국가적 변화도 나타내지 못한다.

2014년 사우샘프턴대학교 연구진은 휴대전화 기록이 그 공백을 채워줄 수 있다는 것을 입증했다. 그들은 인구조사 통계를 참고해 익명의 휴대전화 데이터 밀도를 신뢰도 높은 인구 밀집도로 변환하는 방법을 고안해냈다.[37] 이를 시험하기 위해 연구진은 여름 휴가철 프랑스 도시에서 해변으로 이동하는 인구 흐름을 지도로 만들었다. 최근에는 최신 인구조사에 의지하지 않고 거의 실시간으로 국가별 인구를 파악하는 빠르고 저렴한 도구를 개발 중이다. 일례로 지난 2015년 네팔에 지진이 일어났을 때 연구진은 집을 잃은 인구를 파악해 즉각적으로 도움을 제공했다.[38] 그렇다고 기존 인구조사가 쓸모없어진 것은 아니다. 나이, 성별, 인종 등 상세한 정보를 파악하는 데 인구조사 양식은 필요하다. 한 공간에 사람이 몇 명 있는지 못지않게 그들이 누구인지도 중요하기 때문이다.

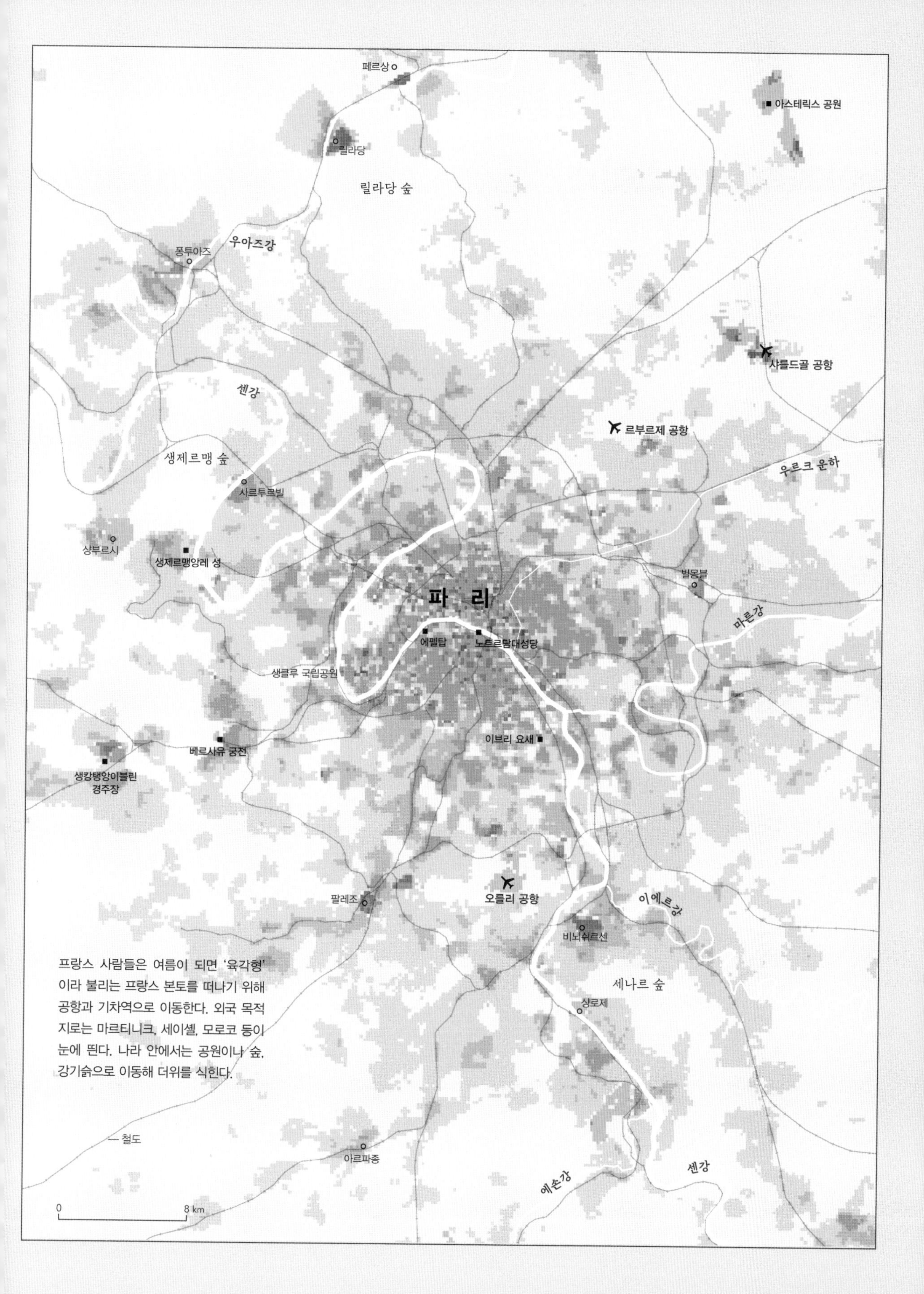

프랑스 사람들은 여름이 되면 '육각형'이라 불리는 프랑스 본토를 떠나기 위해 공항과 기차역으로 이동한다. 외국 목적지로는 마르티니크, 세이셸, 모로코 등이 눈에 띈다. 나라 안에서는 공원이나 숲, 강기슭으로 이동해 더위를 식힌다.

아메리칸 엑소더스

휴대전화는 우리의 움직임을 기록하는데, 위기 상황에는 도움이 된다.

허리케인 마리아가 푸에르토리코에 상륙한 2017년 9월, 구호 전문가들은 도움이 가장 시급한 지역을 찾아내느라 바삐 움직였다. 나무들이 쓰러지고 도로가 끊겨 현장에 접근하는 데 한계가 있었기에 원격 감지기를 이용해 허리케인이 끼친 피해 규모를 파악할 수밖에 없었다. 불빛 탐지 위성으로 전력이 끊긴 지역을 골라냈고[39], 휴대전화 데이터를 참신하게 활용해 실종자들을 수색했다.

테랄리틱스Teralytics라는 기업은 섬 일대 기지국과 연결된 익명의 사용자들 신호를 분석해 허리케인 마리아 이후로 변동한 인구를 추산했다.[40] 허리케인 이전에 푸에르토리코 내 기지국과 대부분 신호를 주고받은 사용자들은 현지 주민으로, 그들 중 허리케인 이후에 미국 본토 기지국과 연결된 사람들은 섬을 떠난 대피민으로 분류했다. 그 결과, 이동 인원을 전부 파악할 수는 없어도 꽤 정확한 추산 값이 나왔다. 허리케인 상륙 후 넉 달에 걸쳐 푸에르토리코 주민 330만 명 가운데 30만 명 이상이 새 거주지로 이동한 것으로 드러났다.[41] 오른쪽에 그려진 원호 모양의 붉은 선은 이동 흐름을 보여주는데, 절반 가까이가 플로리다주, 특히 마이애미와 올랜도로 향했다. 2018년 1월 이후부터는 고향 기지국과 연결된 푸에르토리코 주민들이 다시 많아졌다.

푸에르토리코 주민들의 휴대전화 위치 변동
2017년 9월~2018년 1월

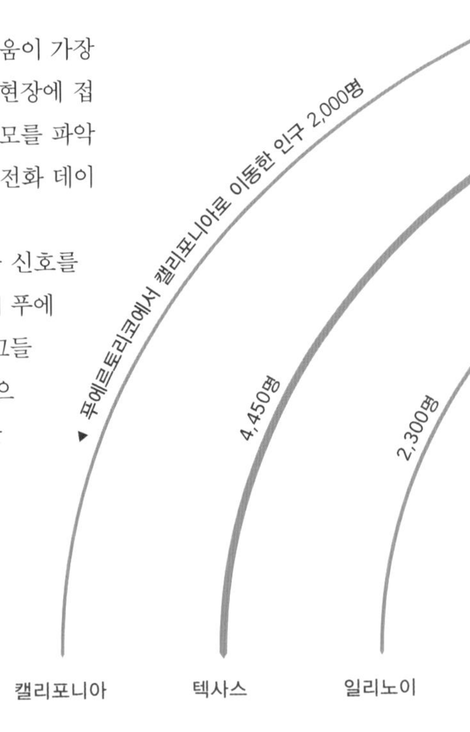

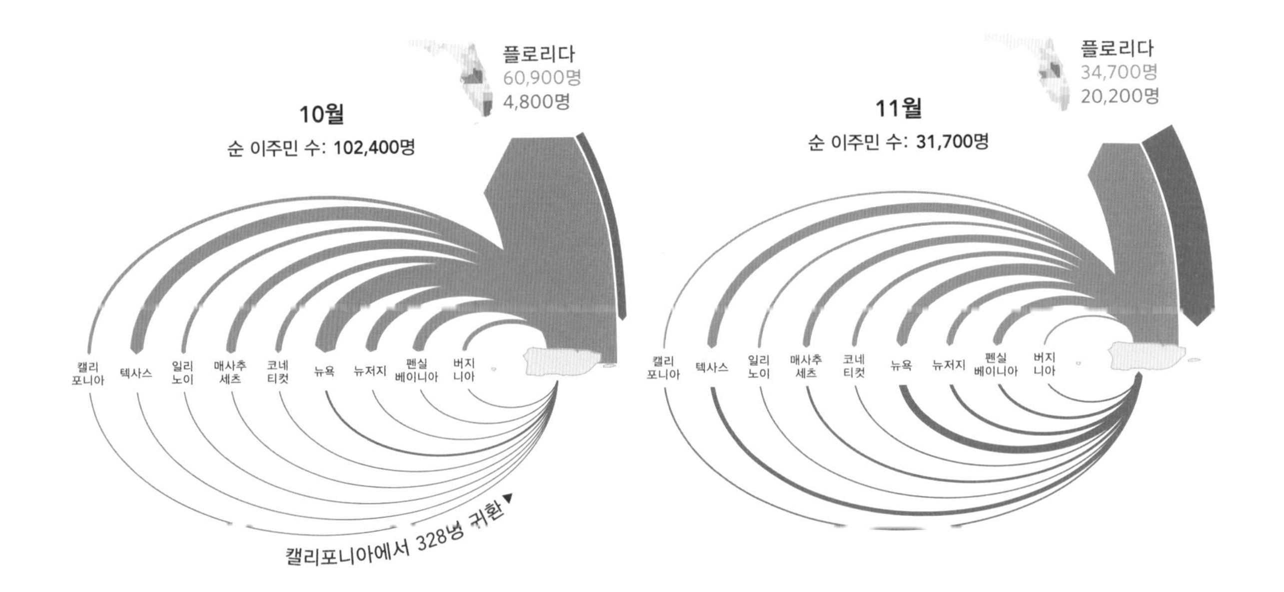

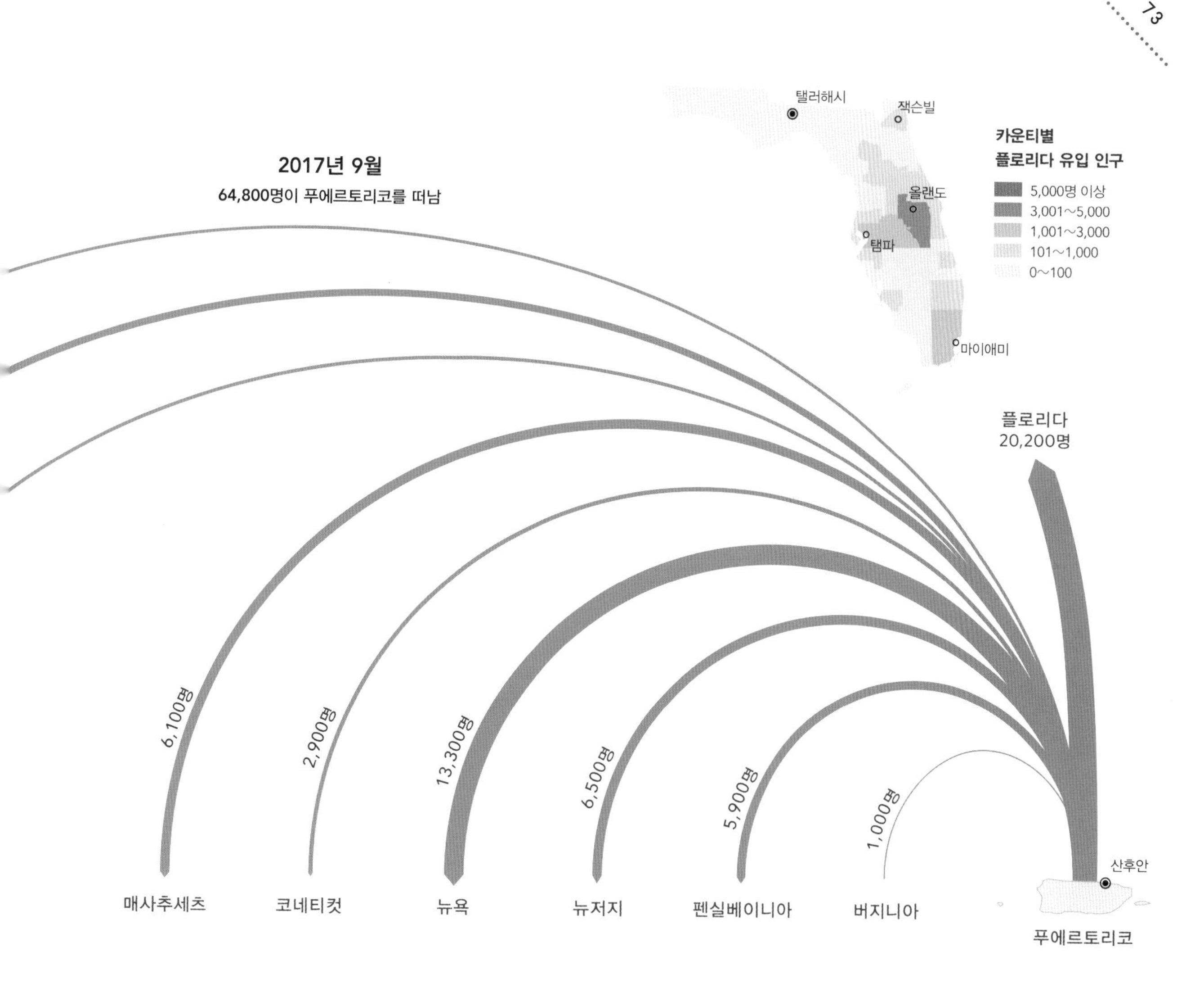

2017년 9월
64,800명이 푸에르토리코를 떠남
탤러해시
잭슨빌
카운티별
플로리다 유입 인구
5,000명 이상
3,001~5,000
1,001~3,000
101~1,000
0~100
올랜도
탬파
마이애미
플로리다
20,200명
6,100명
2,900명
13,300명
6,500명
5,900명
1,000명
산후안
매사추세츠
코네티컷
뉴욕
뉴저지
펜실베이니아
버지니아
푸에르토리코

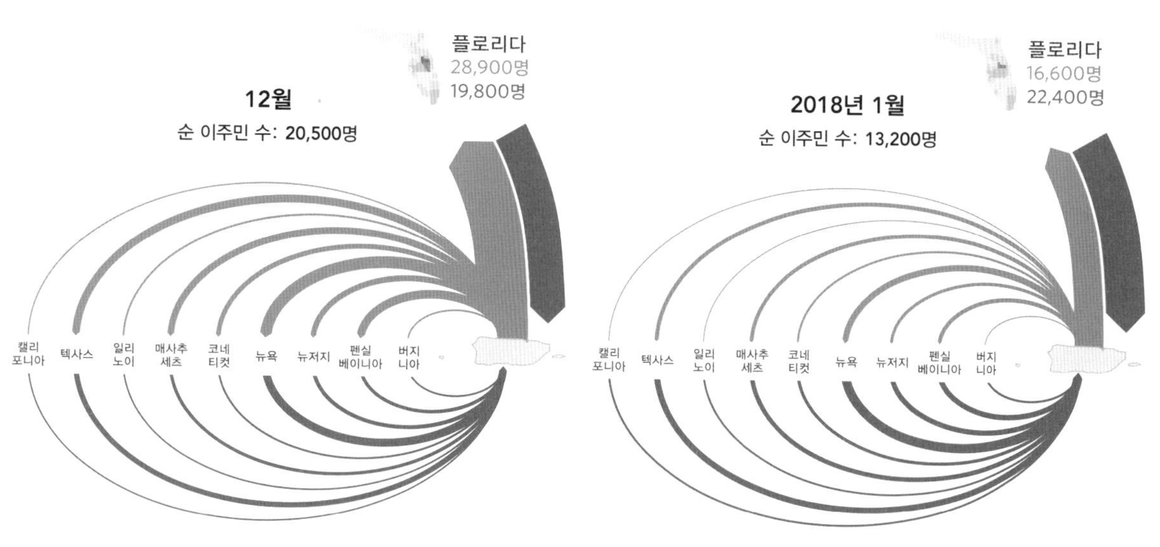

플로리다
28,900명
19,800명
12월
순 이주민 수: 20,500명
캘리포니아
텍사스
일리노이
매사추세츠
코네티컷
뉴욕
뉴저지
펜실베이니아
버지니아
플로리다
16,600명
22,400명
2018년 1월
순 이주민 수: 13,200명
캘리포니아
텍사스
일리노이
매사추세츠
코네티컷
뉴욕
뉴저지
펜실베이니아
버지니아

오하이오주와 미시시피강 사이 주들의 높이와 너비를 통일하라는 토머스 제퍼슨의 권고는 받아들여지지 않았지만[42], 의회는 와이오밍과 콜로라도 등 서부 주들을 구획할 때 그 권고를 적용했다. 반듯하게 각진 서부 주들은 출퇴근 패턴에 맞춰 지도를 바꾸고 나니 새커거위아, 제불론, 시볼라 지역으로 나뉘어 들쑥날쑥해졌다.

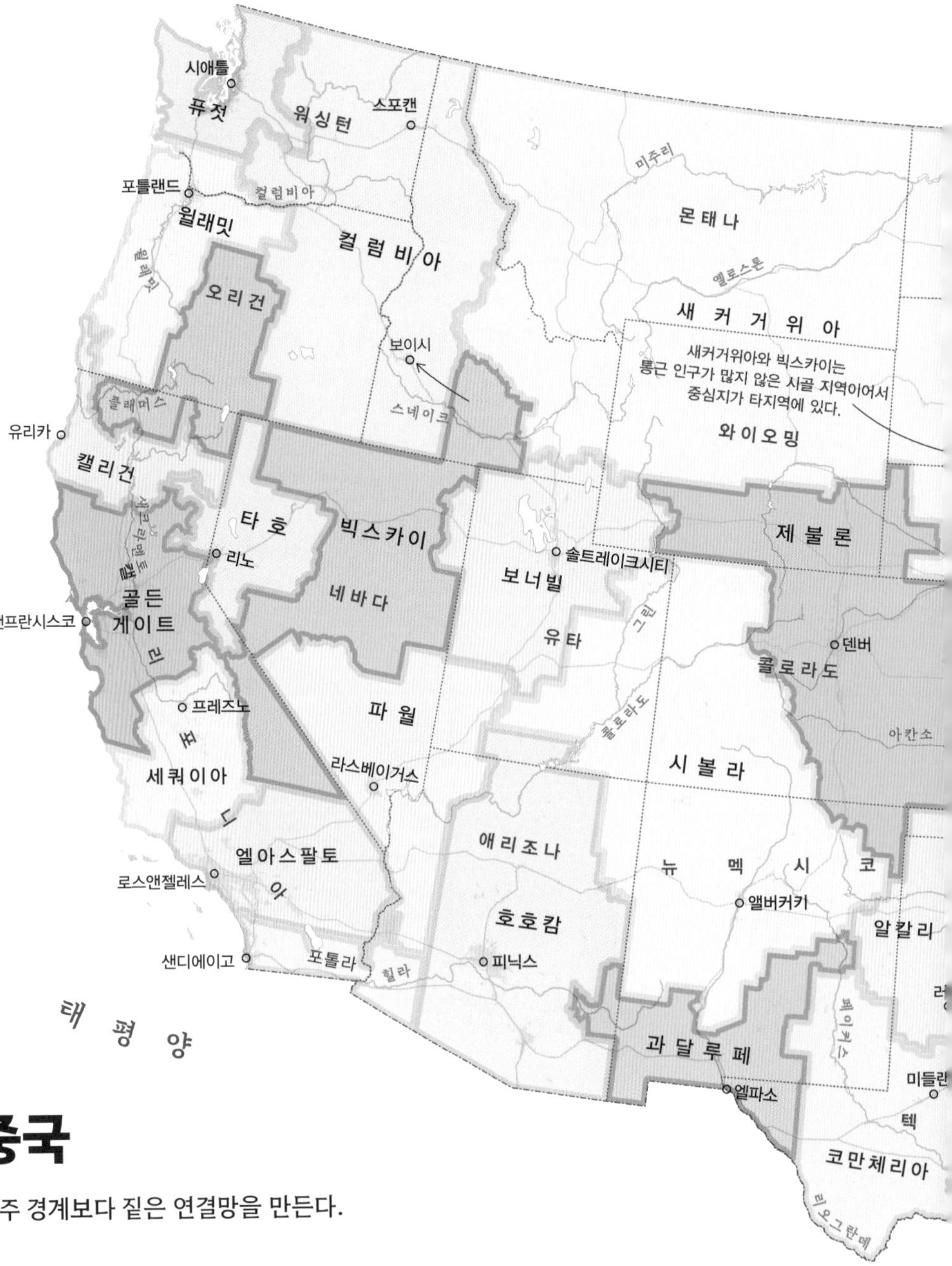

인구 조사 표준 지역 간 출퇴근 인구로 산출한 광역 지도
2006~2010년

○ 지역 중심지

0 400 km

출퇴근 합중국

매일 400만 번의 이동이 주 경계보다 짙은 연결망을 만든다.

미국 본토의 주 경계는 지정학적인 이유로 조각내고 위도, 강, 산맥에 따라 기워낸 결과물이다. 모양마다 뒷이야기도 존재하지만 그런 역사는 요즘을 살아가는 주민들과 무관하다. 경계선을 다시 그어보면 어떨까?

2016년 지리학자 개릿 넬슨Garrett Nelson과 알래스데어 레이Alasdair Rae는 이에 대한 대답을 내놓았다. 두 사람은 출퇴근하는 미국인 400만 명의 집과 직장 위치를 연결해 출퇴근 중심 지역들을 산출했다.[43] 그리고 커뮤니티 감지 알고리즘을 이용해 긴밀히 연결된 중심 지역들을 집단으로 묶었다. 그러자 산맥을 가운데 두고 인접한 필라델피아와 피츠버그는 같은 주가 아니게 되었다. 공상에 가까워 보이는 이 실험은 현실 세계에 나름의 시사점을 던진다. 현재로서는 아무리 미시간주가 도로에 난 구멍을 열심히 보수한들 오하이오주가 그만큼 노력하지 않으면 털리도에서 디트로이트를 오가며 출퇴근하는 사람들은 불편을 느낄 수밖에 없다. 하지만 주 경계가 위 지도처럼 재정비되고 통합 교통부가 전체 출퇴근길을 관리한다면 그런 일은 사라질 것이다.

사람들이 실제로 일상을 보내는 공간에 맞춰 경계를 다시 긋는다면, 지역 교통 체계와 전력망, 주택 공급을 계획하는 사람들이 뒤가 아닌 앞을 보며 문제를 해결할 수 있다.

1840년대에 미국 편입을 추진한 텍사스와 캘리포니아는 그 정도의 대담한 요구를 할 만큼 정치적으로나 경제적으로 힘이 막강했다.[44] 하지만 현대 출퇴근 인구는 두 거대 주를 7개의 극소 지역으로 갈라놓았다.

미시간주 어퍼 반도는 원래 위스콘신주의 일부였으나 1836년 미시간주가 털리도 스트립을 오하이오주에 넘기는 대가로 양도받았다.[45] 그런데 위 지도에서 어퍼 반도는 자치주가 되었고 미시간주 남부를 이루는 로어 반도는 털리도를 되찾았다.

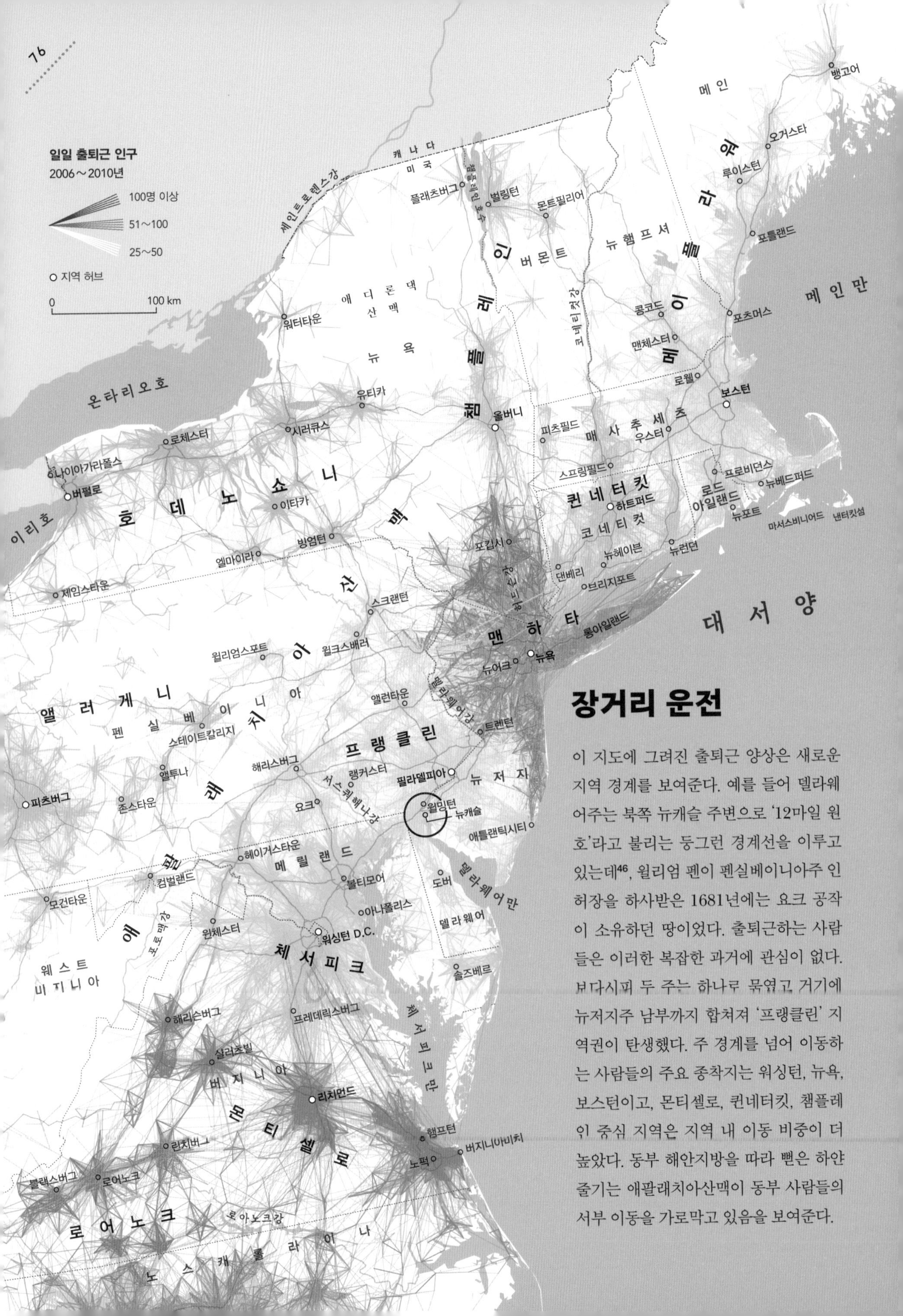

장거리 운전

이 지도에 그려진 출퇴근 양상은 새로운 지역 경계를 보여준다. 예를 들어 델라웨어주는 북쪽 뉴캐슬 주변으로 '12마일 원호'라고 불리는 둥그런 경계선을 이루고 있는데[46], 윌리엄 펜이 펜실베이니아주 인허장을 하사받은 1681년에는 요크 공작이 소유하던 땅이었다. 출퇴근하는 사람들은 이러한 복잡한 과거에 관심이 없다. 보다시피 두 주는 하나로 묶였고 거기에 뉴저지주 남부까지 합쳐져 '프랭클린' 지역권이 탄생했다. 주 경계를 넘어 이동하는 사람들의 주요 종착지는 워싱턴, 뉴욕, 보스턴이고, 몬티셀로, 퀸네티컷, 챔플레인 중심 지역은 지역 내 이동 비중이 더 높았다. 동부 해안지방을 따라 뻗은 하얀 줄기는 애팔래치아산맥이 동부 사람들의 서부 이동을 가로막고 있음을 보여준다.

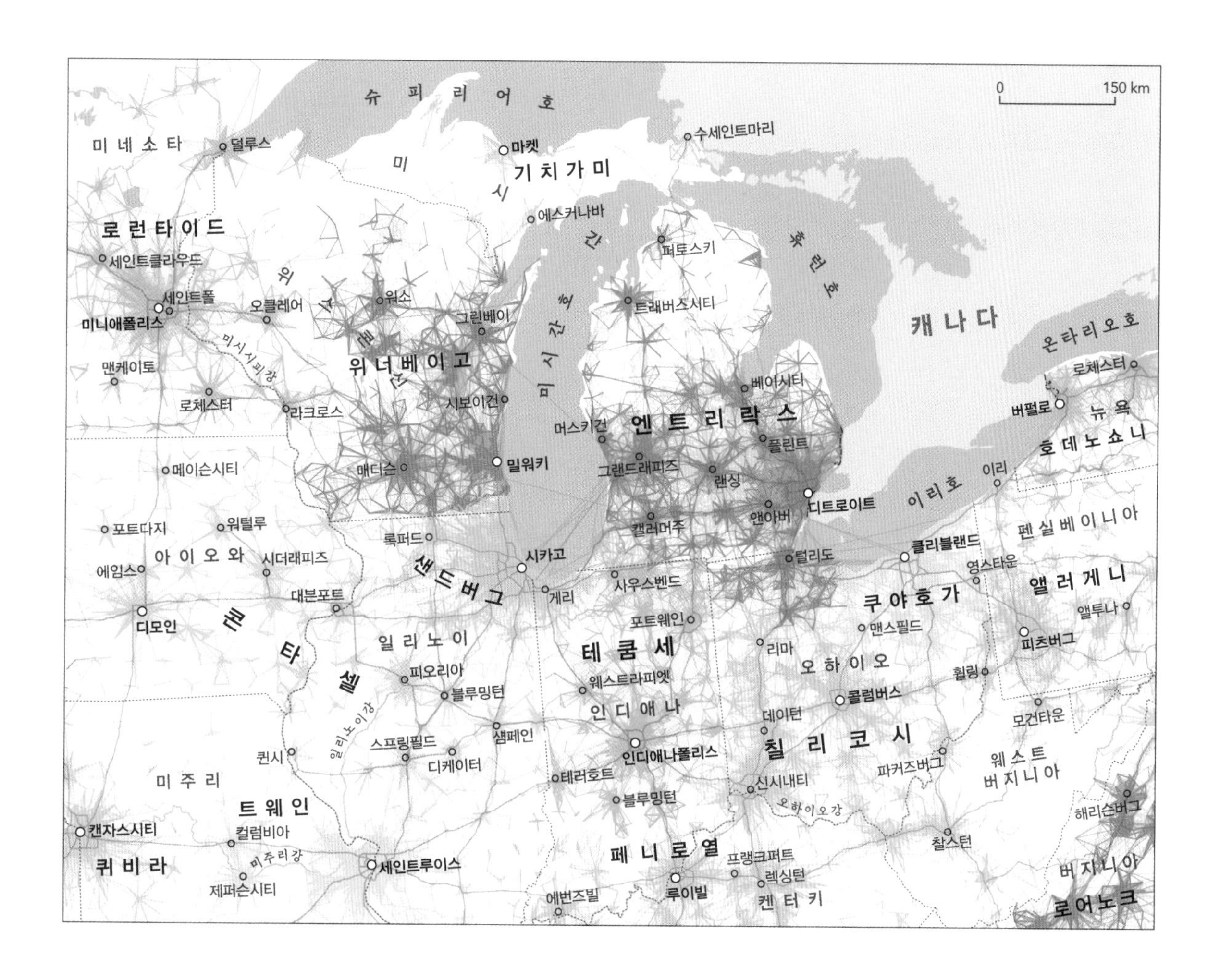

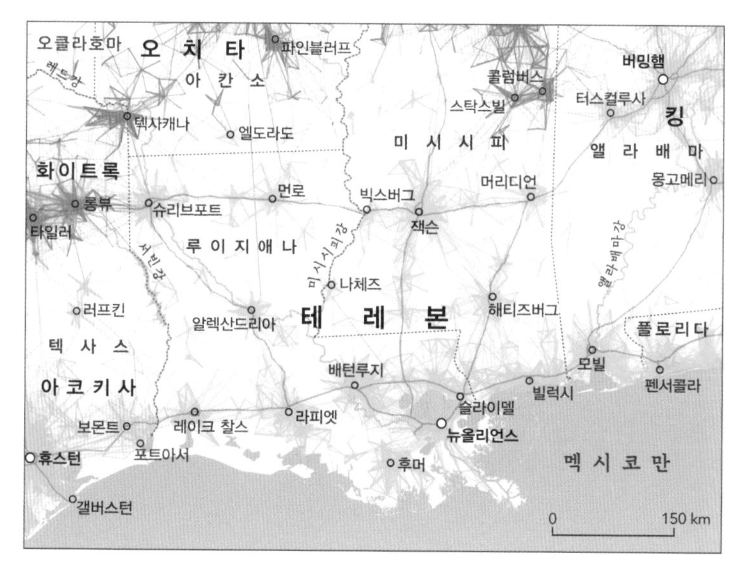

중서부 사람들은 매일 주 경계를 건너 콘타셀, 칠리코시처럼 밀접하게 연결된 지역으로 출퇴근한다. 반면 루이지애나와 미시시피 남부 사람들은 대부분 지역 내에서 이동한다.

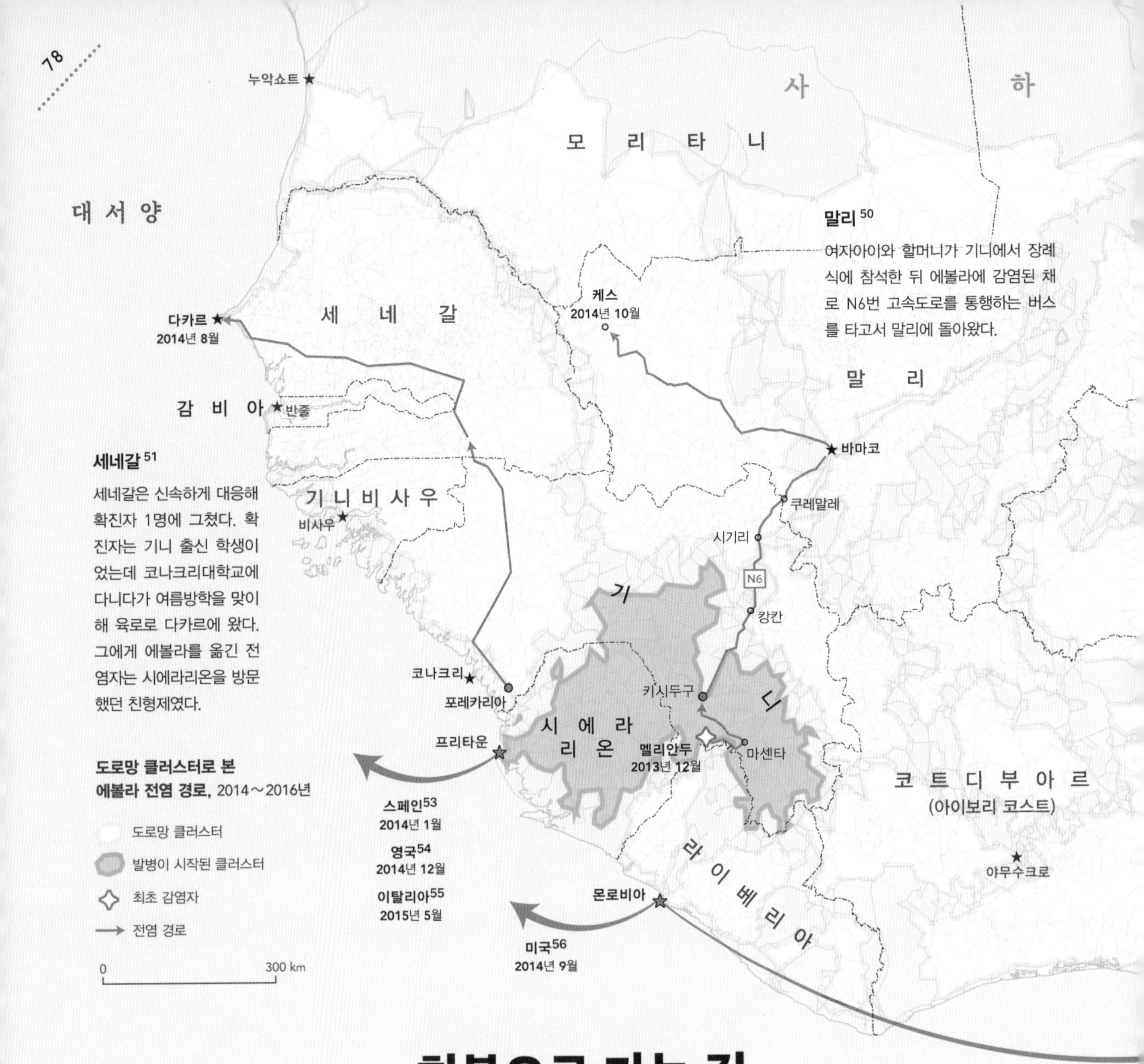

누악쇼트
사 하
모 리 타 니
대 서 양
말리 50
여자아이와 할머니가 기니에서 장례식에 참석한 뒤 에볼라에 감염된 채로 N6번 고속도로를 통행하는 버스를 타고서 말리에 돌아왔다.
케스
2014년 10월
다카르
2014년 8월
세 네 갈
말 리
감 비 아
반줄
바마코
세네갈 51
세네갈은 신속하게 대응해 확진자 1명에 그쳤다. 확진자는 기니 출신 학생이었는데 코나크리대학교에 다니다가 여름방학을 맞이해 육로로 다카르에 왔다. 그에게 에볼라를 옮긴 전염자는 시에라리온을 방문했던 친형제였다.
기 니 비 사 우
비사우
쿠레말레
시기리
N6
기
칸칸
코나크리
포레카리아
키시두구
니
시 에 라
리 온
프리타운
멜리안두
2013년 12월
마센타
도로망 클러스터로 본
에볼라 전염 경로, 2014~2016년
코 트 디 부 아 르
(아이보리 코스트)
스페인53
2014년 1월
영국54
2014년 12월
이탈리아55
2015년 5월
도로망 클러스터
발병이 시작된 클러스터
최초 감염자
전염 경로
라 이 베 리 아
야무수크로
몬로비아
미국56
2014년 9월
0
300 km

회복으로 가는 길

무역이건 전염병이건 가장 중요한 건 공간 연결망이다.

2013년 12월 기니 남부의 멜리안두 마을에서 영아 한 명이 열병에 걸려 나흘 만에 숨졌다.[47] 전염병학자들은 에밀 우아무노Emile Ouamouno라는 이 아이가 2014년부터 2016년까지 서아프리카에 창궐했던 에볼라의 최초 감염자인 것으로 보고 있다. 아이가 죽고 한 달도 되지 않아 아이의 어머니, 누나, 할머니까지 사망했다. 에밀의 할머니 장례식에 참석한 여성도 시름시름 앓다 숨졌는데, 그에게서 전염된 의료인이 마센타 지역에서 일하는 의사에게 병을 옮겼고, 그 의사는 또 키시두구 지역에 사는 자기 형제들에게 병을 옮겼다. 검사부터 훈련, 접촉자 추적, 주민 교육 등을 충분히 한 끝에 바이러스를 진압할 준비를 비로소 마쳤을 때는 이미 기니, 라이베리아, 시에라리온에서만 11,000명 이상이 사망한 후였다.[48]

만약 바이러스가 섬에서 퍼졌다면 진압이 비교적 쉬웠을 것이다. 섬을 못 빠져나가게 막으면 되기 때문이다. 하지만 서로 촘촘히 얽힌 서아프리카 지리 특성상 내륙 국경을 일일이 통제하기란 현실적으로 어렵다. 그렇다면 남은 해법은 하나, 전염 위험 경로를 미리 알아내는 것이다. MIT 연구진은 알고리즘을 이용해 아프리카 도로망을 무역량과 인구 이동량에 따라 100여 개 클러스

터로 나눴다.[49] 눈에 보이지 않는 활동이 국경을 자유자재로 넘나들 듯이 눈에 보이지 않는 병원균도 국경을 초월해 움직인다. 따라서 국경을 통제하기보다 주요 클러스터를 잇는 핵심 도로를 감시하는 것이 더 효과적일 수 있다. 예를 들어 에볼라는 N6번 고속도로를 통해 키시두구에서 기니 북부와 말리로 퍼졌다. 그러니 앞으로는 N6번 도로가 지나는 캉칸 지역을 집중적으로 관리한다면 또 다른 바이러스가 퍼지는 것을 사전에 잡게 될지도 모르겠다.

에든버러
덴 마 크
코펜하겐
모스크바
영 국
더블린
아 일 랜 드
민스크
베를린
바르샤바
벨 라 루 스
런던
브뤼셀
독 일
폴 란 드
라인강
비스와강
벨기에
키이우
파리
우 크 라 이 나
대 서 양
유 럽
프 랑 스
루 마 니 아
밀라노
베오그라드
부쿠레슈티
세 르 비 아
다뉴브강
흑 해
포 르 투 갈
마드리드
로마
이스탄불
앙카라
스 페 인
이 탈 리 아
리스본
그 리 스
튀 르 키 예
알제
튀니스
아테네
지 중 해
카사블랑카
시 리 아
튀 니 지
트리폴리
모 로 코
이 라 크
알렉산드리아
카이로
알 제 리
리 비 아
나일강
이 집 트
메디나
사 하 라 사 막
아스완
제다
메카
홍 해
아 프 리 카
나이저강
니 제 르
하르툼
차 드
수 단
니아메
은자메나
나 이 지 리 아
아디스아바바
가 나
에 티 오 피 아
라고스
아크라
포트하커트

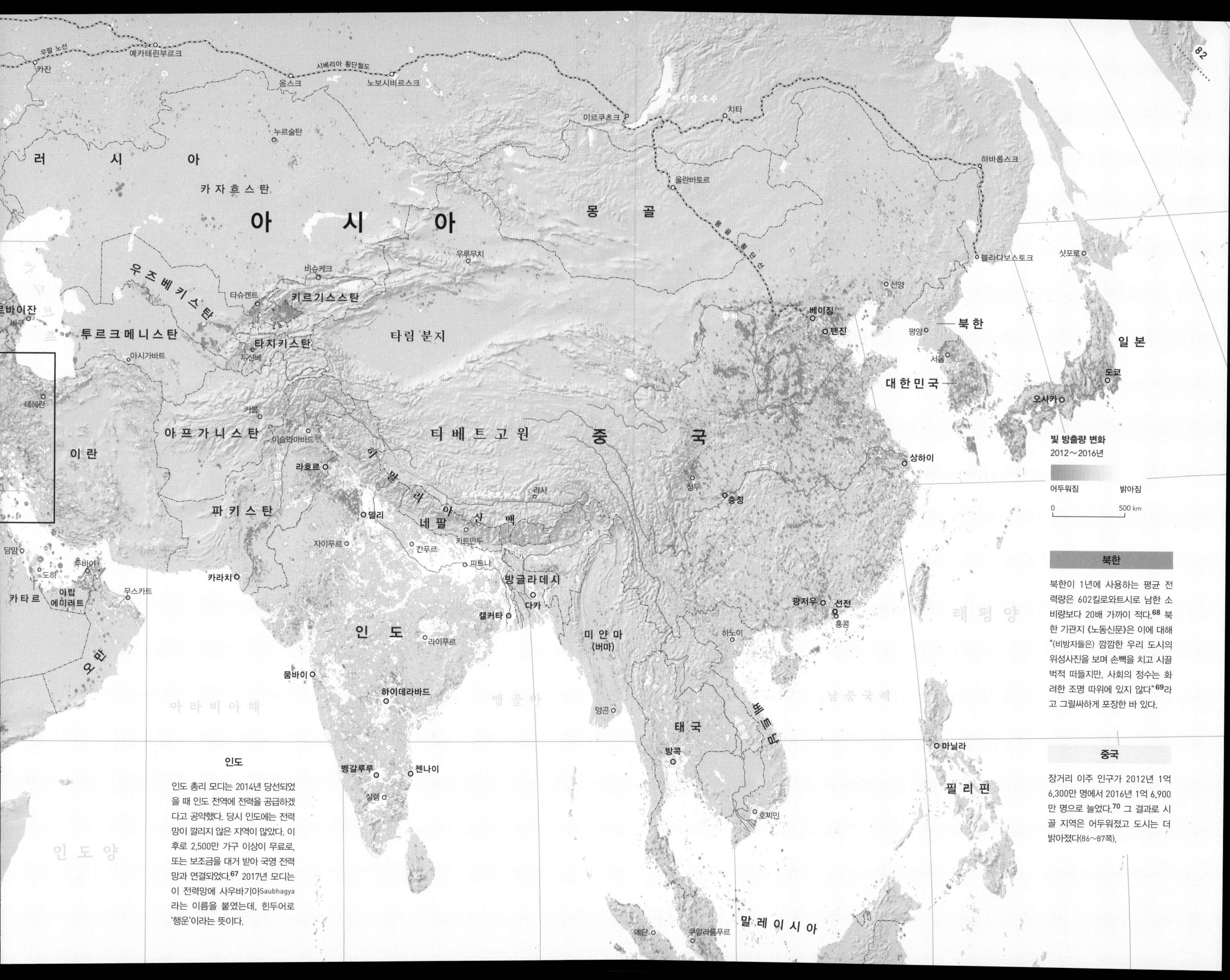

인도

인도 총리 모디는 2014년 당선되었을 때 인도 전역에 전력을 공급하겠다고 공약했다. 당시 인도에는 전력망이 깔리지 않은 지역이 많았다. 이후로 2,500만 가구 이상이 무료로, 또는 보조금을 대거 받아 국영 전력망과 연결되었다.[67] 2017년 모디는 이 전력망에 사우바기야Saubhagya라는 이름을 붙였는데, 힌두어로 '행운'이라는 뜻이다.

북한

북한이 1년에 사용하는 평균 전력량은 602킬로와트시로 남한 소비량보다 20배 가까이 적다.[68] 북한 기관지 《노동신문》은 이에 대해 "(비방자들은) 깜깜한 우리 도시의 위성사진을 보며 손뼉을 치고 시끌벅적 떠들지만, 사회의 정수는 화려한 조명 따위에 있지 않다"[69]라고 그럴싸하게 포장한 바 있다.

중국

장거리 이주 인구가 2012년 1억 6,300만 명에서 2016년 1억 6,900만 명으로 늘었다.[70] 그 결과로 시골 지역은 어두워졌고 도시는 더 밝아졌다(86~87쪽).

빛의 정도

새 위성이 어둠에 묻힌 사람들을 비추고 있다.

1972년 12월 7일 아폴로 17호를 타고 달로 향하던 우주 비행사들은 어둠에 서서히 잠기는 지구를 보았다. 당시 그들이 찍은 사진은 지구에 대한 우리의 관점을 완전히 바꾸어놓았다. 그들은 우주에서 본 지구에 '블루 마블The Blue Marble'[57]이라는 이름을 붙였다. 40년 후, 미국항공우주국NASA 과학자들은 '블랙 마블The Black Marble'[58]을 공개했다. 조각조각 모인 지구의 밤 사진들은 또 한번 우리의 관점에 충격을 준다.[59]

최근 몇 년 사이 광센서와 알고리즘이 크게 발전하면서 달빛과 그 밖의 자연적 변수를 제거하는 게 가능해졌고, 하루와 1년 단위로 위성사진을 비교할 수 있게 되었다. 이 지도에서 우리는 2012년부터 2016년까지 빛 방출량 데이터를 합쳐 불빛이 밝아진 곳(노란색)과 어두워진 곳(파란색), 변화량이 없는 곳(회색)을 각각 표시했다. 이 패턴으로 전쟁과 경제 발전, 도시화 등의 효과를 알 수 있고, 늘어난 에너지 효율과 인간 활동의 갑작스러운 변화 등을 파악할 수 있다. NASA는 허리케인이 발생했을 때 정전 지역의 위성사진을 현지 응급 구조원들에게 제공했고[60], 베네수엘라에 며칠간 정전 사태가 이어졌을 때도 위성사진으로 피해 규모를 분석했다(108쪽). 다음 페이지에는 분쟁으로 어두워진 중동 지도를 실었다.

빛 방출량 변화
2012~2016년

어두워짐 밝아짐

서유럽

유럽의 에너지 사용량은 계속 증가하고 있지만 하향 가로등, LED 전구[61], 스마트 센서 등 다양한 방법을 활용한 덕에 여러 도시에서 빛 공해가 감소했다.

나이지리아

라고스는 2010년 이후로 도시 규모가 30퍼센트 넘게 성장했다. 거주 인구는 1,400만 명 이상으로 현재 아프리카에서 두 번째로 큰 도시다(카이로 인구: 2,100만 명).[62]

사하라 지역

니제르, 차드, 수단에만 약 8,000만 명이 사는 것으로 추산되지만[63] 수도가 아닌 지역에서 불빛은 찾아보기 힘들다. 그러한 지역은 전력 공급이 제한적이라 난방과 조명에 대부분 고체 연료를 이용하기 때문에 NASA의 빛 탐지 위성으로는 보이지 않는다.

러시아

시베리아 횡단철도를 따라 모스크바에서 바이칼 호수까지, 뒤이어 몽골, 중국, 블라디보스토크까지 빛무리가 만들어졌다.

사우디아라비아

사우디아라비아 정부는 관광 산업에 막대한 돈을 투자했다.[64] 2017년에는 홍해 인근에 메가 시티를 조성한다고 발표했다. 그 도시는 규모만 뭄바이의 40배에 이르러 사우디 해안을 빛으로 물들일 것이다.

시리아

시리아 내전으로 알레포는 쑥대밭이 되었고 지도에서 가장 캄캄한 지역 중 하나가 되었다. 이집트, 이라크, 요르단, 레바논, 튀르키예는 시리아 난민 수천 명을 받아들였다.[65] 지도를 보면 시리아 국경 지대를 따라 형성된 난민촌이 빛줄기로 길게 표시되었다. 이라크 북부는 이라크 전쟁 후로 야간 불빛이 다시 켜지기 시작했다.[66]

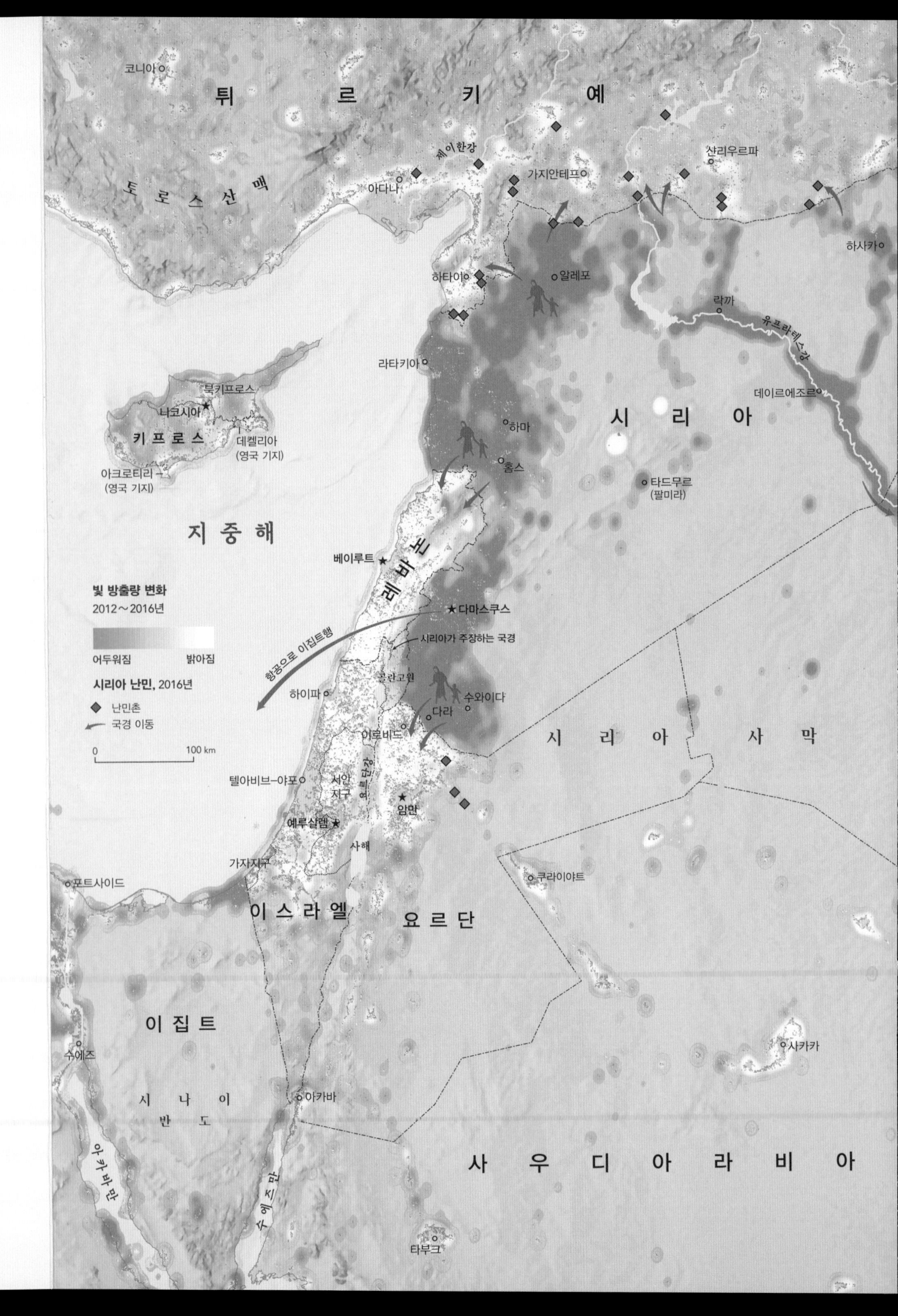

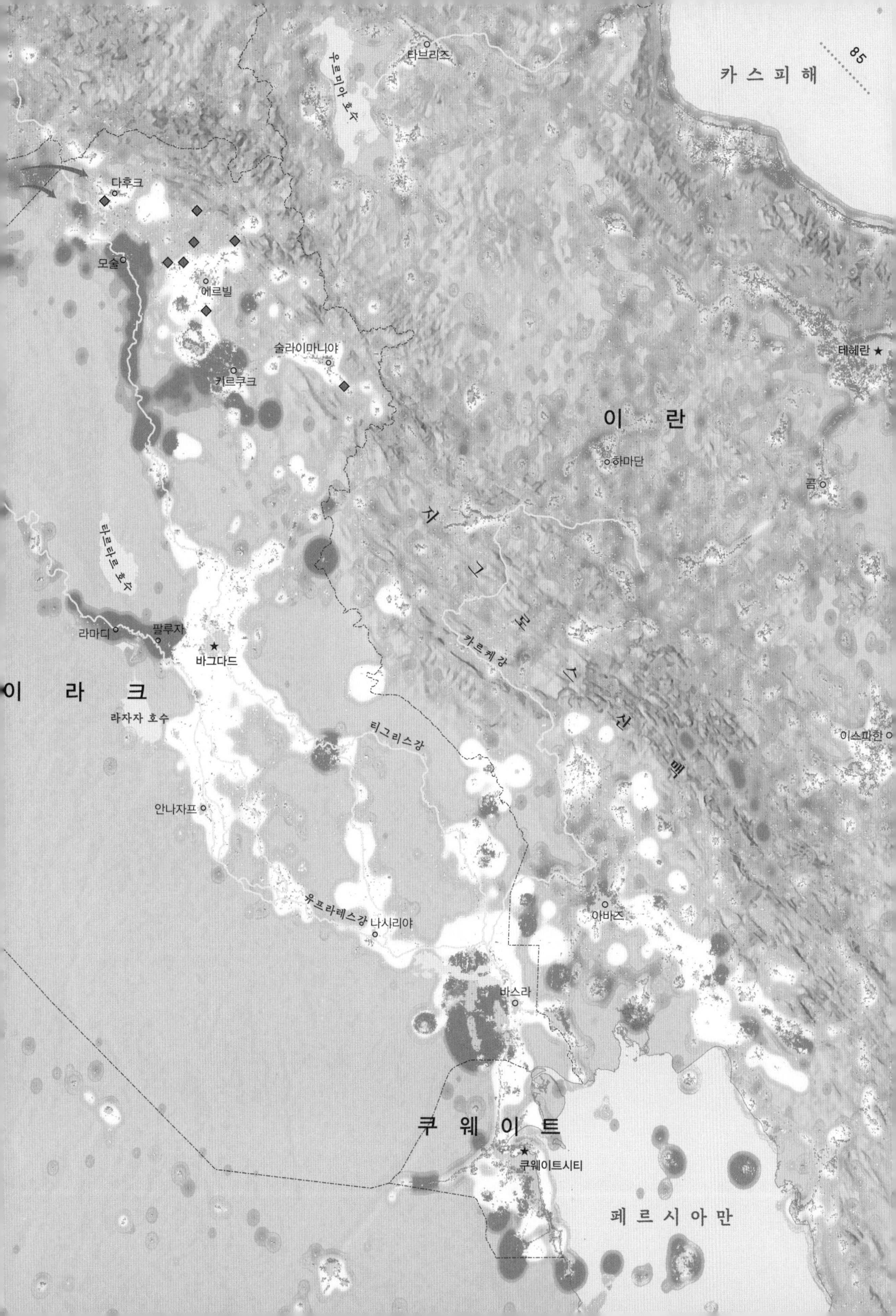

카스피해
타브리즈
우르미아 호수
다후크
모술
에르빌
술라이마니야
키르쿠크
테헤란
이란
하마단
곰
자그로스 산맥
카르케강
타르타르 호수
라마디
팔루자
바그다드
이라크
라자자 호수
티그리스강
이스파한
안나자프
유프라테스강
나시리야
아바즈
바스라
쿠웨이트
쿠웨이트시티
페르시아만

카자흐스탄
키르기스스탄
톈산 산맥
우루무치
카슈가르
타림 분지
인도가 주장하는 국경
허톈

인구 변화
1975～2050년
전망치 ▶
10억
5억
0
총인구
도시 인구
17%
1.6억
61%
8.75억
80%
11억
1975
2020
2050

유엔은 2050년이 되면 중국인 5명 중 4명이 도시에 거주할 것으로 예상한다. 인구로 환산하면 10억 명이 넘는다.

인구 변화
1975～2015년
증가
500,000명 이상
250,001～500,000
100,001～250,000
50,001～100,000
25,001～50,000
5,001～25,000
+/− 5,000명
5,001～25,000
25,000명 이상
감소
0 300 km

중국이 주장하는 국경
빗금이 그어진 지역은 인구 밀도가 높지 않고 인구 변화가 거의 없다.
브라마푸트라강
히말라야 산맥
네팔
라사
부탄
중국이 주장하는 국경
방글라데시
인도
미얀마 (버마)
태국

도시의 유혹

농업 국가들이 사라지고 있다.

전 세계에 걸쳐 사람들은 일자리와 시장을 찾아, 학교와 의료 서비스를 좇아 도시로 이주하고 있다. 도시화가 가장 뚜렷한 국가는 중국이다. 1975년 이후로 중국 인구의 절반 가까이 되는 7억 1,500만 명이 도시로 이주했다. 인구 변화를 표시한 이 지도[71]에는 유별나게 붉은 얼룩이 세 군데 눈에 띄는데, 각각 베이징·톈진, 상하이·항저우, 광저우·선전 지역이다. 하지만 중국 도시화 규모를 제대로 이해하려면 전 지역에서 관찰되는 인구 성장세에 주목해야 한다. 현재 중국에는 인구 50만 명이 넘는 도시가 312곳이나 된다.[72] 땅 크기가 엇비슷한 미국에 그러한 도시가 96곳[73]인 것과 대조적이다. 중국의 도시화는 1970년대 말 1980년대 초 중국 정부가 베이하이부터 다롄까지 이어지는 18개 해안 도시에 '경제특구'[74]를 조성하면서 본격적으로 시작되었다. 감세 혜택과 느슨한 규제라는 이점에 이끌려 외국 기업들도 경제특구에 유입되었다. 일자리가 생기니 덩달아 사람들이 몰렸다. 초기 경제특구 중 하나인 선전은 1980년만 해도 인구가 33만 명[75]이었으나 오늘날에는 1,300만 명[76]이 거주하는 테크 허브가 되었다. 푸르른 골짜기 마을이 '중국의 실리콘 밸리'가 되기까지 극적인 변화상을 보고 싶다면 다음 페이지를 확인하라.

몽 골
아 시 아
중 국
태평양
인도양
다칭
하얼빈
창춘
선양
바오터우
후허하오터
베이징
톈진
북 한
다롄
인촨
황 허 강
타이위안
스좌장
옌타이
시닝
란저우
쯔보
한단
지난
칭다오
황 해
대 한 민 국
정저우
시안
중 국
난징
우시
허페이
상하이
청두
우한
양 쯔 강
항저우
닝보
충칭
웨양
난창
창사
원저우
양 쯔 강
구이양
헝양
쿤밍
푸저우
샤먼
타 이 완
확대 영역
광저우
산터우
난닝
선전
홍콩
주강삼각주
마카오
베 트 남
베이하이
잔장
라 오 스
남 중 국 해
통 킹 만
하 이 난
베이징
베이징과 톈진은 거대 도시로 성장해 인구 1억 3,000만 명에 이르는 징진지(京津冀) 수도권을 형성했다.[77]
상하이
양쯔강 삼각주 인근에 있는 도시들은 크기와 인구 면에서 베이징을 뛰어넘는 메갈로폴리스를 이루었다.[78]
주강삼각주
이 대도시권(홍콩 제외)을 단일 도시로 치면 면적과 인구 면에서 도쿄를 제치고 1위 도시에 등극할 것이다(뒤 페이지 참고).[79]
청두
1991년 중국 정부가 이곳에 내륙 최초 첨단기술 지구를 만들었다.[80] 현재는 600만 인구[81]와 수많은 기업체가 이곳에 들어와 있다.[82]

바다를 메우다

농가와 습지에 물을 대는 강 하구에 형성된 주강 삼각주는 도시 개간의 중심지가 되었다. 개발업자들은 위 지도에 청록색 줄기로 표시된 충적토 침전물을 끌어다 각진 모양의 해안 지대와 홍콩 국제공항을 포함한 인공섬을 조성했다.

갑작스러운 변화

1988년까지만 해도 광저우 거점 도시인 둥관, 선전, 중산은 거의 발전되지 않은 상태였다. 이후 도시들이 성장하면서 그 일대의 저지대 산림은 흔적을 감췄다. 현재 광둥–홍콩–마카오 대만구Greater Bay Area에는 캐나다와 오스트레일리아 인구를 합친 것보다 많은 인구가 거주한다.[83]

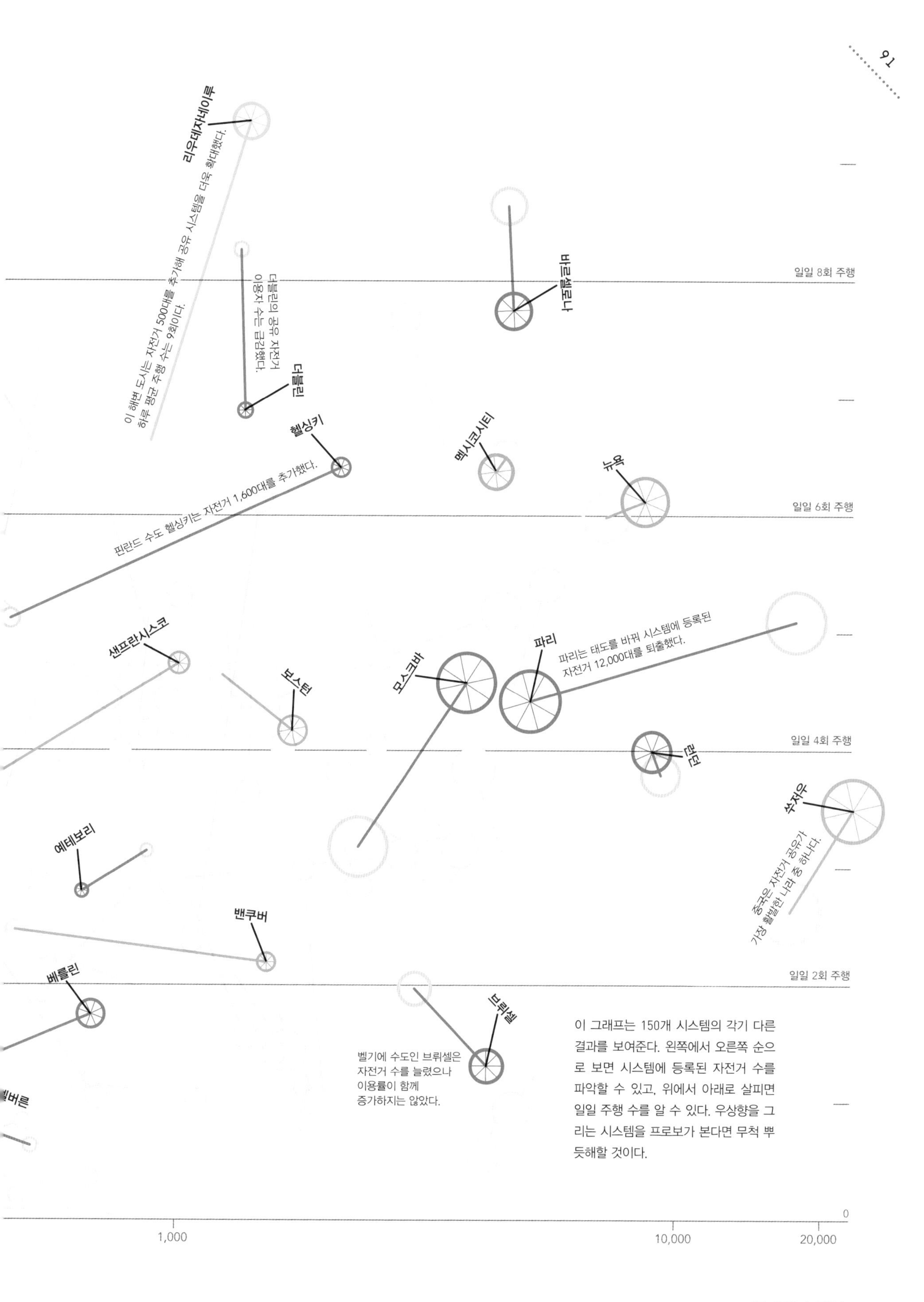

이 그래프는 150개 시스템의 각기 다른 결과를 보여준다. 왼쪽에서 오른쪽 순으로 보면 시스템에 등록된 자전거 수를 파악할 수 있고, 위에서 아래로 살피면 일일 주행 수를 알 수 있다. 우상향을 그리는 시스템을 프로보가 본다면 무척 뿌듯해할 것이다.

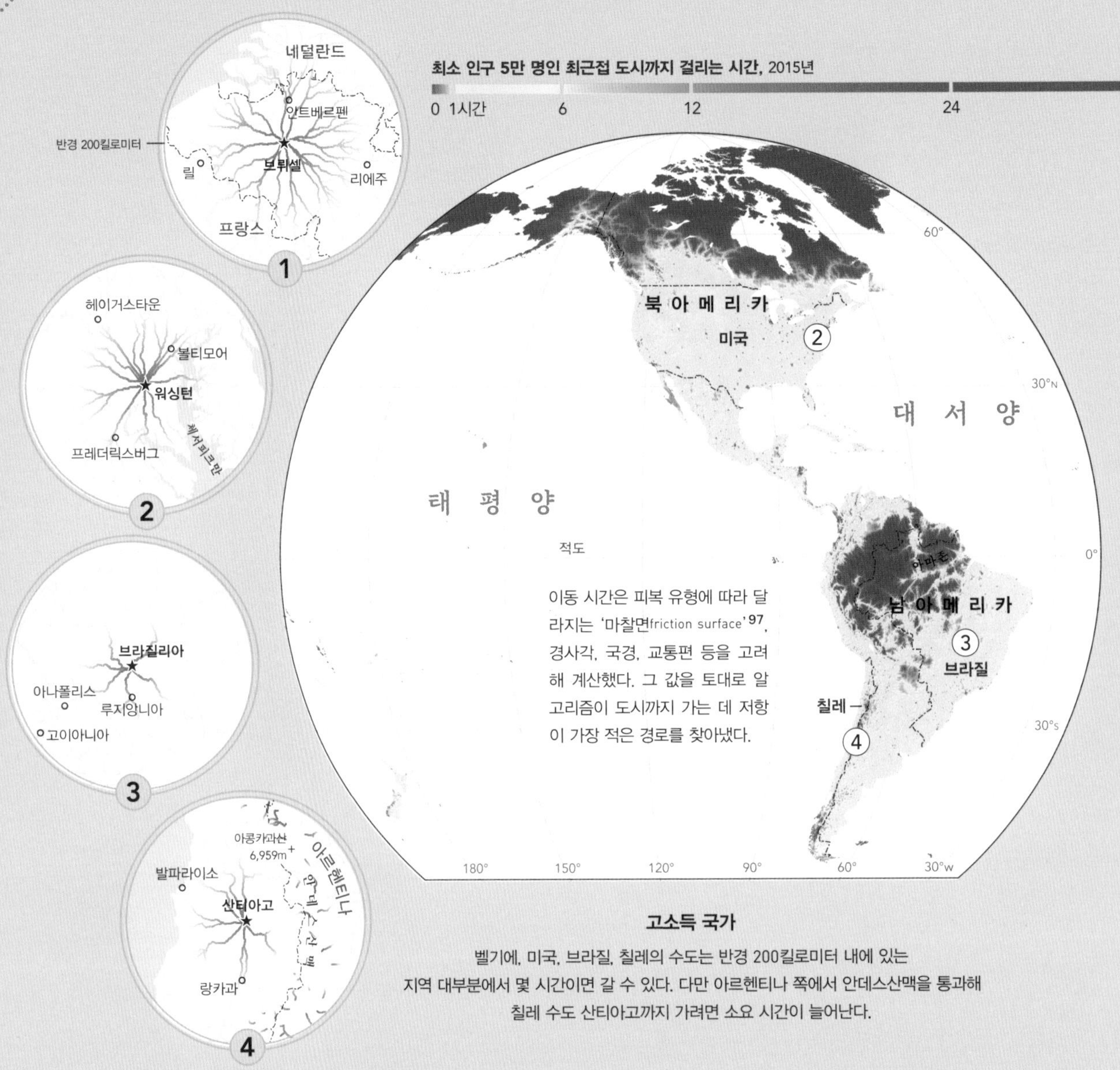

고소득 국가

벨기에, 미국, 브라질, 칠레의 수도는 반경 200킬로미터 내에 있는 지역 대부분에서 몇 시간이면 갈 수 있다. 다만 아르헨티나 쪽에서 안데스산맥을 통과해 칠레 수도 산티아고까지 가려면 소요 시간이 늘어난다.

접근 편의성

가까움의 기준은 거리가 아니라 시간이다.

화상회의가 출장보다 더 빈번해진 요즘 미래학자들이 너도나도 선언하는 '지리학의 종말'[94]과 '거리의 소멸'[95]에 동의하지 않을 수 없다. 그러나 꼬박 하루를 이동해야 학교, 시장, 병원이 나오는 곳에 사는 사람이라면 생각이 다를 것이다. 이 지도는 세계에서 가장 외진 곳들을 보여준다. 최소 5만 명이 거주하는 인근 도시까지 가려면 몇 분, 몇 시간이 아니라 며칠을 가야 하는 곳들이다. 보라색과 주황색 지역은 사하라, 아마존, 시베리아, 오스트

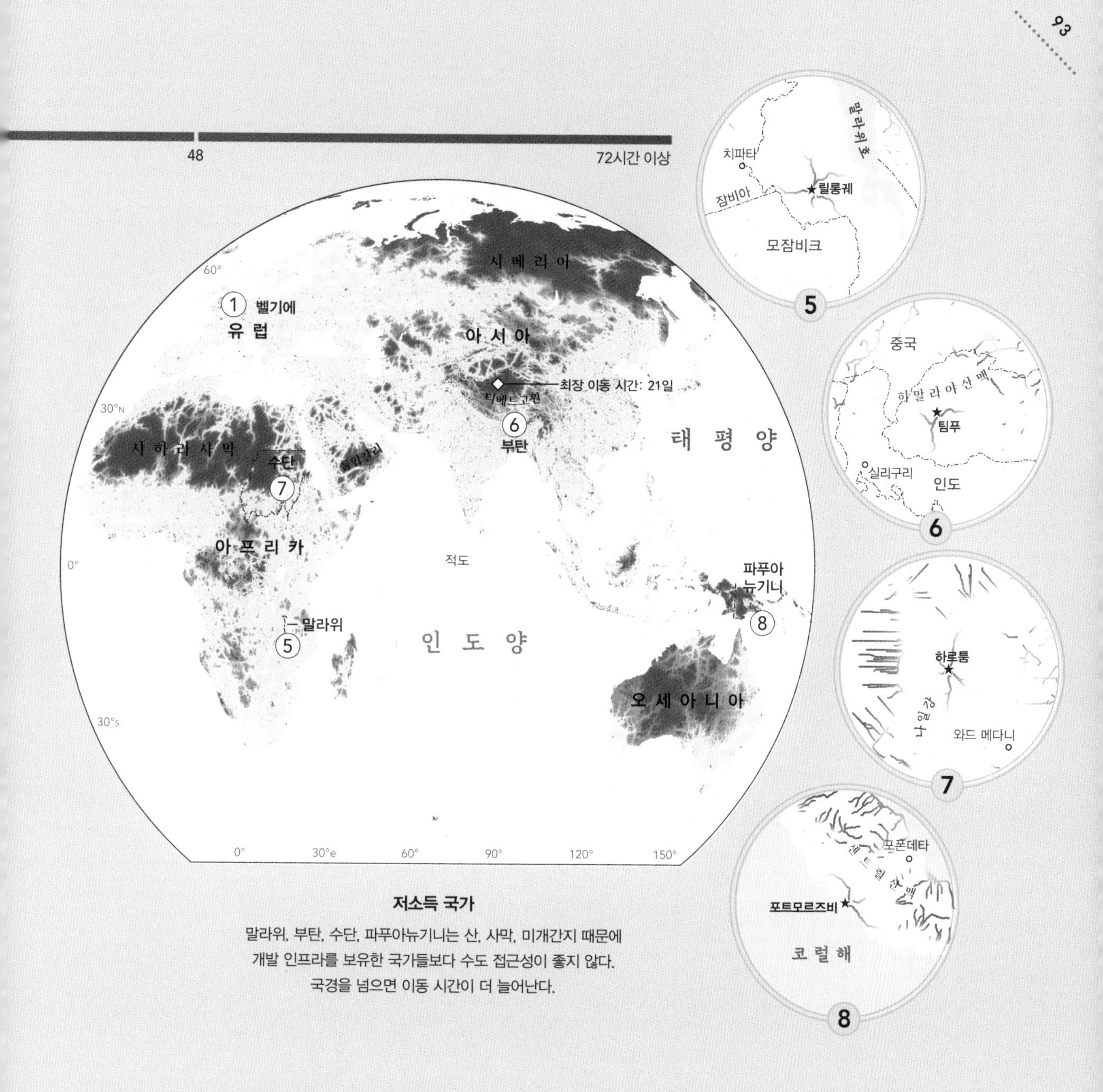

저소득 국가

말라위, 부탄, 수단, 파푸아뉴기니는 산, 사막, 미개간지 때문에 개발 인프라를 보유한 국가들보다 수도 접근성이 좋지 않다. 국경을 넘으면 이동 시간이 더 늘어난다.

레일리아 아웃백, 히말라야 같은 오지를 가리킨다. 티베트에 있는 어느 지역에서는 20일을 걷고 하루를 차로 타고 이동해야 가장 가까운 도시 라싸에 닿는다(대도시와 연결해주는 비행기와 고속철도 이용은 고려하지 않았다. 그러한 교통수단을 이용할 수 있다는 것 자체가 도시권에 산다는 뜻이기 때문이다).

고소득 국가의 국민은 91퍼센트가 도시까지 1시간 이내 거리에 거주하는 반면 저소득 국가의 국민은 51퍼센트만 그러한 곳에 산다. 이 통계는 도시 지역에 집중된 서비스에 접근하는 데 격차가 존재한다는 것을 시사한다. 52개 국가에서 약 200만 명을 대상으로 조사해 이 지도 모델을 만든 연구진은 도시와 얼마나 가까운지가 가구 단위의 부, 교육, 건강 상태와 확실히 관련이 있음을 발견했다.[96] 다시 말해 직장, 학교, 병원에 다닐 수 있어야 복지가 향상된다는 뜻이다.

여러 국가가 오래된 통신 장벽을 뛰어넘기 위해 모바일 기술을 활용한다. 10년 전 나이지리아에서는 100만 명[102]이 고정 회선을 이용했으나 현재는 1억 8,000만 명[103]이 모바일 회선을 이용한다.

접속의 강

정보가 더 많이 흐르는 지역이 있다.

사진에 위치 태그를 달거나 날씨 앱을 새로고침하거나 차량을 호출할 때 당신의 위치를 확인하기 위해 굳이 위성과 연결될 필요는 없다.[98] 근처 기지국의 신호 세기를 비교하는 것만으로 위치를 알 수 있기 때문이다. 기기에 감지되는 기지국 수가 많을수록(또는 연결 신호가 셀수록) 위치를 정확히 잡을 수 있다. 줌아웃해서 세계 전체를 보면 눈에 보이지 않는 그 복잡한 연결망이 비로소 드러난다.

이 지도에 그려진 작은 채색 육각형들은 '셀cell'이라고 부르는 무선 연결 지점 수를 의미한다. 미국은 모든 도로, 마을, 도시가 600만 개 정도 되는 셀로 연결된 것처럼 보인다.(다음 페이지에 더 자세히 나와 있다). 일본, 인도, 서유럽처럼 인구밀도가 높은 지역들도 마찬가지로 빈틈을 찾아보기 힘들다. 다른 지역으로 가면 인터넷 격차가 뚜렷해진다. 러시아에서는 시베리아 횡단철도가, 남아메리카에서는 팬아메리칸 하이웨이가 관처럼 가늘게 셀 줄기를 이루고 있고, 아프리카 대륙에서는 나이로비, 라고스, 요하네스버그를 중심으로 이제 막 불어나는 셀들이 디지털 혁명을 이끌고 있다.[99] 중국의 셀 줄기는 간헐적이고, 북한은 아예 댐을 쌓은 듯이 단절되어 있다. 이 상태가 얼마나 갈지는 미지수다.

우리는 개방형 크라우드소싱 방식으로 모인 네트워크 인프라 데이터베이스를 토대로 이 지도를 만들었다. 빠진 부분은 있겠으나 지정학적 현실을 꽤 잘 보여준다. 한국에는 50만 개 셀이 있는 것으로 파악된다. 북쪽에 맞닿은 독재 정권은 어떨까? 20개뿐이다. 북한에도 휴대전화가 많이 보급되었다고는 하지만[100] 아직 고가품인 데다 바깥세상과의 연결은 여전히 차단되어 있다.[101]

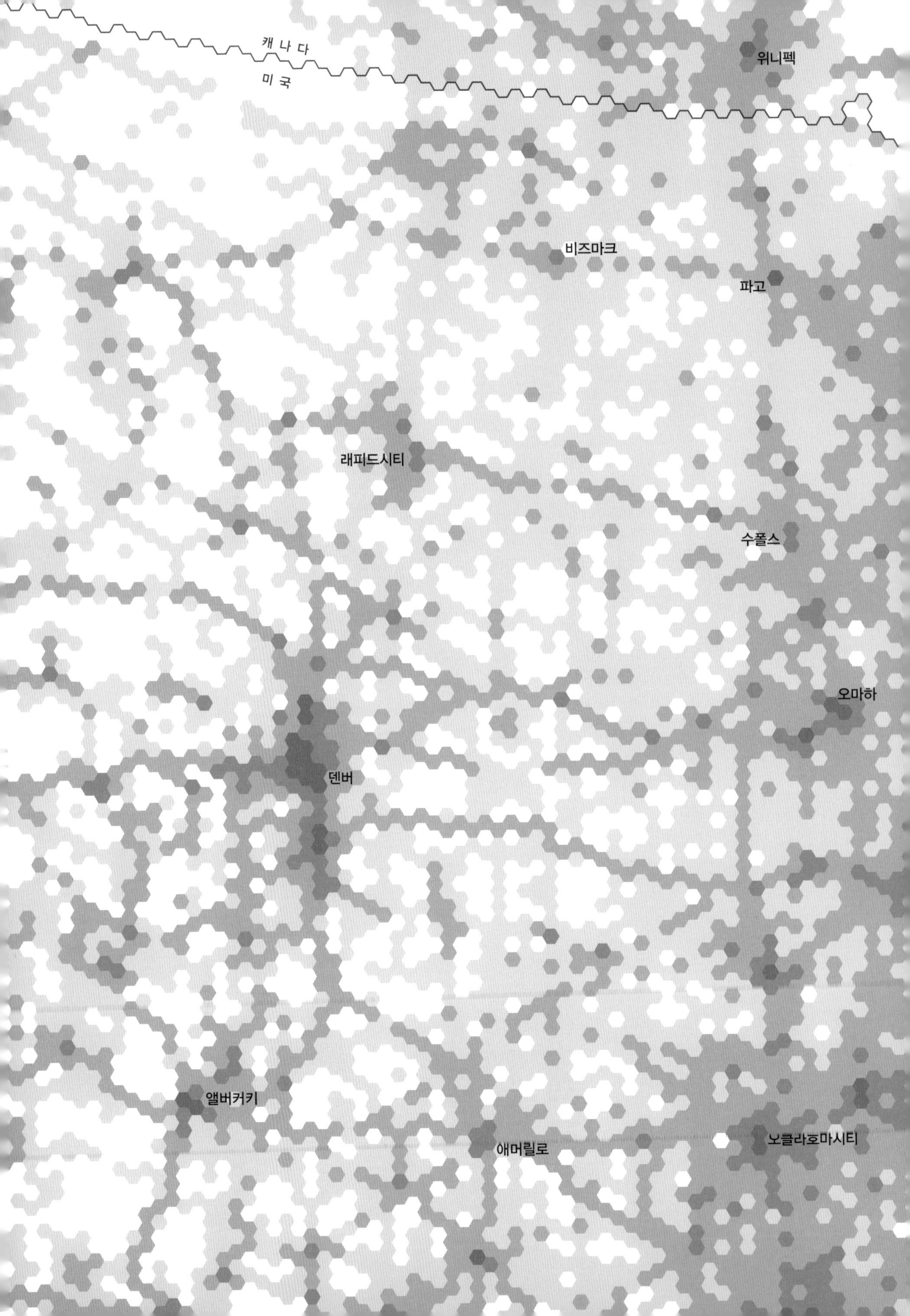
캐 나 다
미 국
위니펙
비즈마크
파고
래피드시티
수폴스
오마하
덴버
앨버커키
애머릴로
오클라호마시티

슈피리어호
마켓
수세인트마리
미니애폴리스
후런호
토론토
온타리오호
미시간호
밀워키
그랜드래피즈
디트로이트
이리호
시카고
클리블랜드
디모인
피츠버그
콜럼버스
인디애나폴리스
신시내티
루이빌
세인트루이스
내슈빌
녹스빌
샬럿
멤피스
리틀록
애틀랜타

옥토퍼스 가든

인터넷은 바다 아래 산다.

1969년 10월 29일[104] UCLA의 어느 젊은 프로그래머가 약 563킬로미터 떨어진 스탠퍼드 연구소 컴퓨터와 연결을 시도했다. '로그인login'이라는 문자를 입력하자마자 시스템이 갑자기 다운되었다. 하지만 그가 타이핑한 문자는 이미 부호화되어 북쪽 팰로앨토로 전송된 후였다. 그렇게 그가 타이핑한 문자는 컴퓨터 네트워크로 전송된 최초 메시지가 되었다.

구리 전화선을 따라 이동한 최초의 데이터 바이트는 1초당 50킬로비트의 속도[105]로 움직였다. 같은 해 비틀즈가 발표해 인기를 끈 곡 〈컴 투게더Come Together〉를 그 속도로 내려받으려면 22분[106]이 걸린다. 통신 회사들은 점점 더 연결되는 지구의 데이터 수요를 내다보고 고속 연결선을 건설하기 시작했다. 오늘날 대륙을 오가며 이뤄지는 모든 온라인 행위는 해저에 깔린 광섬유 케이블 400개[107]를 통해 이뤄진다. 가장 긴 케이블 SEA-ME-WE 3(오른쪽 지도의 빨간색)는 동남아, 중동, 서유럽 33개 국가를 연결한다.[108] 가장 빠른 케이블(보라색)은 1초당 200테라바이트의 속도로[109] 데이터를 전송한다. 지금 당신이 이 문장을 읽는 순간에 그 케이블은 미국에서 스페인까지 이르는 지역에서 내려받은 비틀즈 노래 2억 8,000만 곡[110]을 전송할 수 있다.

해저 공간은 테크 타이탄 기업인 구글, 메타(페이스북), 마이크로소프트, 아마존이 지배하고 있다. 해저 케이블 트래픽의 대부분이 이 기업들과 관련해 발생하는데, 온라인에 접속하는 인구와 기기 수가 꾸준히 늘고 있어 이러한 경향은 더욱 강해지고 있다.[111] 메타는 아프리카를 잇는 해저 케이블 용량을 3배 가까이[112] 늘려줄 케이블(노란색) 건설에 자금을 대고 있다.[113] 잉글랜드 해역에서부터 희망봉과 아프리카의 뿔 지역을 지나 다시 유럽으로 돌아올 그 케이블은 수십억 명을 하나로 이어줄 것이다.

심해에 깔리는 케이블은 정교한 광섬유가 바닷물에 부식되지 않도록 강철, 구리, 플라스틱으로 감싼다. 천해(얕은 바다)에 깔리는 케이블은 아연으로 도금한 선과 타르로 코팅한 실을 이용해 이중으로 보호한다.

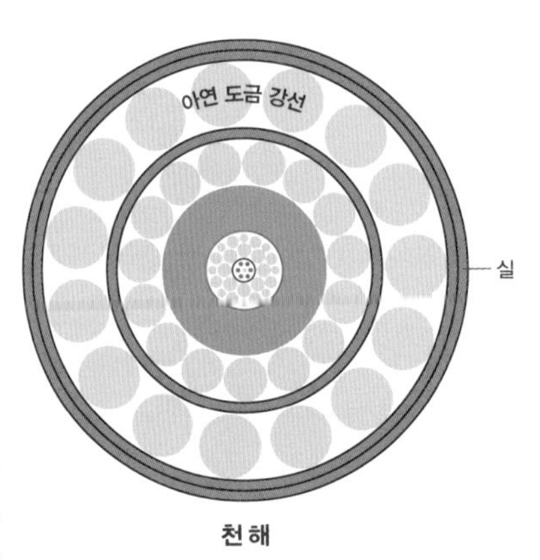

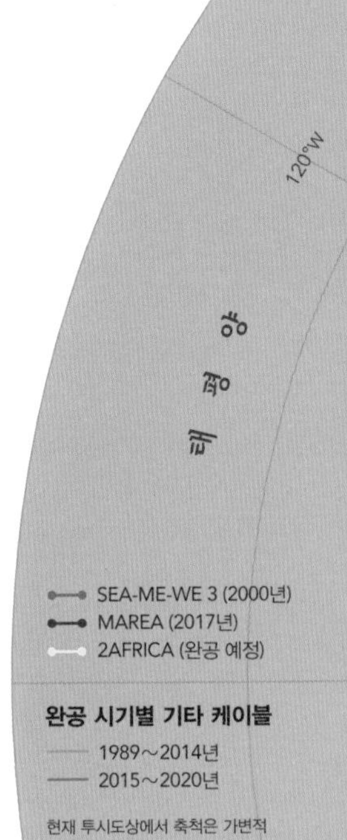

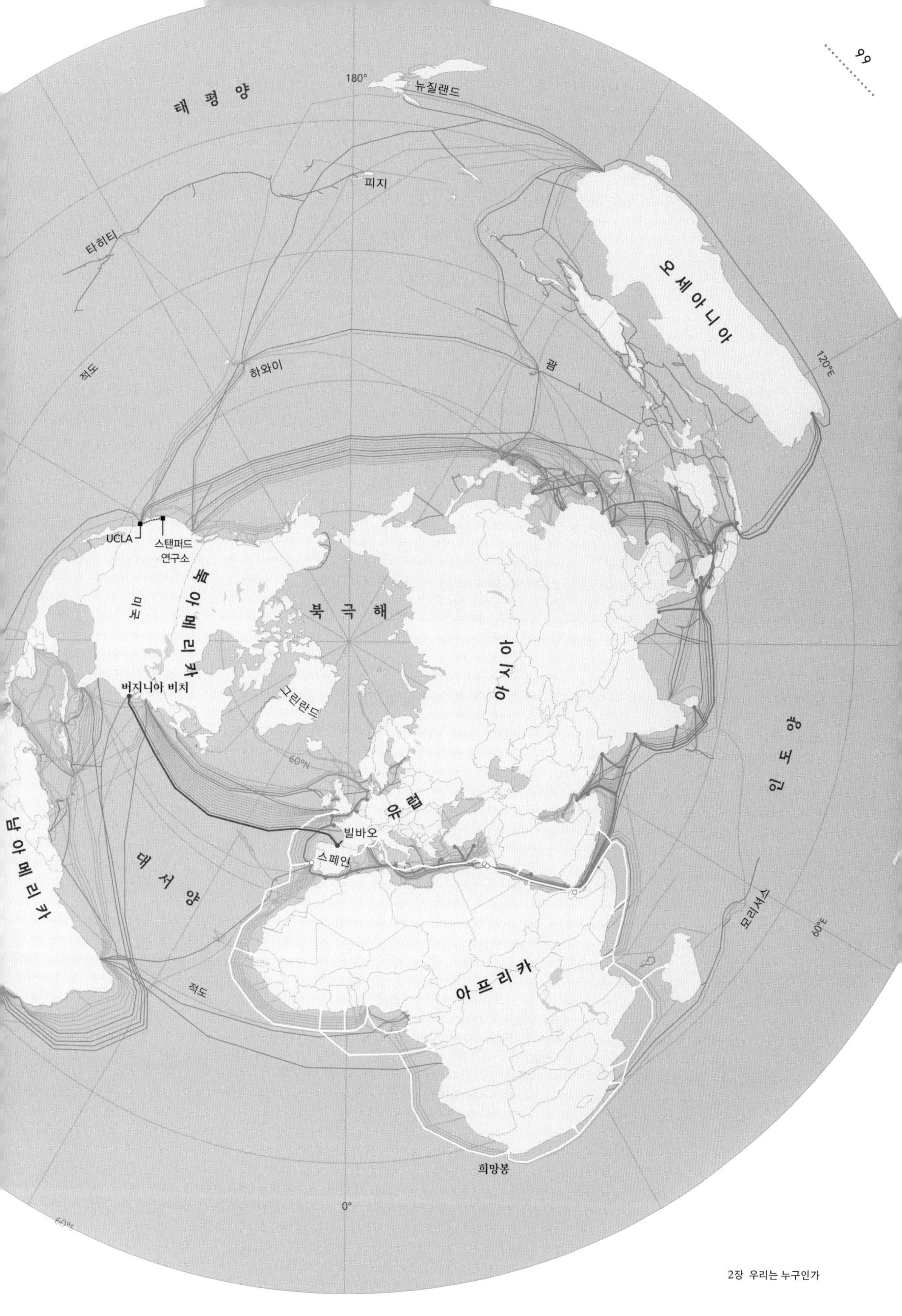
180°
뉴질랜드
태 평 양
피지
타히티
오 세 아 니 아
120°E
적도
하와이
괌
UCLA
스탠퍼드
연구소
북 아 메 리 카
미국
북 극 해
아 시 아
버지니아 비치
그린란드
인 도 양
60°N
유 럽
빌바오
스페인
남 아 메 리 카
대 서 양
모리셔스
60°E
아 프 리 카
적도
희망봉
0°
60°S

우리는 어떻게 행동하는가

"

세상이 진실을 알고 싶어 하고
상당한 정확성과 수고로운 헌신으로 그 진실을 좇는다면,
세상이 그 노력을 기꺼이 지지하리라는 데
의심의 여지가 없다.[1]

"

W.E.B. 듀보이스, 자서전 『새벽의 어스름Dusk of Dawn』(1940)에서

통치를 위한 진실

오랫동안 지도는 세상을 바라보는 관점을 형성하는 물건이었다. 따라서 지도를 제작할 자원을 가진 사람들은 자신의 이익을 공고히 하려고 지도를 만들었다. 데이터 수집과 지도 제작의 역사를 대강 간추려만 보아도 근대적 지도에 도사린 제작자들의 은밀한 욕망이 금세 드러난다.[2] 모든 대륙은 구획 짓고 이름 붙인 소유 대상이 되었고, 모든 사람이 일정한 범주에 욱여넣어졌다. 제국주의자, 고의로 진실을 외면한 사람 등등 모두가 각자 바라는 영토나 태풍 경로를 지도에 그려 넣었다.[3]

물론 지도만으로는 아무런 힘이 없다. 지도의 권위는 지도를 가지고 행동하는 사람이 있어야만 유효하다. 프랑스 철학자 브루노 라투르Bruno Latour는 지도의 힘을 "주장을 받아들이도록 설득하고, 주장하고, 증명하는 방법"[4]이라고 빗대어 설명했다. 그는 프랑스 탐험가였던 라페루즈 백작 장프랑수아 드 갈로Jean-François de Galaup, comte de Lapérouse에 관한 일화를 예로 들었다. 라페루즈 백작은 극동아시아 지도를 정확히 만들어 오라는 루이 16세 명령을 받아 탐험 길에 올랐다. 1787년 8월 라페루즈 백작은 오늘날 사할린에 해당하는 러시아 동부 해안에 다다랐고 그곳 주민들에게 자신이 도착한 곳이 섬인지 반도인지를 물었다. 그러자 한 노인이 모래사장에 지도를 그렸다. 노인에게는 파도에 휩쓸리면 사라질 별 의미 없는 지도였다. 그러나 라페루즈 백작에게는 달랐다. 그는 정보를 알아내 프랑스로 돌아가야 하는 사람이었다. 프랑스는 그 정보로 만든 지도를 토대로 제국 팽창을 논의할 계획이었다. 라페루즈 백작은 끝내 고국으로 돌아가지 못했으나 그의 항해일지는 프랑스로 되돌아갔다.[5] 항해일지에 기록된 '발견들'[6]은 1798년 지도에 반영되었고 그것이 현대 극동아시아 지도를 결정했다. 그중에는 오늘날 라페루즈 해협이라고 이름 붙은 해역도 포함되었다.

2019년 9월 미국 대통령은 자신이 말한 예측에 맞춰 허리케인 도리안의 상륙 경로를 수정했다.

권력자에게 지도란 재산 증식형 보드게임의 부동산 증서처럼 거래가 가능한 문서였다. 1884년 11월부터 1885년 2월까지 유럽 열강은 (오른쪽 그림과 같은 모습으로) 베를린에 모여[7] 아프리카 땅을 나눠 가졌다. 무성의하게 갈라진 국경선은 오랜 세월 아프리카 대륙을 내분으로 몰고 갔다. 나이지리아와 카메룬은 2006년까지 국경을 놓고 분쟁했다.[8] 영국 외교관 클로드 맥도널드Claude Macdonald 경은 왕립지리학회 모임에서 두 나라의 국경이 정해진 진짜 내막을 유쾌하게 늘어놓았다. "파란색 연필과 자로 올드 칼라바르와 욜라 사이에 냅다 선을 그어"[9] 668킬로미터에 이르는 내륙 국경선을 정했다는 것이다. 맥도널드는 그 지역을 다스리던 토후를 만난 날을 떠올리며 "내가 파란색 연필로 그 사람 땅에 선을 그었다는 걸 그 사람이 알지 못해 참 다행"이었노라고 회고했다.
제국주의자들이 어떻게 경계를 만들었는지 서로 자랑하던 것과 달리 아프리카계 미국

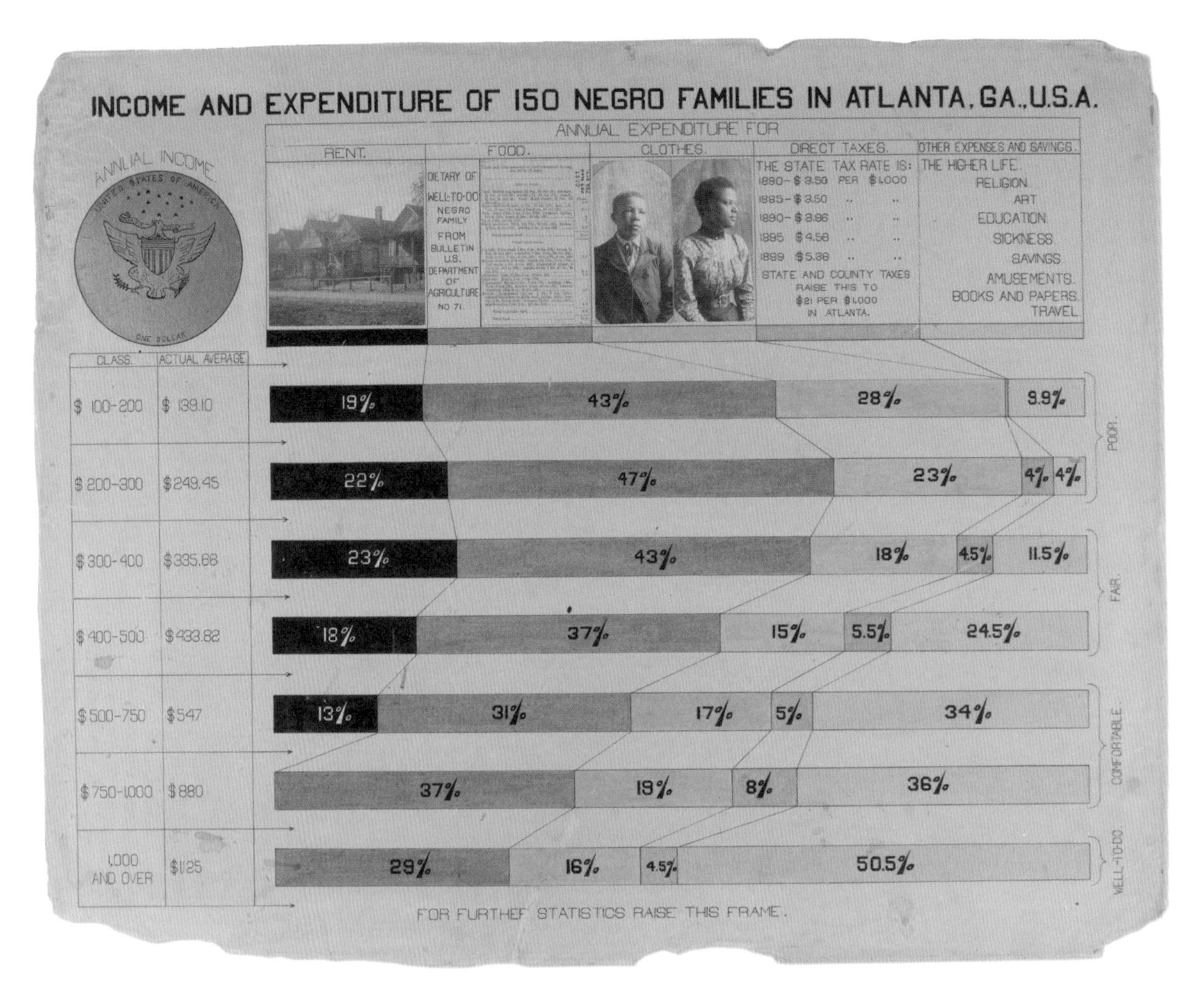

이 시각 자료는 듀보이스가 1900년 프랑스 만국박람회에서 선보인 작품의 일부로, 조지아주 애틀랜타에 거주하는 150개 흑인 가구의 예산을 세분화해 보여준다.[12] 빈곤층 예산에서 가장 큰 비중을 차지하는 소비 항목은 식품이었다. '부유한' 계층은 '상류 생활'을 즐기는 데 소득의 절반을 썼다.

인 사회학자이자 시민권 운동가였던 W.E.B. 듀보이스는 경계를 없애기 위해 앞장섰다. 그가 목격했고, 노예해방론자 프레더릭 더글러스Frederick Douglass가 '유색 선the colour line'[10]이라고 명명한 그 경계는 정치부터 무역, 교육, 사회생활까지 사회의 거의 모든 면면을 이등분했다. 정확히는 흑인과 백인의 삶을 갈라놓는 사회적 구성물이었다. 1903년 발표한 글 「흑인의 영혼The Souls of Black Folk」에서 듀보이스는 다음과 같이 관찰했다. "남부 지역 어디를 가든 지도 위에 늘 물리적인 유색 선을 그을 수 있다. 그 선을 기준으로 한쪽에는 백인이, 다른 한쪽에는 검둥이Negro가 산다."[11]

권력자들은 백인 사회의 운명에만 관심이 있었기에 그들이 만든 지도는 백인의 이해관계를 고스란히 반영했다. 흑인 사회를 지도에 등장시킬 경우는 흑인을 더욱 배제하려는 의도가 있을 때뿐이었다. 흑인들이 사는 동네는 범죄 다발 지역 또는 연구할 가치가 없는 지역으로 뭉뚱그려졌다.[13] 이러한 인식이 끝내 '레드라이닝redlining'[14](105쪽)과 '토지 용도 변경(리조닝rezoning)'(128~129쪽)과 같은 분리(차별) 정책을 낳았다.

듀보이스는 생각을 달리했다. 그는 정밀한 통계분석을 통해 흑인 거주 지역을 나타내는 것이 백인들에게도 이로울 것이라 생각했다. 듀보이스는 시카고 헐 하우스 지도(69쪽)에 영감을 받아 필라델피아 인구 8,000명을 직접 설문했고, 「필라델피아 니그로

The Philadelphia Negro」라는 지도 보고서를 만들었다. 1899년 발표된 이 보고서는 아프리카계 미국인들의 거주 지역과 직업, 가정생활을 파악하는 데 목적을 두었고 "무엇보다 수많은 백인 시민과의 관계를"[16] 드러내는 데 집중했다. 듀보이스는 "더는 (아프리카계 미국인들의) 상황을 추측하는 것에 그치지 않고 직접 알아야 한다"[17]고 굳게 믿었다.

흑인들의 삶은 위태로웠다. 1899년 봄에는 조지아에 사는 샘 호스Sam Hose[18]가 폭도들의 표적이 되었다. 당시 호스는 자기방어로 고용주를 살해했노라고 시인했지만 강간 혐의는 부인했다. 사건의 진상은 끝까지 드러나지 않았으나 성난 폭도는 점점 세력을 키웠다. 듀보이스는 지역지 《애틀랜타 컨스티튜션The Atlanta Constitution》에 '조심스럽고 합리적인 성명서'[19]를 기고해 상황을 잠재우고자 했다. 그런데 원고를 넘기러 가는 길에 호스가 끝내 폭도에게 잡혀 린치당했고 화형된 그의 시신이 토막으로 팔리고 있다는 소식을 전해 들었다. 듀보이스는 가던 길을 멈추고 충격에 사로잡혔다. 이를 계기로 듀보이스는 통계만으로 백인의 태도를 바꾸기란 역부족임을 뼈저리게 깨달았다.

> 내 연구를 방해하여 끝내 혼란에 빠트린 원인은 크게 두 가지다. 첫째는 흑인들이 린치당하고 살해당하고 굶주리는 와중에 내가 차분하고 이성적이고 초연한 학자일 수 없다는 것이다. 둘째는 내가 해온 과학 연구에 대한 확실한 수요가 보이지 않는다는 것이다. 나는 틀림없이 그러한 수요가 있으리라 확신했다. 세상이 진실을 알고 싶어 하고 상당한 정확성과 수고로운 헌신으로 그 진실을 좇는다면 세상이 그 노력을 기꺼이 지지하리라는 데 의심의 여지가 없다. 하지만 그것은 한낱 젊은이의 이상일 뿐이었고 아예 틀린 사실은 아니나 보편적인 진실도 분명 아니었다.[20]

그는 이렇게 결론 내렸다. "해법은 사람들에게 진실을 말하는 것이 아니라, 그들이 진실을 행하도록 유도하는 것이다."[21] 이후로 듀보이스는 연구와 함께 캠페인을 벌이기 시작했고, 1년 후 유색 선을 가로지르는 삶을 시각화한 지도와 인포그래픽 연작(104쪽 참고)으로 1900년 프랑스 만국박람회에서 금메달을 수상했다. 실로 힘들게 얻은 성과였다.

> 부족한 예산과 제한된 시간으로 딱히 응원받지도 못하는 연구에 매달려 50개가 넘는 도표를 정확히 제작하고 채색하는 작업은 대단히 힘들었다. 작업을 마치기까지 신경과민으로 탈진에 시달렸고, 파리까지 갈 돈을 겨우 구하고 보니 선실 표는 이미 동난 후였다. 하지만 내가 가지 않으면 전시는 아무 의미도 없어질 터였다. 결국 마지막 순간에 3등 선실 표를 구해 파리로 넘어가 작품을 설치했다.[22]

도시 지역별 여름 평균온도 격차
2014~2017년

+2°C
차이 없음
-2°C

0 3 km

많은 미국 도시가 그러하듯 버지니아주 리치먼드는 지역마다 금융 신용도를 매기는 레드라이닝을 명목으로 물리적인 '유색 선'을 유지하고 있다. 1930년대 미국 정부는 도시 지역의 투자 위험도를 '최상'에서 '위험'까지로 나눠 등급을 매겼다. 유색인종이 모여 사는 지역은 높은 확률로 위험 등급이 되었다. 백인 거주 지역은 원한다면 공원 조성을 요구할 수 있었지만, 유독 흑인 밀집 거주 지역에는 열을 흡수하는 고속도로와 창고, 공공주택 등이 많이 들어섰다. 그 결과 녹지가 부족해져 여름이 되면 다른 지역보다 기온이 더 많이 오르고 주민들 건강이 위험에 더 많이 노출된다.[15]

이름을 알린 듀보이스는 미국 노동국에서 돈을 지원받아 자신의 '사회학 연구 중 최고 과업'[23]이라 자부한 연구에 착수했다. 1906년 그는 노예주slave state 시절 흑인 인구를 체계적으로 배제했던 앨라배마 내 인종 분리 카운티로 가서 연구를 진행했다. 듀보이스와 연구진은 "카운티 일부 지역에서 엽총으로 위협을 당하면서도"[24] 6,000가구 이상을 방문해 "노동 분배, 임대차 관계, 정치조직, 가정생활, 인구 분포"를 조사했다. 듀보이스는 최종 보고서를 제출하면서 노동국에 출간 일정을 물었다. 그런데 실망스럽게도 "정치적으로 민감한 사안이니"[25] 출간될 일은 없다는 답이 돌아왔다. 그사이 노동국 고위직이 물갈이된 것이다. 결국 보고서는 원본까지 파기되고 말았다.[26]

"매해 통계가 발표되면 회의가 열리고 해법이 채택되지만, **린치**는 계속된다. 여론이 변하면 폭도로 인한 혼란도 눈에 띄게 감소하지만 … 단 하나 확실한 해법은 **법**에 호소하는 것뿐이다."

그렇게 프로젝트 하나가 묻히는 동안 다른 하나는 서서히 모습을 드러냈다. 여론의 중요성 및 여론을 변화시키는 증거의 힘을 잘 알았던 미국 언론인 아이다 B. 웰스Ida B. Wells는 린치 사건이 유색 선을 따라 나타난다는 데이터를 모았다. 탁월한 연구서인 『남부의 공포: 린치의 모든 양상Southern Horrors: Lynch Law in All Its Phases』(1892)과 『붉은 기록A Red Record』(1895)을 통해 웰스는 린치가 따로 분리된 사건들이 아니라 하나의 국가적 사안임을 증명해냈다. 지역 차원의 법으로는 부족했다. 거대한 부당함을 해결하려면 연방 차원에서 나서야 했다.

웰스는 1909년 전미흑인회의National Negro Conference에 연설자로 나와 명백하게 데이터로 증명되는 주장을 개진했다.

> 1899년부터 1908년까지 10년 동안 린치 사건은 총 959번 발생했습니다. 이 가운데 피해자가 백인인 사건은 102건, 흑인인 사건은 857건이었습니다. … 매해 통계가 발표되면 회의가 열리고 해법이 채택되지만, 린치는 계속됩니다. 여론이 변하면 폭도로 인한 혼란도 눈에 띄게 감소하지만 … 단 하나 확실한 해법은 법에 호소하는 것뿐입니다. 인간의 생명은 신성하며, 이 나라 모든 시민은 첫째로 미합중국 국민이자 둘째로 소속 주의 주민임을 범법자들이 알도록 해야 합니다.[27]

1년도 지나지 않아 전미흑인회의는 전미유색인지위향상협회NAACP가 되었다. 웰스와 듀보이스는 창립 회원으로 참여했다. 데이터로 무장한 이 단체는 린치 금지법 제정을 목표로 대규모 로비를 벌였다.[29] 얼마 후 미주리주 의원 레오니다스 C. 다이어Leonidas C. Dyer가 그들 편에 서서 NAACP 회원 앨버트 E. 필스버리Albert E. Pillsbury가 초안을 작성한 법안을 의회로 가져갔다.[30] 린치가 계속되고 있음을 여실히 보여주는 데이터에 설득된 다이어는 NAACP 회원들을 초대해 최신 통계 수치를 공유해달라고 청했고, 그걸 토대로 '법의 필요성'[31]을 강력히 촉구했다.

법안은 수년 만에 위원회의 심의를 통과해 1922년 1월 하원 안건으로 부쳐졌다. 투표를 원치 않은 남부 주 소속 민주당 의원들은 회의장을 빠져나가려 했다.[32] 하원 의장은 문을 걸어 잠근 뒤 경위들을 시켜 도망친 의원들을 잡아오도록 했다. 그날 회의장에는 역사적 순간을 목격하려는 아프리카계 미국인 수백 명이 자리했다. 투표가 진행되는 내내 의원들은 연방정부가 린치 금지에 관여해서는 안 된다는 절박하고도 모순된 주장을 펼치며 객석에 자리한 아프리카계 미국인들을 모욕했다.[33] 하지만 법안은 찬성 231표, 반대 119표로 통과되었고[34] 회의실에는 환호성이 울려 퍼졌다. 기나긴 기다림 끝에 마

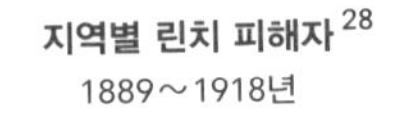

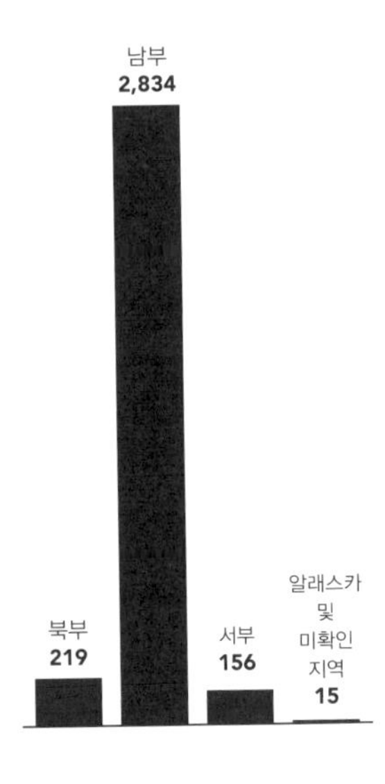

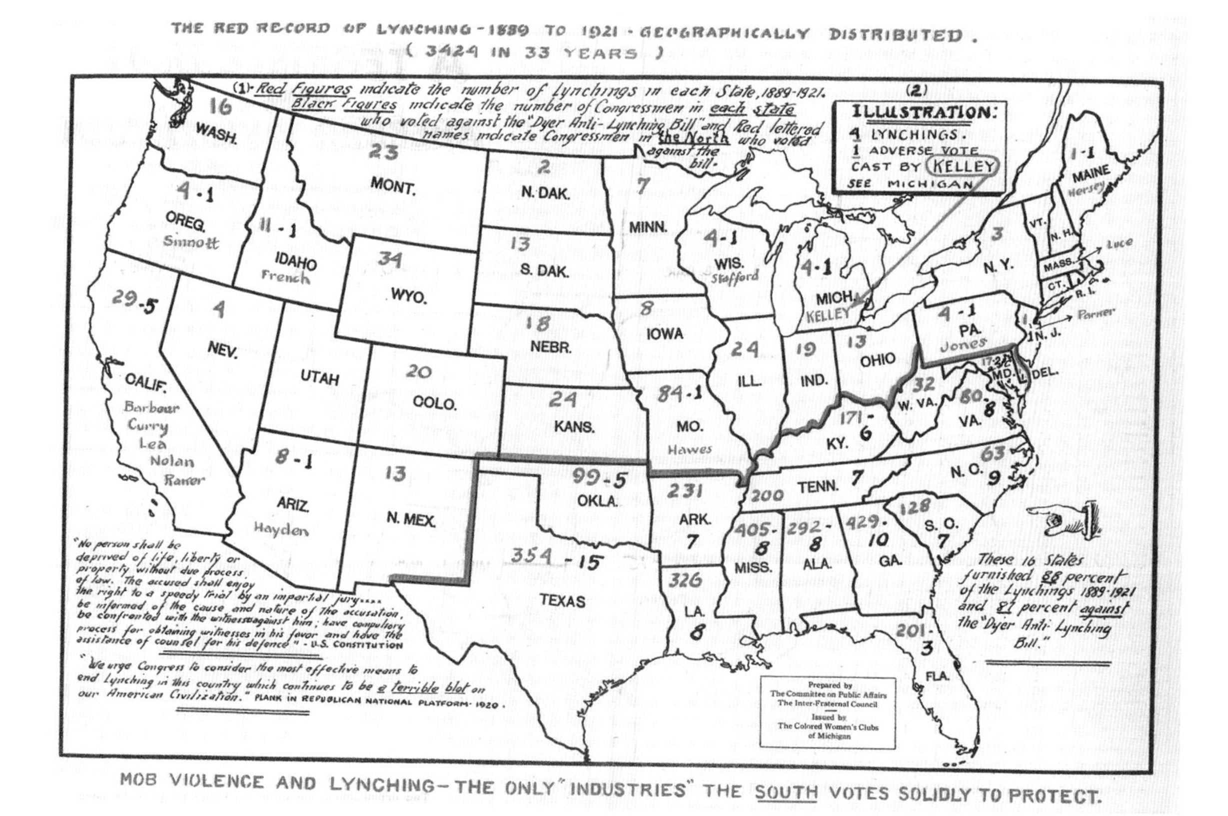

1921년 미국유색여성협회 미시간 지부는 주별 린치 사건 수(빨간색)와 린치 금지법에 반대한 의원 수(검은색)를 표시한 지도를 만들었다.[46] 이 지도에서 주목할 부분은 법안에 반대한 남부 의원 수가 아니다. 그것은 어차피 처음부터 예견된 결과였다. 더 의미심장한 부분은 반대표를 던진 소수 북부 의원들의 이름이 사망자 수와 똑같이 붉은 글씨로 지도에 새겨졌다는 것이다.

침내, 아프리카계 미국인들의 목소리가 들리게 된 것이다.[35]
행복은 금세 충격으로 뒤바뀌었다. 대통령 워런 하딩Warren Harding이 법안을 전적으로 지지했음에도 남부 주 소속 민주당 의원들은 상원에서 법안이 통과되지 못하도록 필리버스터를 감행했다.[36] NAACP는 린치 금지 실패가 '미국의 수치'[37]라는 벽보를 제작해 붙였다. 수치는 계속되었다. 1900년 이후로 린치 금지법을 통과시키려는 시도는 200번 가까이[38] 있었다. 2018년 '린치 피해자를 위한 정의법'[39]이 드디어 상원을 통과했으나 공화당 다수 하원이 이를 거부했다. 이후 2020년 2월 하원을 다시 차지한 민주당 의원들이 그 법안을 다시 추진했으나 이번에는 공화당 다수 상원이 법안을 통과시키지 않았다.[40] 놀랍게도 21세기 미국에서 린치는 여전히 연방 범죄가 아니다.

듀보이스와 웰스의 업적을 지우려는 시도는 무수히 많았다. 대표적으로 매카시 시절 듀보이스에 관한 수사가 이뤄졌는데, 그가 스스로를 "공산주의자라고 주장하지 않으며"[41] "그의 연구는 유색인 지위를 증진하는 데 주요 목적이 있다"라는 결론으로 종결되었다. 오늘날 듀보이스는 현대 사회학의 창시자로 여겨진다.[42] 그가 선보인 혁신적 인포그래픽[43]과 최근 디지털화되기 시작한 그의 논문[44]은 후대에 끊임없이 영감을 준다. 불굴의 데이터 저널리스트였던 웰스 역시 공로를 인정받고 있다.[45] 1931년 웰스가 사망했을 때 미국 언론은 그의 죽음을 외면했다. 하지만 세월이 흘러 2018년《뉴욕 타

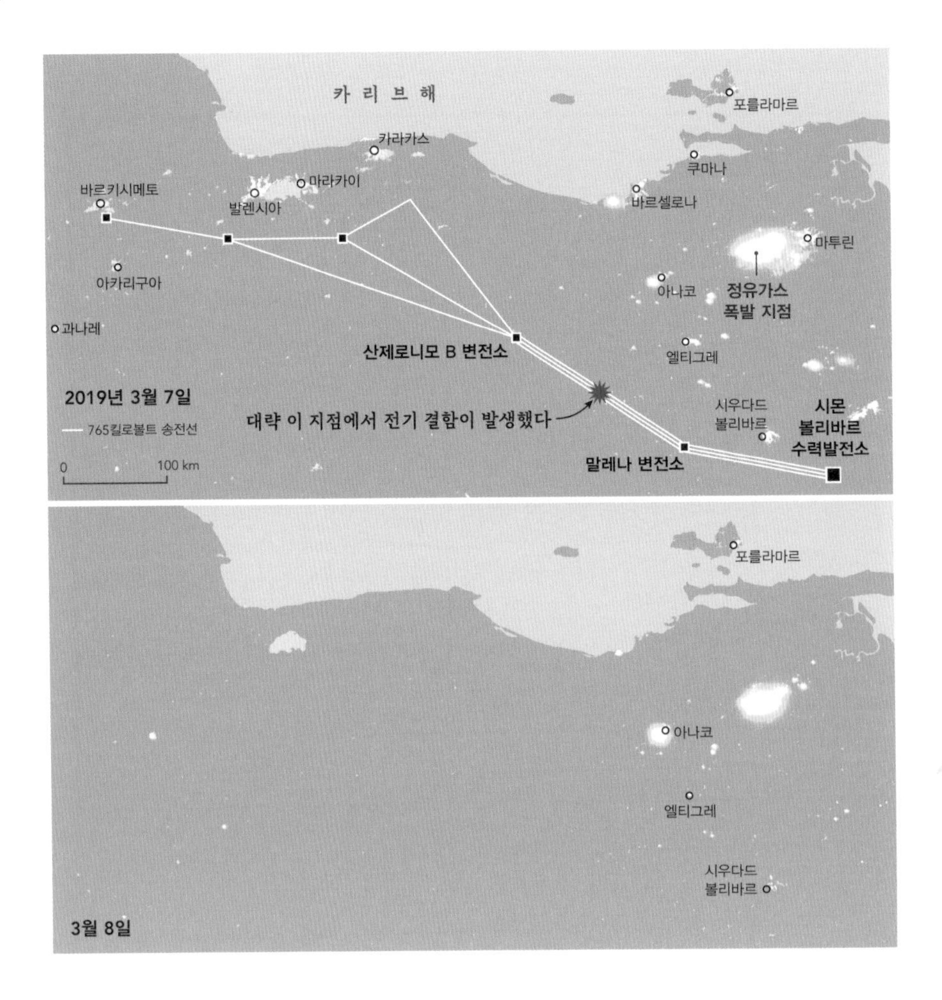

2019년 3월 7일 시몬 볼리바르 수력발전소에서 시작되는 고전압선에서 결함이 발생해[51] 베네수엘라 전국에 며칠간 정전 사태가 이어졌다. 위성사진을 보면 정전 사태 전날(위) 밝게 빛나던 도시들이 하루 후(아래) 어두워진 것을 확인할 수 있다.

임스》는 뒤늦게 부고 기사를 내며 과거에 부끄러웠던 행동을 뉘우쳤다.[47] 2020년, 웰스는 "탁월하고 용기 있는 보도"[48]를 인정받아 사후 퓰리처상을 받았다.

이제는 디지털 도구가 보편화된 덕에 '엽총으로 위협을' 당하지 않더라도 데이터를 모으고 퍼뜨릴 수 있다. 예를 들어 크라우드소싱 방식으로 비행기를 추적하는 사이트 ADS-B 익스체인지 덕에 《버즈피드》는 블랙 라이브스 매터Black Lives Matter 시위 현장에 기자들을 일일이 내보내지 않고도 어느 시위 현장에 군 헬리콥터가 출동했는지를 추적할 수 있었다.[49] 미국 경찰의 총격에 살해당한 희생자 수를 조사하기 위해서는(2020년 기준으로 하루 약 세 명꼴로 희생자가 발생했다) 《워싱턴 포스트》가 온라인에 무료로 공개한 데이터베이스를 참고하면 된다.[50] 베네수엘라 전력망 마비 사태 때처럼 인공위성 데이터를 근거로 정부에 책임을 물을 수도 있다(위 그림).

이게 다가 아니다. 데이터를 개방하는 쪽으로 흐름이 바뀌자 마구 얽힌 이야기 줄기들이 끝도 없이 모습을 드러냈다. 아르헨티나 신문사 《라나시온》은 고위 공직자 운전기사의 자필 기록을 온라인에 공개해 대형 뇌물수수 스캔들을 폭로했다.[52] 전직 대통령을 포함해 여러 공직자가 스캔들에 연루되었다. 코로나19 팬데믹 초기에 《파이낸셜 타임스》 데이터 팀은 각국 확진자 수 그래프를 매일 공개해 세계적으로 큰 화제를 모았다.[53]

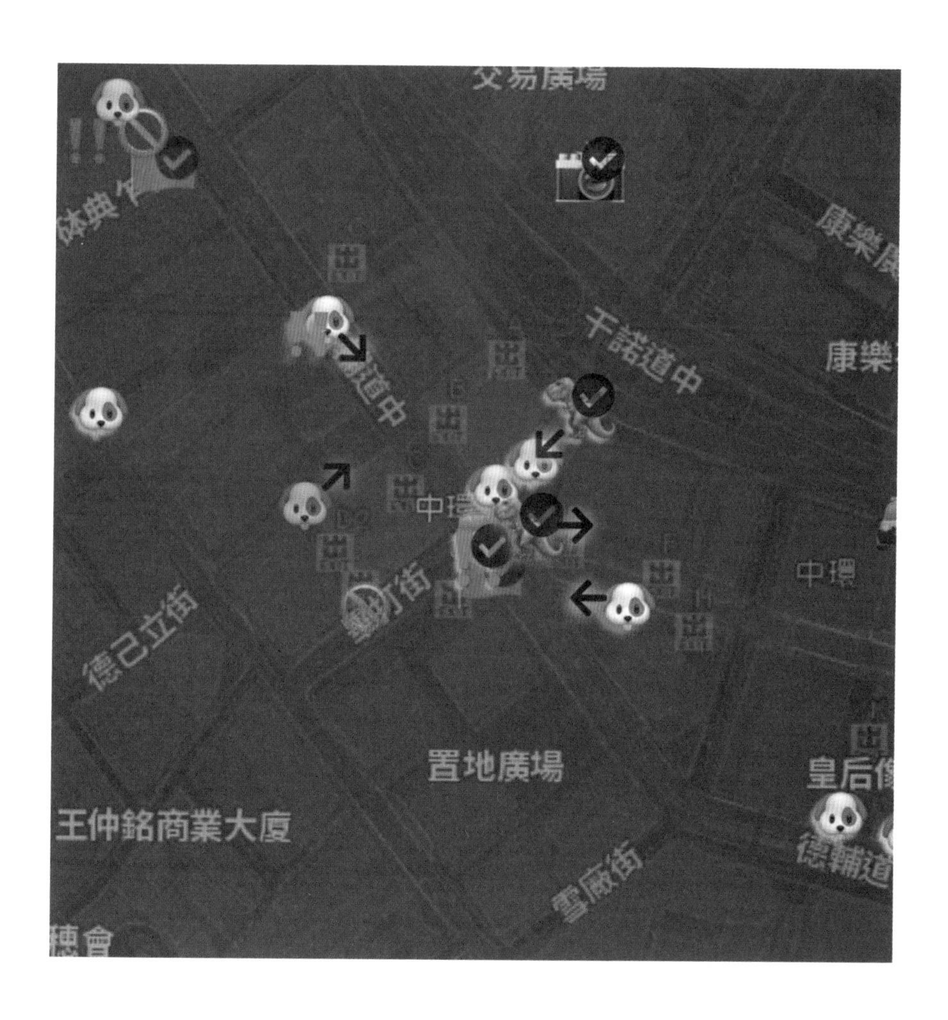

2019년 8월 홍콩 시위대는 크라우드소싱 방식의 지도를 이용해 실시간으로 경찰 동선을 파악해 대응했다. 혼잡한 거리에 진입하면 지도에 이모지가 마구 떠올랐다. 개와 공룡은 경찰과 진압 병력을 의미했고, 느낌표는 위험을 알리는 경고 표시였다.[57]

기술은 시위를 효과적으로 일으키는 데도 도움을 준다. 2010년대 초반 북아프리카와 중동에서 반정부 시위 물결이 번졌을 때 시위대를 모으는 데 휴대전화 소셜 미디어가 큰 역할을 했다.[54] 10년 후 홍콩 시위대는 온라인 이모지 지도를 활용해[55] 경찰 위치를 실시간으로 공유했다. 중국 정부가 이 앱을 필사적으로 막으려 했다는 사실만으로도[56] 이것이 얼마나 효과적이었는지를 짐작할 수 있다. 동시에 기술이 권력을 대신할 수 없다는 현실도 보여준다.

데이터 시각화 기술은 정보를 체계적으로 정리해 민주주의에 든든한 힘이 되어준다. 지도와 그래픽은 이질적인 사실들을 모아 기억하기 좋게 시각화하고 그걸로 여론을 변화시킨다. 이 장에서 우리는 행복 격차와 무급 노동, 오염 수준 등을 살피고자 한다. 또 강제 퇴거와 젠더 기반 폭력, 불발탄 등으로 인간 삶이 위협받는 지역을 밝혀낼 것이다. 웰스와 듀보이스가 깨달은 바대로 지도만으로는 문제를 바로잡을 수 없을 것이다. 놀라운 빈도로 평화 시위를 이어가며 싸우고 있는 인도 여성들을 별도 페이지에 담은 것은 바로 그 이유에서다. 권력 앞에서 진실을 말하기 위해서는 "진실대로 행동"해야만 한다.

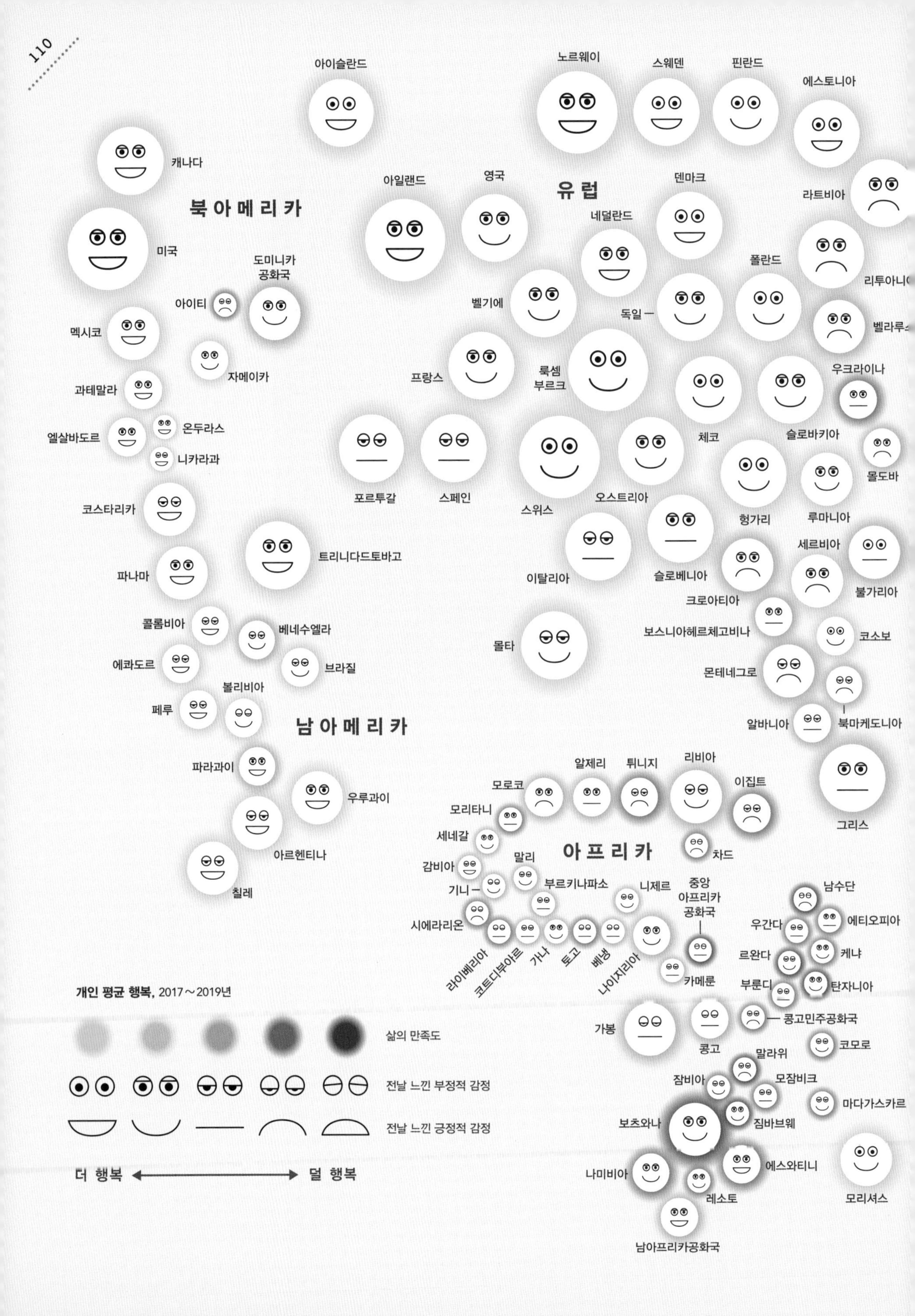
북 아 메 리 카
캐나다
미국
아이티
도미니카 공화국
멕시코
자메이카
과테말라
엘살바도르
온두라스
니카라과
코스타리카
트리니다드토바고
파나마
남 아 메 리 카
콜롬비아
베네수엘라
에콰도르
브라질
볼리비아
페루
파라과이
우루과이
아르헨티나
칠레
유 럽
아이슬란드
노르웨이
스웨덴
핀란드
에스토니아
라트비아
아일랜드
영국
덴마크
네덜란드
리투아니아
폴란드
벨기에
독일
벨라루스
프랑스
룩셈부르크
우크라이나
체코
슬로바키아
몰도바
포르투갈
스페인
스위스
오스트리아
헝가리
루마니아
이탈리아
슬로베니아
세르비아
불가리아
크로아티아
보스니아헤르체고비나
코소보
몰타
몬테네그로
알바니아
북마케도니아
그리스
아 프 리 카
모로코
알제리
튀니지
리비아
이집트
모리타니
세네갈
차드
감비아
말리
기니
부르키나파소
니제르
중앙 아프리카 공화국
시에라리온
라이베리아
코트디부아르
가나
토고
베냉
나이지리아
카메룬
남수단
에티오피아
우간다
르완다
케냐
부룬디
탄자니아
가봉
콩고
콩고민주공화국
코모로
말라위
잠비아
모잠비크
마다가스카르
보츠와나
짐바브웨
나미비아
에스와티니
레소토
모리셔스
남아프리카공화국
개인 평균 행복, 2017~2019년
삶의 만족도
전날 느낀 부정적 감정
전날 느낀 긍정적 감정
더 행복
덜 행복

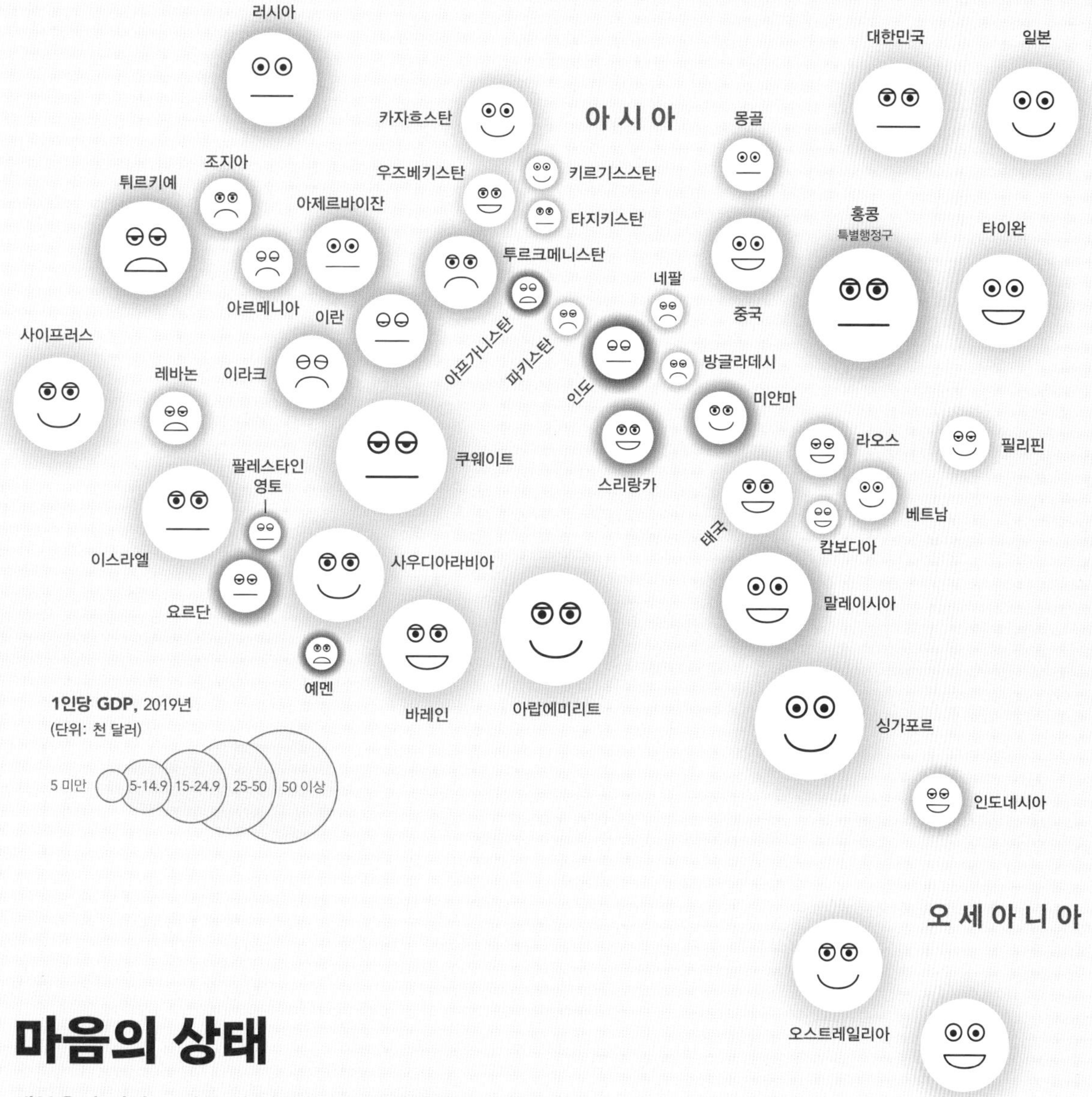

마음의 상태

행복을 측정하는 것은 전 세계적인 일이 되었다.

지난 10년은 쉽지 않았다. 2012년 유엔이 처음 발표한 「세계 행복 보고서」에 따르면 전 세계에 걸쳐 걱정과 슬픔 지수가 꾸준히 늘었고 그보다는 덜하지만 분노 지수도 상승했다. 연구진은 해마다 150여 개 국가 사람들에게 각자 인생에 최상부터 최악까지 점수를 매기도록 했다. 또 전날 행복, 웃음, 기쁨, 또는 부정적인 감정을 느꼈는지도 물었다. 우리는 각국 사람들의 3년 치 평균 응답 내용을 표정으로 만들어 지도에 표시했다. 머리 크기는 1인당 소득에 비례한다. 머리가 클수록 표정이 밝은 것은 생계와 삶의 만족도 사이의 상관관계를 보여준다. 부유한 스칸디나비아는 인구밀도가 높은 남아시아보다 훨씬 더 만족스러운 표정을 짓고 있다. 동유럽은 2008년 금융위기 후로 표정이 차츰 밝아지고 있다. 반대로 아프가니스탄, 인도, 예멘, 그 밖의 남아프리카 국가들은 경제, 정치, 사회적 스트레스로 침울한 보랏빛 얼굴을 하고 있다.

이 보고서는 소득이 낮으면 전반적 만족도가 떨어진다는 것을 보여주었다.[58] 그러나 긍정적 감정을 예측하는 데에는 자유와 관용 또한 중요한 지표였다. 자유롭고 신뢰할 수 있는 사회에서 친구와 가족이라는 안전망 안에 사는 사람들은 부정적 감정을 비교적 덜 느꼈다.

여권 검사

이동 증명서에도 권력이 있다.

기원전 445년 페르시아 왕 아르타크세르크세스는 심복 느헤미야에게 특이한 문서를 쥐여주고서 그를 예루살렘으로 보냈다. 그 문서는 이동하는 지역을 무사히 지나가게 해달라고 부탁하는 '안전 통행증'[59]이었다. 느헤미야가 오늘날 이란에서 이스라엘로 이동하려 했다면 아마도 거절당했을 것이다. 이란 여권 소지자가 이라크, 요르단, 이스라엘 국경을 통과하려면 미리 비자를 발급받아야 하기 때문이다.

21세기 이동 증명서는 어떠한지 살피기 위해 우리는 비자를 요구하는 193개 국가와 6개 지역 데이터베이스를 활용해 2018년 기준으로 강력한 여권 순위와 환영받는 국가 순위를 도표로 만들었다.[60] 동그라미 크기는 GDP에 비례한다. 부유한 국가에 사는 사람들은 비교적 편리하게 여행을 다닐 수 있다(도표 상단). 어떤 국가들은 덜 부유해도 환영받는 축에 속했다(맨 오른쪽). 국가 개방성 지수는 실제 환대 수준보다 제도와 더 관련이 깊다. 예를 들어 알제리는(왼쪽 하단) 전자 비자를 도입하고 싶어 하지만 아직 그러지 못하고 있다.[61]

코로나19 팬데믹 이전 기준으론 싱가포르 여권은 독일을 제치고 가장 힘 있는 여권으로 통한다. 싱가포르 여권 소지자는 166개 국가를 마음대로 드나들 수 있다. 싱가포르는 가장 환영받는 국가이기도 하다. 싱가포르 사람들은 미리 입국을 신청하지 않고도 162개 국가를 방문할 수 있다. 반면 도표 최하단에 자리한 아프가니스탄은 자유롭게 통행할 수 있는 국가가 30개국에 불과하며 비자 없이는 어느 나라도 방문할 수 없다.

국민이 166개 국가를 자유롭게 방문할 수 있음

미국
오스트레일리아
러시아

150
100
50

100
75
50
25
데이터 없음

1인당 GDP에 따른 구매력 평가, 2018년
(단위: 천 달러[62])

- 아프리카
- 아시아
- 유럽
- 북아메리카
- 남아메리카
- 오세아니아

여권 권력

↑ 이동 쉬움
↓ 이동 어려움

사우디아라비아
나우루
중국
쿠바
몽골
시에라리온
부탄
알제리
기니
투르크메니스탄
말리
나이지리아
북한
리비아
예멘
수단
시리아
파키스탄
이라크
아프가니스탄

Ⓐ
아프리카 10개국
부룬디
카메룬
중앙아프리카공화국
차드
콩고
콩고민주공화국
적도기니
에리트레아
라이베리아
남수단

국민이 자유롭게 갈 수 있는 국가가 단 한 곳도 없음

미리 신청하지 않으면 모든 국가에서 입국을 제한당할 수 있음

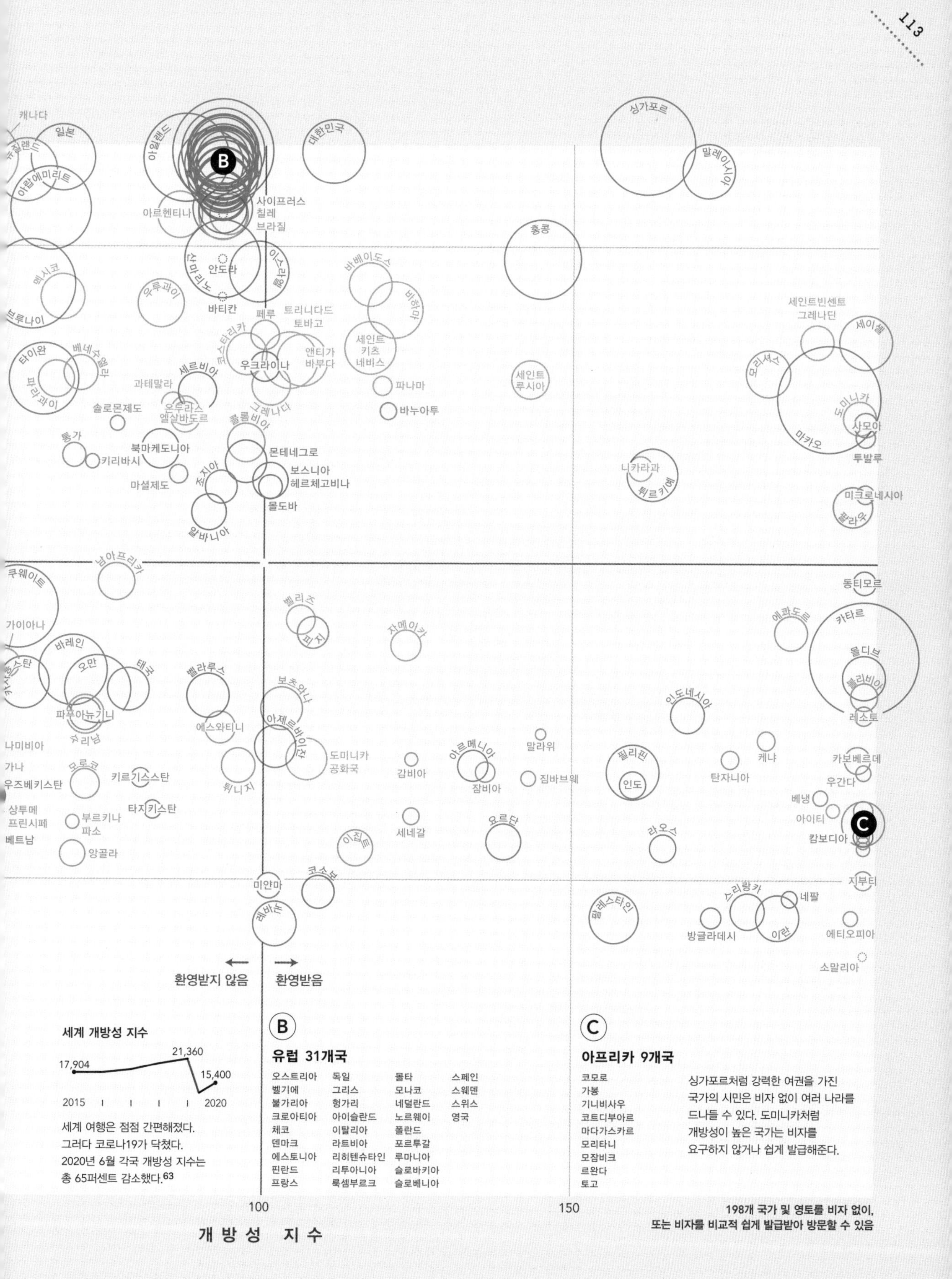

캐나다
일본
뉴질랜드
아랍에미리트
아일랜드
B
대한민국
싱가포르
말레이시아
사이프러스
칠레
브라질
아르헨티나
홍콩
멕시코
산마리노
안도라
이스라엘
바티칸
우루과이
브루나이
바베이도스
바하마
페루
트리니다드
토바고
세인트빈센트
그레나딘
세이셸
타이완
베네수엘라
파라과이
코스타리카
세르비아
우크라이나
앤티가
바부다
세인트
키츠
네비스
과테말라
파나마
세인트
루시아
모리셔스
도미니카
온두라스
엘살바도르
그레나다
솔로몬제도
바누아투
사모아
콜롬비아
마카오
투발루
통가
북마케도니아
몬테네그로
키리바시
보스니아
헤르체고비나
니카라과
튀르키예
조지아
마셜제도
몰도바
미크로네시아
팔라우
알바니아
남아프리카
쿠웨이트
동티모르
가이아나
벨리즈
에콰도르
카타르
피지
자메이카
바레인
몰디브
카자흐스탄
오만
태국
볼리비아
벨라루스
보츠와나
인도네시아
레소토
파푸아뉴기니
수리남
에스와티니
아제르바이잔
나미비아
말라위
케냐
필리핀
카보베르데
가나
모로코
도미니카
공화국
감비아
아르메니아
탄자니아
우즈베키스탄
키르기스스탄
짐바브웨
인도
우간다
튀니지
잠비아
베냉
상투메
프린시페
타지키스탄
아이티
부르키나
파소
요르단
C
세네갈
라오스
캄보디아
베트남
이집트
앙골라
미얀마
코소보
지부티
스리랑카
네팔
레바논
팔레스타인
방글라데시
이란
에티오피아
소말리아
환영받지 않음
환영받음
세계 개방성 지수
21,360
17,904
15,400
2015
2020
세계 여행은 점점 간편해졌다.
그러다 코로나19가 닥쳤다.
2020년 6월 각국 개방성 지수는
총 65퍼센트 감소했다.63
B
유럽 31개국
오스트리아 독일 몰타 스페인
벨기에 그리스 모나코 스웨덴
불가리아 헝가리 네덜란드 스위스
크로아티아 아이슬란드 노르웨이 영국
체코 이탈리아 폴란드
덴마크 라트비아 포르투갈
에스토니아 리히텐슈타인 루마니아
핀란드 리투아니아 슬로바키아
프랑스 룩셈부르크 슬로베니아
C
아프리카 9개국
코모로
가봉
기니비사우
코트디부아르
마다가스카르
모리타니
모잠비크
르완다
토고
싱가포르처럼 강력한 여권을 가진
국가의 시민은 비자 없이 여러 나라를
드나들 수 있다. 도미니카처럼
개방성이 높은 국가는 비자를
요구하지 않거나 쉽게 발급해준다.
100
150
개 방 성 지 수
198개 국가 및 영토를 비자 없이,
또는 비자를 비교적 쉽게 발급받아 방문할 수 있음

머리 위의 탄소

배기가스망은 눈에 보이지 않는다.

푸른 하늘에 은색 비행기를 따라 흰색 비행운이 생기는 걸 보고 있으면 비행기 여행은 무해하게, 심지어는 아름답게 보인다. 하지만 떠오르는 진실은 어둡다. 비행기 여행은 개인이 할 수 있는 선택 중에 탄소를 가장 많이 배출하는 행동 중 하나다. 대서양을 왕복하는 승객 한 명이 대기에 배출하는 탄소량은 2년간 육식을 하거나 8년간 재활용하지 않았을 때와 맞먹으며 평생 소비하는 비닐로 인한 탄소 배출량의 4배에 이른다.[64] 이뿐만이 아니다. 비행기가 많이 다니는 고도에 비행운 수증기와 온실가스가 갇히게 되면 비행기 탄소 배출로 인한 온난화 효과는 더욱 심해진다.[65] 과학자들은 오래전부터 이 문제를 인지해왔지만 일반 여행객들이 심각성을 깨친 것은 얼마 되지 않았다.

최근 스웨덴 기후 운동가 그레타 툰베리Greta Thunberg가 '플뤼그스캄flygskam'[66](비행기 여행의 부끄러움)이라는 용어를 제안하며 비행기 대신 기차 여행이나 화상회의처럼 좀 더 친환경적인 선택을 하자고 사람들에게 책임감을 일깨웠다. 지금까지는 그 노력이 결실을 얻고 있다. 2019년 초 스웨덴 공항을 이용하는 승객 수는 줄어든 반면[67] 철도 이용자 수는 사상 최대치를 기록했다.[68] 요즘은 '태그스킬트tagskyrt'[69](철도 여행 자랑하기)라는 새 용어가 유행하기 시작했다.

이 지도는 일주일간 유럽 대륙을 오가는 비행기의 이동량을 표현한 것이다. 런던과 이스탄불을 오가는 비행편은 대다수 도시에 사는 일반 시민이 1년 동안 배출하는 것보다 더 많은 이산화탄소를 내뿜는다.[70,71] 비행운으로 인한 가중 효과는 고려하지 않았다.

지도에 표시된 비행경로는 지상 수신기로 기록된 것이어서 비행기가 수신 범위 밖으로 이동하면 선이 희미해진다.

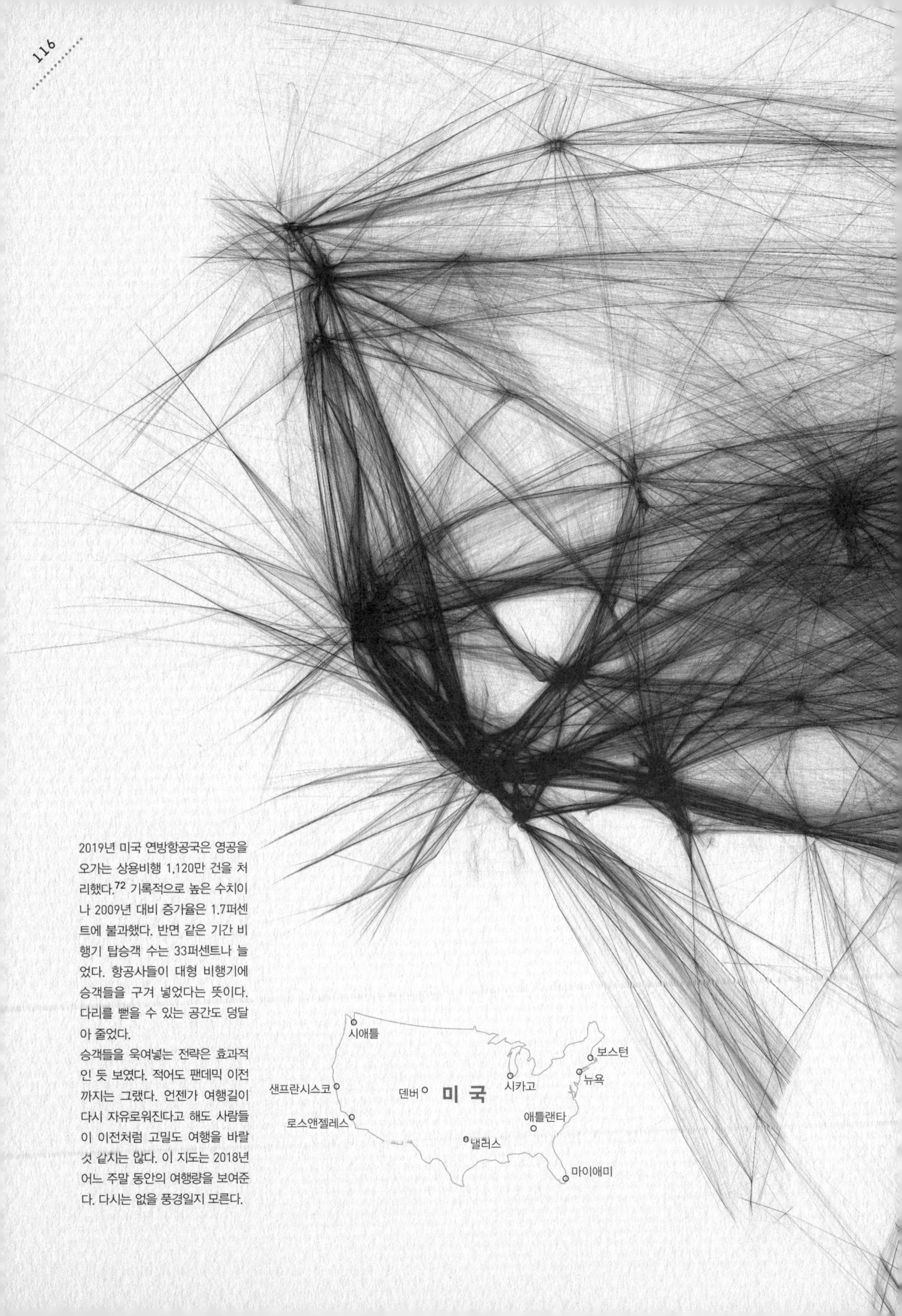

2019년 미국 연방항공국은 영공을 오가는 상용비행 1,120만 건을 처리했다.[72] 기록적으로 높은 수치이나 2009년 대비 증가율은 1.7퍼센트에 불과했다. 반면 같은 기간 비행기 탑승객 수는 33퍼센트나 늘었다. 항공사들이 대형 비행기에 승객들을 구겨 넣었다는 뜻이다. 다리를 뻗을 수 있는 공간도 덩달아 줄었다.

승객들을 욱여넣는 전략은 효과적인 듯 보였다. 적어도 팬데믹 이전까지는 그랬다. 언젠가 여행길이 다시 자유로워진다고 해도 사람들이 이전처럼 고밀도 여행을 바랄 것 같지는 않다. 이 지도는 2018년 어느 주말 동안의 여행량을 보여준다. 다시는 없을 풍경일지 모른다.

이산화질소 농도

2019년 7월 25일 오후 12:00 GMT

30e-5 mol/m²
25
20
15
10
5

여름철 하늘이 뿌연 것은 대부분 대기오염 때문이다. 이 지도는 2019년 유럽 북부 기온이 높던 어느 날의 이산화질소 흔적을 보여준다.

현재 투시도상에서 축척은 가변적

마드리드에서 바그다드까지 일직선 거리는 대략 4,300킬로미터

배기가스 자세히 보기

위성은 우리가 숨 쉬는 공기를 가시화한다.

2015년 대기오염으로 인한 사망자는 890만 명으로 추산되며[73] 유럽에서만 79만 명이 숨졌다.[74] 이 수치에는 기관지염, 천식, 폐 기능 이상으로 인한 사망이 포함된다. 지형과 날씨는 문제를 키웠다. 이탈리아 북부에서 발생한 산업공해 물질은 알프스산맥에 막혀 그 자리에 고여 있다. 프랑스 마르세유는 강한 바람이 없으면 유람선들이 내뿜는 배기가스를 분산시키지 못한다.[75] 고기압의 영향으로 영국 상공에는 도시 배기가스가 빙빙 돌고 있다.[76]

두 눈으로 보기는 힘들어도 대기오염의 위험성은 무시할 수 없다. 2018년 EU 집행위원회는 법정 이산화질소 배출량을 거듭 초과하고 신뢰할 만한 감축 계획을 시행하지 않는다는 이유로 영국, 프랑스, 독일, 헝가리, 이탈리아, 루마니아 정부를 제소했다.[77] 유럽우주국의 대류권 관측 장비(트로포미) 역시 국가들을 감시하고 있다. 트로포미는 2017년부터 세계에서 배출되는 이산화질소와 아황산가스, 기타 미립자 양을 매일 기록해왔는데, 이 장비를 들여다보면 공장 굴뚝과 교통수단에서 나오는 화학물질이 한눈에 들어온다. 트로포미는 지역별로 실외 운동에 가장 위험한 시간대를 예측해주기도 한다. 트로포미의 넓은 시야는 환경 오염에 일조하는 산업과 정부를 빠짐없이 잡아낸다.

이 지도에서 얼룩 색깔이 가장 짙은 지역은 유전이 몰린 중동이다. 암스테르담에서 런던으로 가는 길에도 유독한 흔적이 생겼는데 대부분 비행기 여행 때문이다.

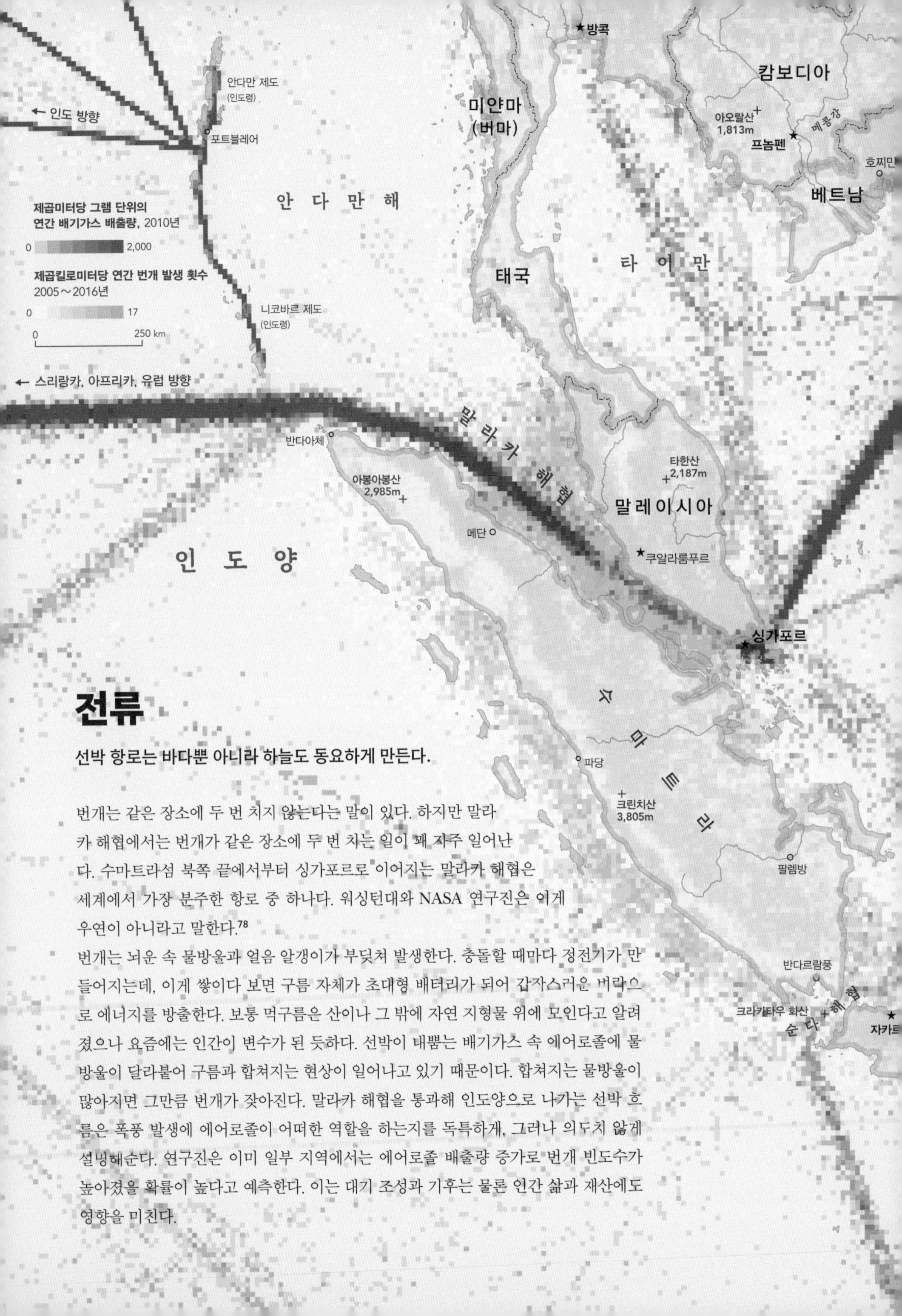

전류

선박 항로는 바다뿐 아니라 하늘도 동요하게 만든다.

번개는 같은 장소에 두 번 치지 않는다는 말이 있다. 하지만 말라카 해협에서는 번개가 같은 장소에 두 번 치는 일이 꽤 자주 일어난다. 수마트라섬 북쪽 끝에서부터 싱가포르로 이어지는 말라카 해협은 세계에서 가장 분주한 항로 중 하나다. 워싱턴대와 NASA 연구진은 이게 우연이 아니라고 말한다.[78]

번개는 뇌운 속 물방울과 얼음 알갱이가 부딪쳐 발생한다. 충돌할 때마다 정전기가 만들어지는데, 이게 쌓이다 보면 구름 자체가 초대형 배터리가 되어 갑작스러운 버락으로 에너지를 방출한다. 보통 먹구름은 산이나 그 밖에 자연 지형물 위에 모인다고 알려졌으나 요즘에는 인간이 변수가 된 듯하다. 선박이 내뿜는 배기가스 속 에어로졸에 물방울이 달라붙어 구름과 합쳐지는 현상이 일어나고 있기 때문이다. 합쳐지는 물방울이 많아지면 그만큼 번개가 잦아진다. 말라카 해협을 통과해 인도양으로 나가는 선박 흐름은 폭풍 발생에 에어로졸이 어떠한 역할을 하는지를 독특하게, 그러나 의도치 않게 설명해준다. 연구진은 이미 일부 지역에서는 에어로졸 배출량 증가로 번개 빈도수가 높아졌을 확률이 높다고 예측한다. 이는 대기 조성과 기후는 물론 인간 삶과 재산에도 영향을 미친다.

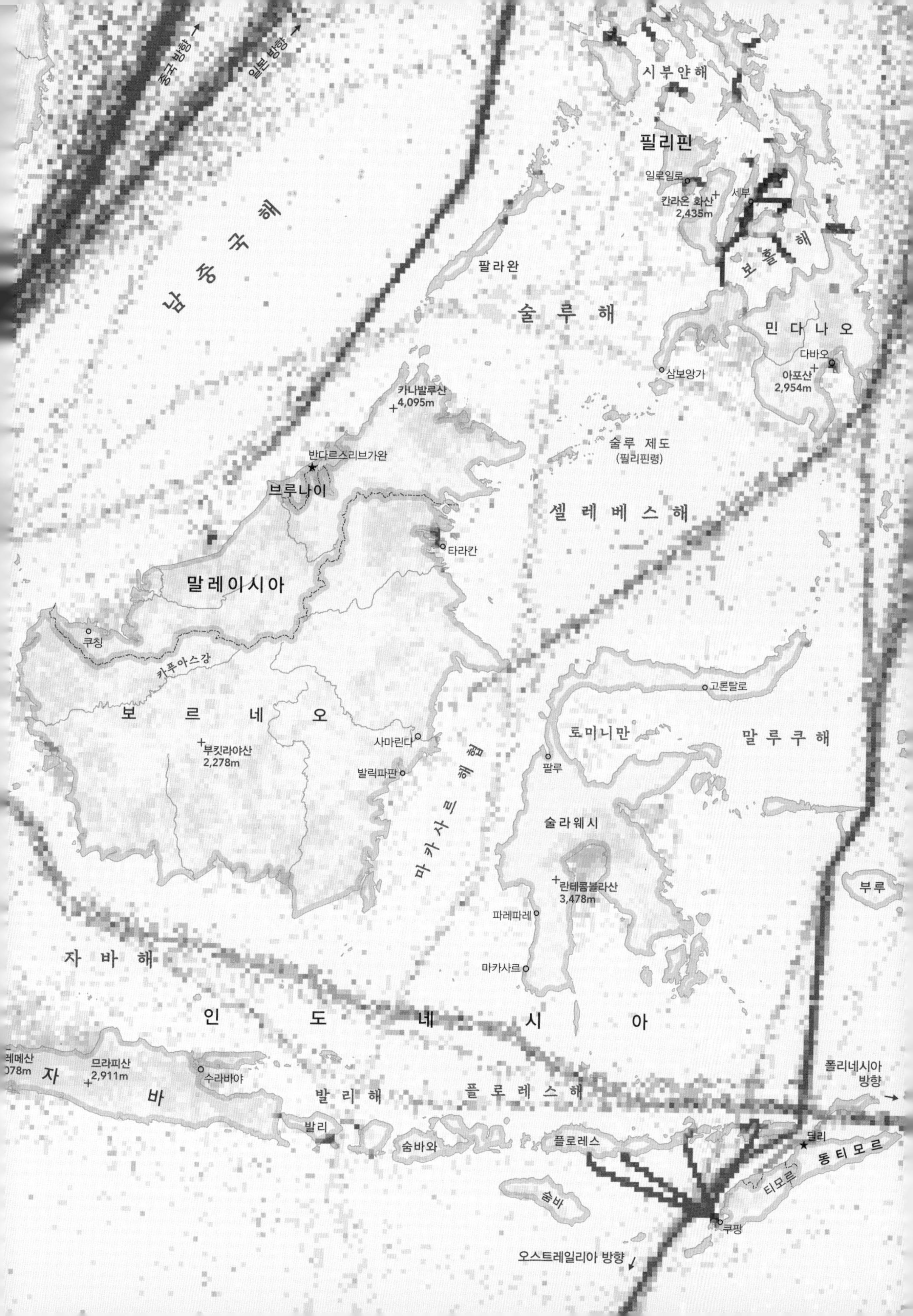

중국 방향
일본 방향
남중국해
시부얀해
필리핀
일로일로
칸라온 화산
2,435m
세부
보홀해
팔라완
술루해
민다나오
다바오
아포산
2,954m
삼보앙가
카나발루산
4,095m
술루 제도
(필리핀령)
반다르스리브가완
브루나이
셀레베스해
타라칸
말레이시아
쿠칭
카푸아스강
고론탈로
보르네오
토미니만
말루쿠해
부킷라야산
2,278m
사마린다
발릭파판
마카사르 해협
팔루
술라웨시
부루
란테콤볼라산
3,478m
파레파레
자바해
마카사르
인도네시아
므라피산
2,911m
자바
수라바야
발리해
플로레스해
폴리네시아 방향
발리
숨바와
플로레스
딜리
동티모르
티모르
숨바
쿠팡
오스트레일리아 방향

초미세먼지 노출도(PM2.5)
2019년 4월 2일~17일

2019년 4월 초 공장에서 발생한 미세먼지가 편북풍에 밀려 위 사진에 보이는 1~3호 센서에 감지되었다. 4월 17일 바람 방향이 역전되면서는 4호 센서의 수치가 급증했다.

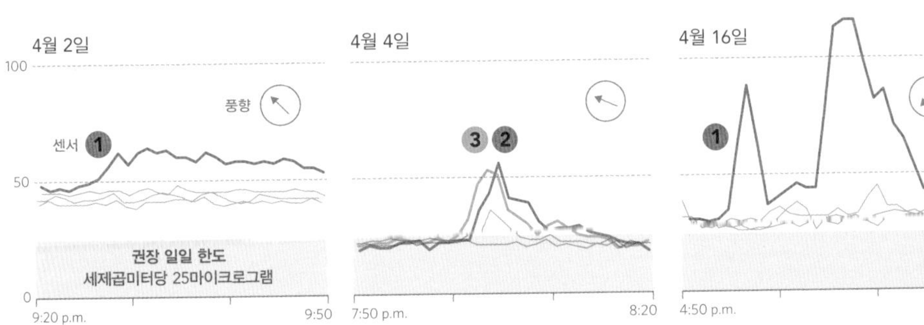

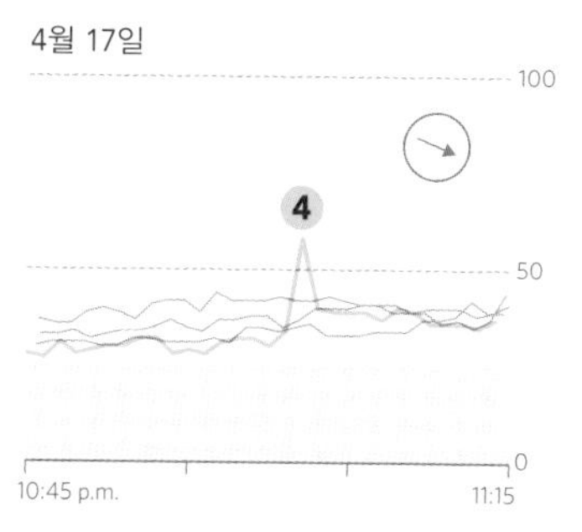

공기 감시

타이완에는 공기 질 센서 수천 대가 순찰 중이다.

초저녁에 도시 스카이라인을 보면 연무에 잠긴 건물들이 보일 것이다. 멀리서 볼 때 대기오염 물질은 단일한 덩어리 같아서 사람들에게 고르게 영향을 미치는 듯 보인다. 하지만 지역마다 차이가 있다. 가난한 동네에는 우세풍에 떠밀린 미세먼지가 흘러들어오고, 부자 동네에서는 나무와 공원이 이산화탄소를 흡수해준다.[79] 유독성은 시간에 따라서도 크게 차이가 난다. 출퇴근 시간일수록 도로에 스모그가 짙게 깔리고, 밤이 되면 수요에 맞춰 작동하는 발전소가 유해 물질을 집중적으로 내뿜는다.

규제 기관은 특정 구역을 감시할 때 보통 현장에 담당자를 파견하거나 업계에 자가 보고를 요구한다.[80] 당연히 놓치는 부분이 많다. 지난 몇 년간 타이완 환경보호청은 섬 전역에 공기 질 센서 9,000개를 설치했다.[81] 센서가 공기 질을 꾸준히 감시하면 알고리즘이 그래프상의 피크(단 몇 분짜리일지라도)로 나타나는, 오염 상태가 극심해 조사가 필요한 지역을 골라낸다. 당국은 풍향 같은 다른 지표를 참고해 오염의 근원지를 찾아낸다. 일례로 당국은 2018년 타이중시 공업단지에 있는 음료 공장이 공기 오염 정보를 허위로 제출하고 배출 기준을 어겼다며 벌금 800만 달러를 부과했다.[82] 공장 측은 책임지고 공기의 질을 되돌리겠다며 350만 달러를 투자해 장비를 업그레이드했다.

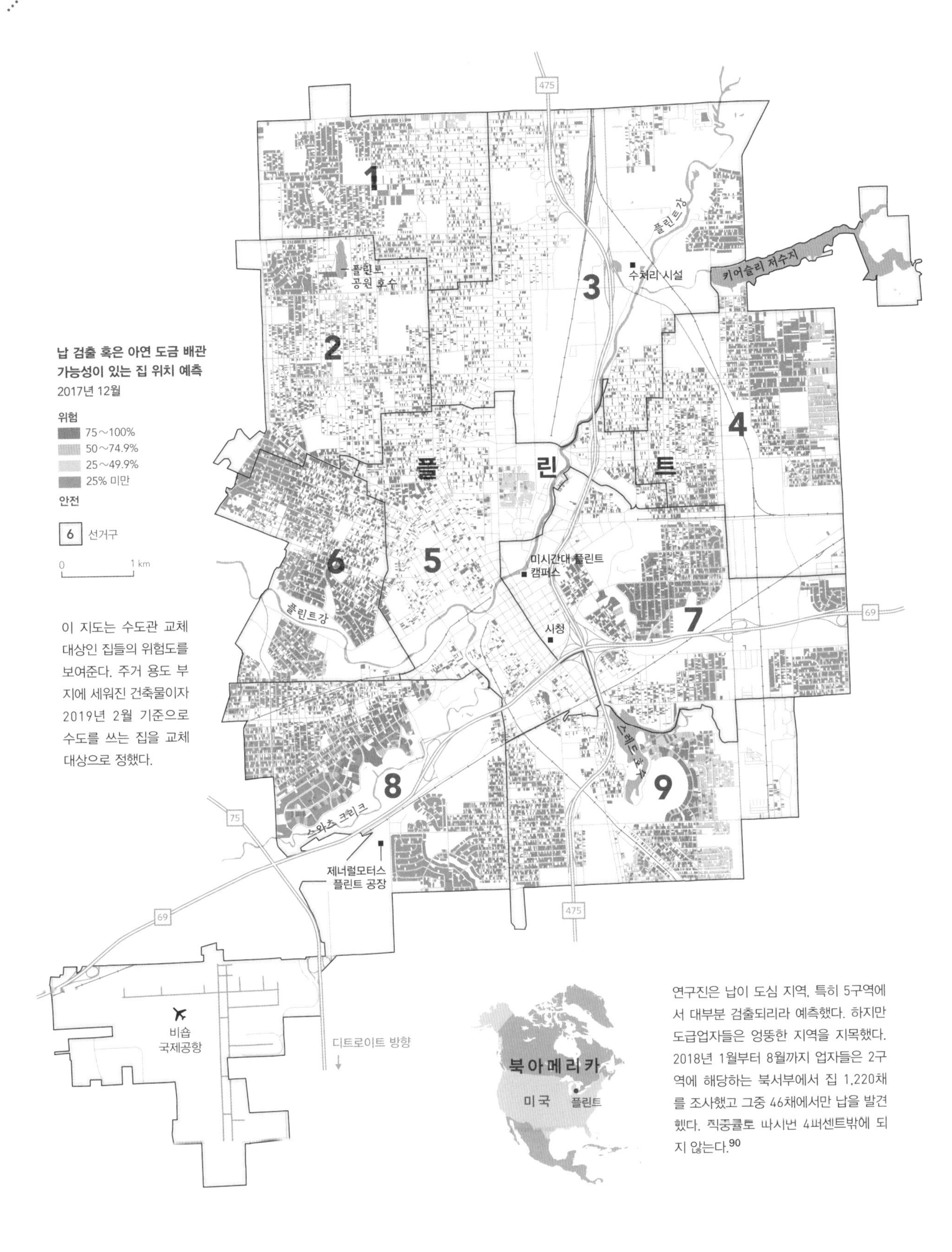

납 검출 혹은 아연 도금 배관 가능성이 있는 집 위치 예측
2017년 12월

위험
75~100%
50~74.9%
25~49.9%
25% 미만
안전

6 선거구

0 1 km

이 지도는 수도관 교체 대상인 집들의 위험도를 보여준다. 주거 용도 부지에 세워진 건축물이자 2019년 2월 기준으로 수도를 쓰는 집을 교체 대상으로 정했다.

연구진은 납이 도심 지역, 특히 5구역에서 대부분 검출되리라 예측했다. 하지만 도급업자들은 엉뚱한 지역을 지목했다. 2018년 1월부터 8월까지 업자들은 2구역에 해당하는 북서부에서 집 1,220채를 조사했고 그중 46채에서만 납을 발견했다. 적중률로 따지면 4퍼센트밖에 되지 않는다.[90]

납을 찾아라

플린트 수질 위기의 해결책은 땅 파기가 아니라 데이터에 대한 신뢰였다.

2014년 4월 미시간주는 비용을 절감하겠다며 플린트시 물 공급원을 휴런호에서 플린트강으로 변경했다.[84] 오랜 세월 공장 오수가 유입된 플린트강의 물은 미처리된 상태로 상수도관에 들어가 노후한 관을 부식시켰다. 얼마 후부터 가정집 수도에서 악취 나는 갈색 물이 나오기 시작했다.[85] 시 당국은 문제를 부정했으나 결국 2015년 9월, 수많은 가정집에서(그리고 어린이들에게서) '심각한' 수준의 납이 검출되기에 이르렀다.[86]

그러자 미시간대 컴퓨터 공학자들이 나섰다. 그들은 시 기록 관리사들에게 요청해 집들의 연식과 가격 정보를 모았고 그걸 토대로 납 검출 가능성이 높거나 아연으로 도금한 배관을 쓰는 집들을 예측했다.[87] 지도에 갈색으로 표시된 지역이 가장 먼저 확인해야 할 곳으로 꼽혔다. 시는 그 결과에 따라 움직였고 큰 효과를 보았다.[88] 하지만 위험도가 낮은 지역(푸른색)에서 수도관을 교체해달라는 민원이 빗발쳤다. 2017년 말 시장은 위기 수습 업무를 국영 기업에 맡겼고 수도를 쓰는 집이면 어디든 땅을 파 수도관을 확인하도록 지시했다. 그동안 모은 데이터는 무용지물이 되었다. 결과는 뻔했다. 땅을 아무리 파도 납 검출은 지지부진했고 수도관 교체 비용만 치솟았다. 결국 시는 잘못을 깨닫고 2019년에 데이터 기반 모델을 다시 채택했다. 오늘날 플린트 시민은 모두 안전한 수도관으로 깨끗한 물을 받아 마시고 있다.[89]

집 연식에 따른 굴착 공사 건수

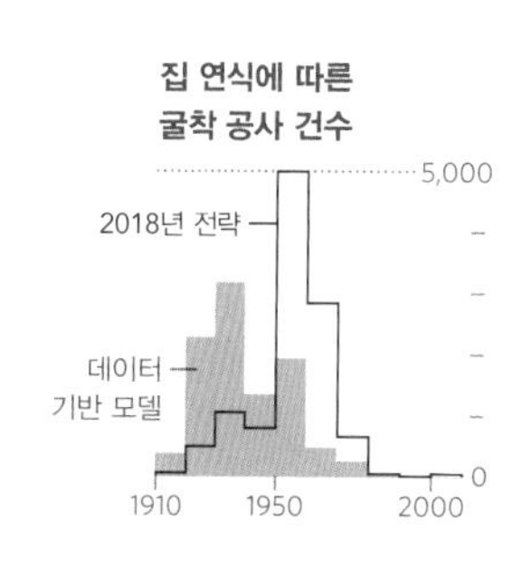

연구진은 1950년 이전에 지어진 집들이 가장 위험하다고 예측했다.

굴착 공사 결과 ■ 납 또는 아연 도금 배관 발견 ■ 유해 물질 미검출

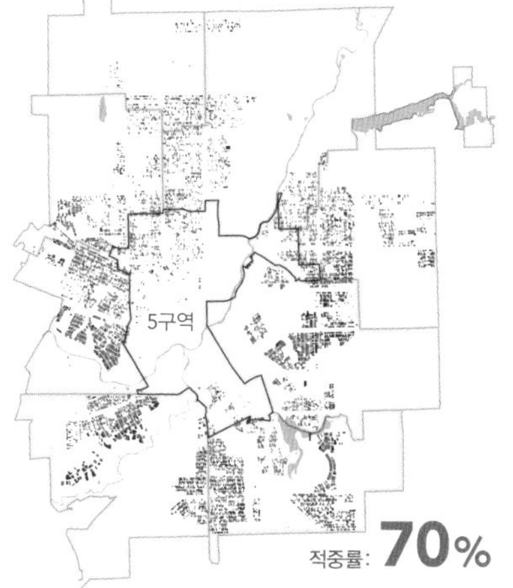

2016년 6월~2017년 12월

미시간대 모델은 위험에 처한 집들을 공사 전에 예측했다. 그 모델을 참고했을 때 굴착 공사로 납을 발견할 확률은 70%였다.

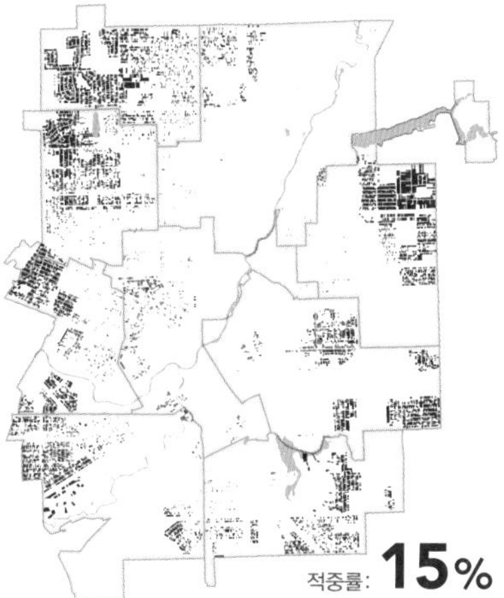

2018년 1월~2019년 2월

시는 여론에 못 이겨 부유한 외곽 지역에 있는 신축 집들을 대상으로도 굴착 공사를 했다. 막대한 비용이 들었으나 적중률은 낮았다.

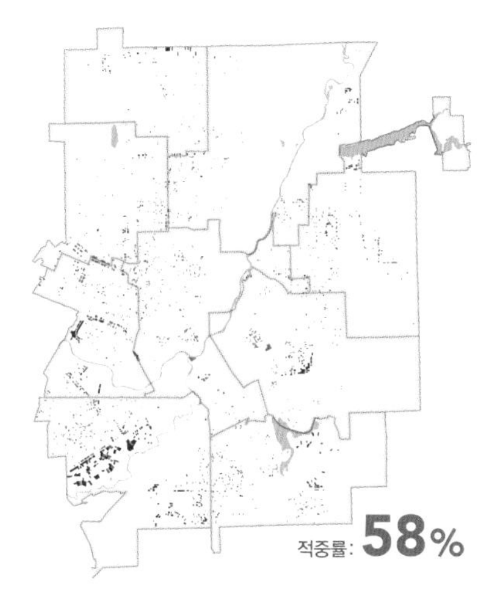

2019년 3월~9월

저조한 적중률을 만회하려 다시 데이터 기반 모델을 채택했다. 납이 검출된 배관은 2019년 말 이전에 대부분 교체되었다.

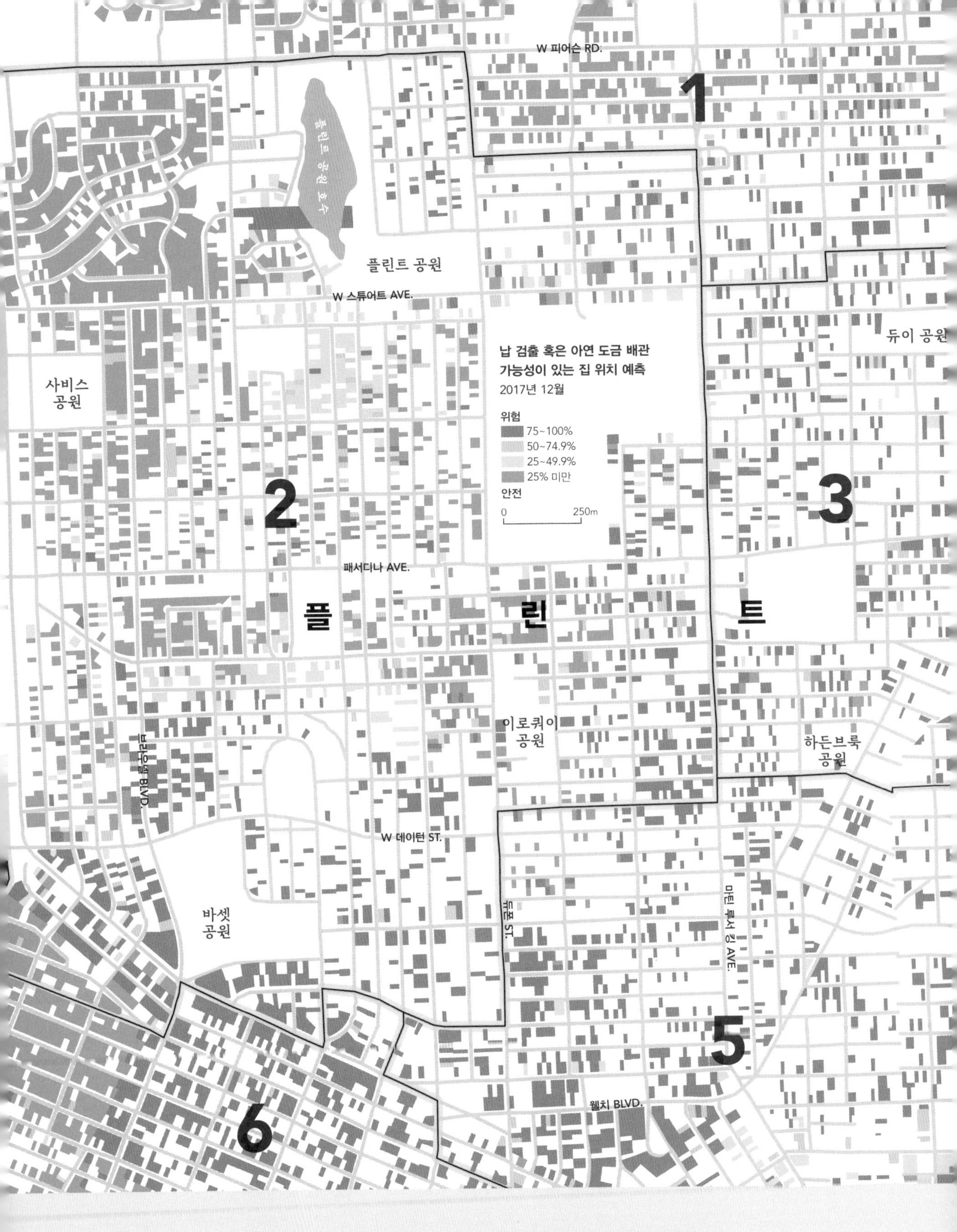

이 지도에서 우리는 모델이 예측한 것(왼쪽)과 실제 결과(오른쪽)를 비교해보았다. 노후 인프라는 플린트만의 문제가 아니다. 따라서 도시들은 이 사례에 유의할 필요가 있다. 배관을 파내 교체하려면 한 집당 최대 5,000달러가 든다.[91] 그러니 되도록 데이터를 신뢰하자.

플린트 공원 호수
굴착 공사 결과
2016년 6월～2019년 9월
납 또는 아연 도금 배관 발견
유해 물질 미검출
맥스 브랜던
공원

❶ 인우드

맨해튼에 마지막으로 남은 부담 가능 지역 토지의 용도가 변경되자[98] 주민들은 들고일어났고 재판에서 이겼다. 담당 판사는 특정 인종이 퇴거당하는 위험을 시가 "면밀하게 살피지 못했다"[99]라는 주장에 손을 들어주었다. 그러나 7개월 후 항소 법원은 이 판결을 뒤집으며 시가 "탄원인들이 주장하는 미시적 문제까지 모두 살필"[100] 의무는 없다고 주장했다.

❷ 사우스 브롱크스

수년간 이곳 주민들은 지역 이름을 '소브로SoBro'나 '피아노 디스트릭트Piano Distric'[101] 등으로 바꾸려 하는 부동산업자들에 맞섰다. 그런데 2018년 양키 스타디움과 포덤 사이에 있는 제롬 애비뉴[102]가 토지 용도 변경(리조닝) 대상이 되자 주민들은 가장 우려하던 상황, 즉 동네가 또 다른 브루클린이 되어가고 있다는 사실을 눈치챘다.

❸ 플러싱

미국 은행들이 대출을 꺼리던 2008년 금융위기 당시 아시아인들이 모여 사는 이 동네에 중국 개발사들이 대거 투자하기 시작했다.[103] 지난 10년간 콘도 3,075채가 지어졌고 그 결과로 플러싱 지역의 중위 매매가는 86퍼센트 올랐다.[104]

❹ 베드-스타이

유서 깊은 흑인 밀집 지역인 이곳은 2010년대 들어 중위 월세가 도시 전체에서 네 번째로 비싸졌고[105] 중위 매매가가 치솟았다. 2000년 후로 베드-스타이 인구의 약 30퍼센트가 흑인에서 백인으로 바뀌었다.[106]

❺ 세인트 조지

다른 자치구와 비교해 월세 매물이 많지 않은 스태튼 아일랜드는 그만큼 젠트리피케이션 위험이 낮다. 하지만 맨해튼까지 무료 페리를 탈 수 있는 노스 쇼어 지역은 인기가 높다.[107]

거주 불능 환경

뉴욕 시민에게 재개발은 곧 퇴거를 의미한다.

바리스타 탓이 아니다. 젠트리피케이션은 소이라테가 유행하기 훨씬 이전부터 하향식으로 위에서 아래로 추진되어왔다.[92] 공무원은 토지 용도 변경(리조닝rezoning)을 했고, 은행은 자본을 빌려주었고, 개발사는 그 돈을 갚으려 월세를 올렸다. 월세 규제는 어느 정도 도움이 되었으나 집주인들이 무작정 세입자들을 내쫓는 것까지는 막지 못했다.

세입자들을 내쫓는 방법 중 하나는 집을 방치하는 것이다. 2018년 뉴욕시 핫라인으로 걸려 온 민원 전화는 일주일에만 11,000통에 달했는데[93] 대부분 집에 난방이 안 된다거나 온수가 안 나온다는 게 이유였다. 확인된 위법 사항들이 차곡차곡 데이터베이스에 쌓였다. 우리는 그걸 참고해 지도에다 개선이 필요한 집(주황색), 거주 불가능한 집(빨간색)을 표시했다. 젠트리피케이션이 많이 진행된 곳(파란색), 진행 중인 곳(청록색), 가능성 있는 곳(노란색)을 그 지도에 겹쳐 표시해보면[94] 주거 수준과 소득의 상관관계가 뚜렷해진다. 토지 용도 변경 후 20년이 지나는 동안 젠트리피케이션이 완료된 롱아일랜드시티에는 빨간색으로 표시할 지역이 거의 남지 않았다.[95] 청록색과 노란색 구역이 어지러이 흩어진 브루클린은 상황이 다르다.

변화가 필요한 시점이다. 2020년 뉴욕시는 토지 용도 변경 구역을 재검토하기 시작했다. 소호[96]나 고와너스[97] 같은 부자 동네에 부담 가능 주택을 짓자는 제안도 나왔다. 사람들을 내쫓기보다 불러들이자는 발상의 전환인 셈이다.

젠트리피케이션
2016년
완료
진행 중
가능성 있음
공공 주택

임대물 등급
2019년 3월
개선 필요
거주 불능

0 2 km

남부의 냉담함

팬데믹 이전에 퇴거 역병이 미국을 휩쓸었다.

문제를 해결하려면 심각성을 정확히 알아야 한다. 실업, 질병, 기타 사회적 문제를 통계로 파악하는 것이 중요한 이유다. 미국에서는 법원 강제퇴거명령에 대한 전국 단위 데이터를 수집한 지가 고작 10여 년밖에 되지 않았다. 그마저도 기록이 불완전한 주와 카운티가 허다하다.

프린스턴대학교 이빅션 랩Eviction Lab에 따르면 2016년 이 지도에 실린 10개 주 가운데 3분의 1 지역에서 최소 90만 가구가 강제로 퇴거당했다.[108] 해당 지역의 법은 집주인에게 우호적으로 작용하는 경향이 있었다.[109] 이 문제는 크고 작은 도시와 다양한 가격대의 집에 사는 세입자들을 괴롭혔다. 흑인이 모여 사는 동네, 가정폭력 피해자, 아이를 양육하는 가족 등이 위험에 주로 노출되는데 그중에서도 취약한 집단은 저소득 유색인종 여성이다.[110] 이빅션 랩을 설립한 매슈 데스먼드Matthew Desmond는 이렇게 말했다. "흑인 밀집 빈민가의 남성이 겪는 투옥 피해가 전형적인 것 못지않게 흑인 밀집 빈민가의 여성이 겪는 강제 퇴거 피해도 전형적이다."[111]

다행히도 코로나19로 강제 퇴거가 금지되어 수많은 사람이 피해를 비껴갔다.[112] 그렇다고 위협이 사라진 것은 아니다. 임금이 오르고, 월세 폭등이 멈추고, 부담 가능한 집이 필요한 사람들에게 돌아가기 전까지, 문제는 사라지지 않을 것이다. 정부 보조로 주택 공급이 이뤄진다면[113] 좀 더 많은 미국인이 집은 물론 일자리와 학교를 잃지 않고 생활할 수 있을 것이다.[114]

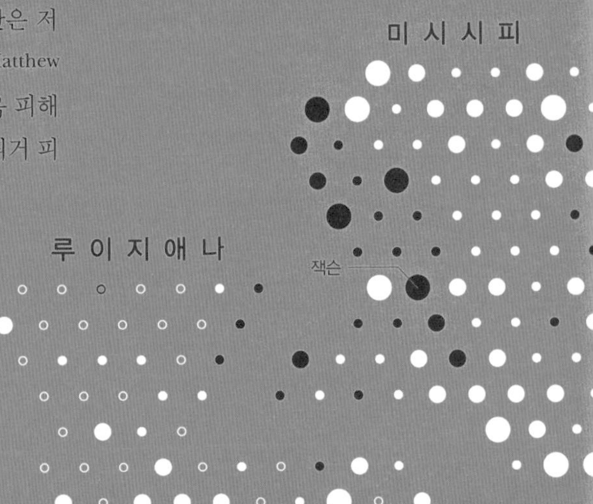

강제 퇴거율 순위, 2016년

대도시

도시	퇴거율
노스 찰스턴(사우스캐롤라이나)	16.5%
리치먼드(버지니아)	11.4
햄프턴(버지니아)	10.5
뉴포트뉴스(버지니아)	10.2
잭슨(미시시피)	8.8
노퍽(버지니아)	8.7
그린즈버러(노스캐롤라이나)	8.4
컬럼비아(사우스캐롤라이나)	8.2
워런(미시간)	0.0
체서피크(버지니아)	7.9

중도시

도시	퇴거율
세인트앤드루스(사우스캐롤라이나)	20.7%
피터즈버그(버지니아)	17.6
플로렌스(사우스캐롤라이나)	16.7
호프웰(버지니아)	15.7
포츠머스(버지니아)	15.1
리덴(조지아)	14.0
혼레이크(미시시피)	11.9
유니언 시티(조지아)	11.7
이스트 포인트(조지아)	11.3
앤더슨(사우스캐롤라이나)	11.2

소도시, 시골

도시	퇴거율
로빈 글렌-인디언타운(미시간)	40.7%
웨스트 먼로(미시간)	37.2
홈스테드 베이스(플로리다)	29.2
이스트 개프니(사우스캐롤라이나)	28.6
울프 레이크(미시간)	27.2
프로미스드 랜드(사우스캐롤라이나)	26.3
에트나 이스테이츠(콜로라도)	26.0
포클랜드(노스캐롤라이나)	25.7
워털루(인디애나)	24.4
래드슨(사우스캐롤라이나)	24.0

1/10 1/5

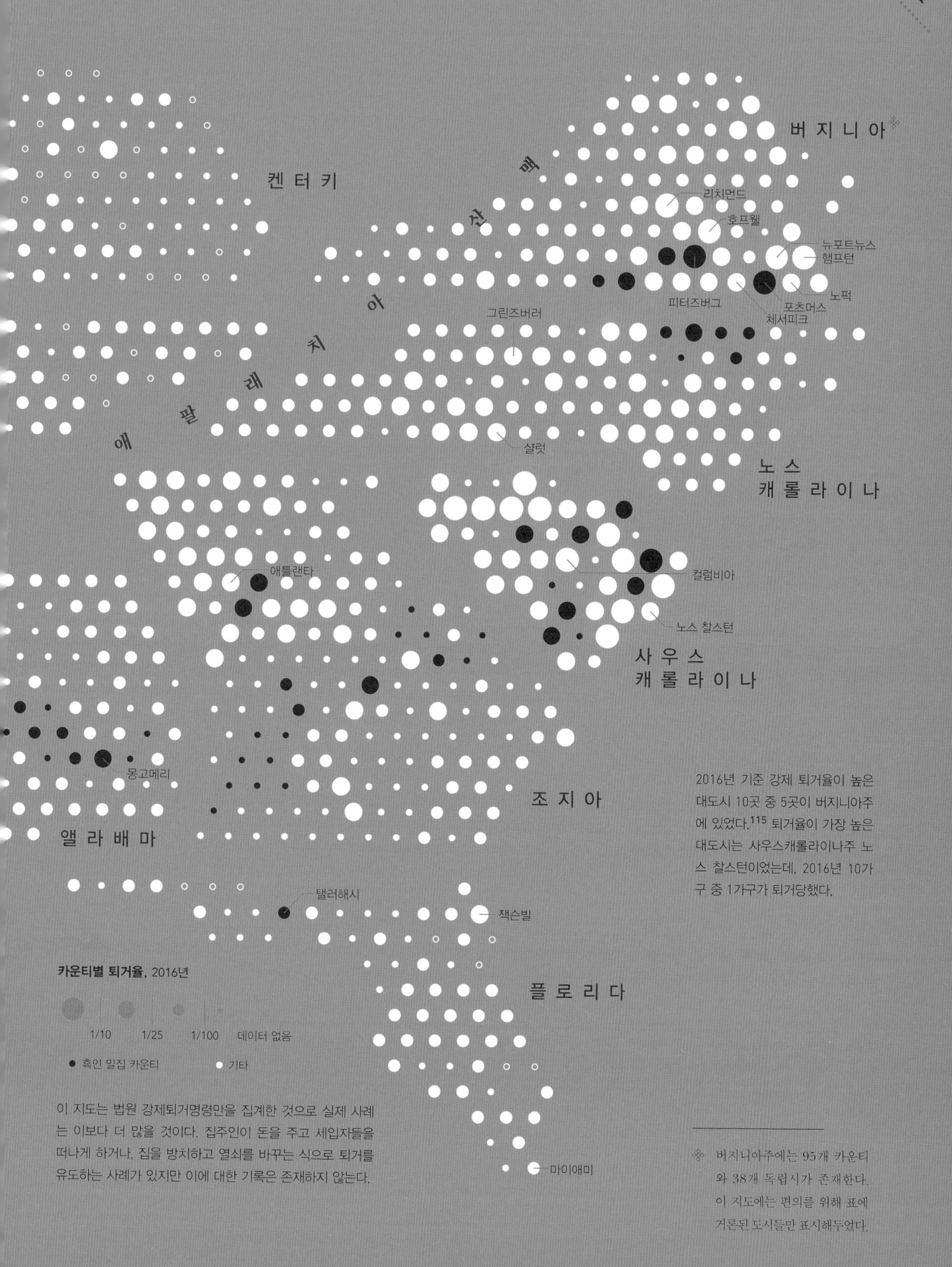

2016년 기준 강제 퇴거율이 높은 대도시 10곳 중 5곳이 버지니아주에 있었다.[115] 퇴거율이 가장 높은 대도시는 사우스캐롤라이나주 노스 찰스턴이었는데, 2016년 10가구 중 1가구가 퇴거당했다.

이 지도는 법원 강제퇴거명령만을 집계한 것으로 실제 사례는 이보다 더 많을 것이다. 집주인이 돈을 주고 세입자들을 떠나게 하거나, 집을 방치하고 열쇠를 바꾸는 식으로 퇴거를 유도하는 사례가 있지만 이에 대한 기록은 존재하지 않는다.

※ 버지니아주에는 95개 카운티와 38개 독립시가 존재한다. 이 지도에는 편의를 위해 표에 거론된 도시들만 표시해두었다.

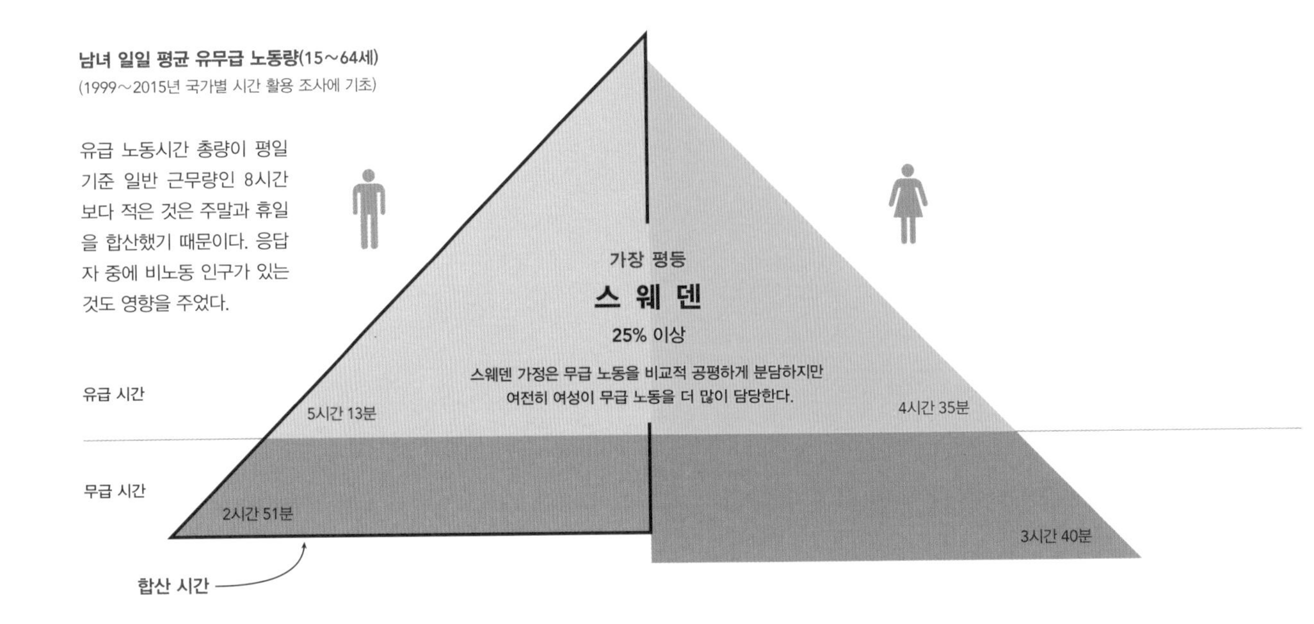

불공평한 노동량

진보적인 나라에서조차 여성들은 매일 더 많은 짐을 떠안고 산다.

라트비아와 멕시코처럼 남녀 모두 노동시간이 긴 나라들에서도 여성이 남성보다 무급 노동을 더 많이 한다. 프랑스와 이탈리아처럼 전체 노동시간이 짧은 편인 나라들도 마찬가지다.

여기에 실린 도형들은 30개국 노동 연령 인구[116]의 남녀 일일 평균 노동량을 보여준다. 일직선 위 공간은 유급 노동량을, 그 아래는 무급 노동량을 의미한다. 경제협력개발기구OECD 경제학자들은 무급 노동에 요리, 청소, 육아, 노령 가족 돌봄 등을 포함한다.[117] 보수를 받고 이러한 일을 하면 유급 노동으로 분류된다. 그 기준에 따르면 가장 공평한 나라는 스웨덴이다. 스웨덴 여성은 남성보다 하루 평균 50분 더 무급 노동을 한다. 그에 비해 인도는 4배 가까이 더 불공평하다. 우리는 젠더 균형의 정도에 따라 몇몇 국가를 나열했다. 한국과 일본 여성의 무급 노동시간은 적은 편이지만 자국 남성의 무급 노동시간은 그보다도 훨씬 적다. 전 세계적으로 볼 때 여성은 무급 노동의 75퍼센트를 떠안고 있다.[118] 남성이 더 많이 하는 무급 노동은 집수리가 유일하다.[119]
코로나19 이후로 불균형은 더욱 심해졌다. 학교가 문을 닫고 외부 도움을 받기 힘들어지면서 무급 가사 노동량은 쌓여만 갔다. 2020년 9월 유엔 보고서는 여성들이 몇 달 치 추가 노동을 떠안게 되었다고 지적했다.[120] 유엔여성기구 수석 통계관 파파 세크Papa Seck는 다음과 같이 말했다. "분명히 젠더와 관련된 문제임에도 그에 대한 반응과 회복 노력 면에서 노소를 불문한 여성들의 요구를 너무 지속적으로 외면하는 경향이 보입니다. 우리는 더 나아져야만 합니다."[121]

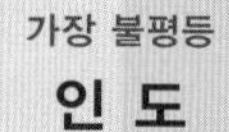
가장 불평등
인 도
460% 이상
인도 여성은 남성보다 무급 노동을
6배 가까이 더 많이 부담한다.
6시간 30분
3시간 4분
51분
5시간 51분

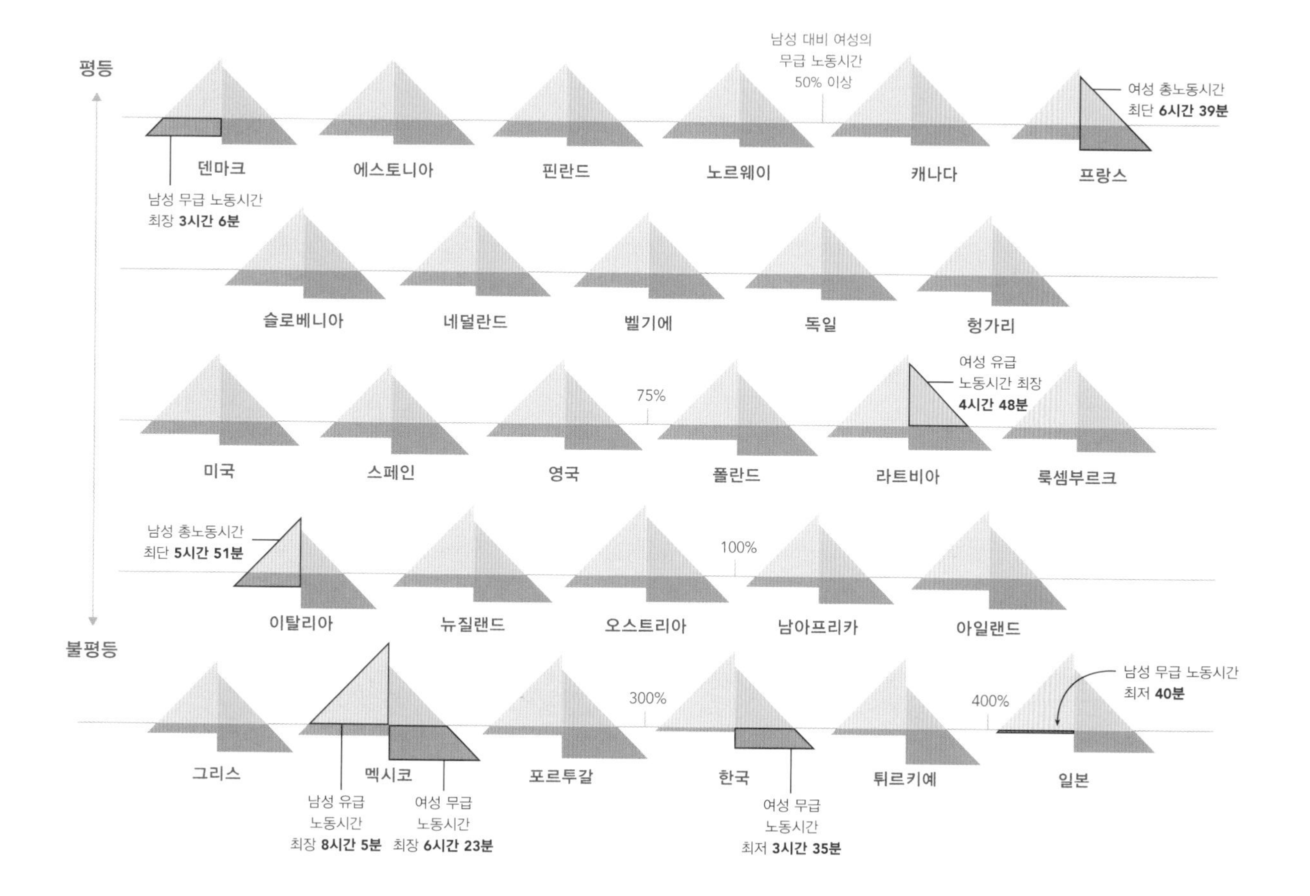
평등
불평등
남성 대비 여성의
무급 노동시간
50% 이상
여성 총노동시간
최단 6시간 39분
덴마크
에스토니아
핀란드
노르웨이
캐나다
프랑스
남성 무급 노동시간
최장 3시간 6분
슬로베니아
네덜란드
벨기에
독일
헝가리
여성 유급
노동시간 최장
4시간 48분
75%
미국
스페인
영국
폴란드
라트비아
룩셈부르크
남성 총노동시간
최단 5시간 51분
100%
이탈리아
뉴질랜드
오스트리아
남아프리카
아일랜드
300%
400%
남성 무급 노동시간
최저 40분
그리스
멕시코
포르투갈
한국
튀르키예
일본
남성 유급
노동시간
최장 8시간 5분
여성 무급
노동시간
최장 6시간 23분
여성 무급
노동시간
최저 3시간 35분

겁쟁이들이 일으키는 소란

여성 혐오가 젠더 기반 폭력에 불을 지피고 있다.

멕시코
중국
인도
콩고 민주공화국

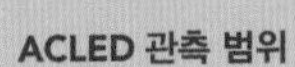

ACLED 관측 범위
2019년
아프리카 / 라틴아메리카
아시아 / 데이터 없음
유럽

여성으로 존재하는 자체가 위험해야 할 이유는 없다. 하지만 많은 국가에서 젠더 기반 폭력 발생률이 치솟고 있다. 국제 기금으로 운영되는 비영리 단체 '무력 분쟁 위치 및 사건 데이터 프로젝트ACLED'[122]는 150여 개 국가와 영토에서 벌어지는 정치적 폭력과 시위에 대한 데이터베이스를 운영한다. 이 단체는 국제 언론과 현지 파트너들에게 보고받은 정보를 토대로 사건 수백만 건의 발생 날짜와 위치, 행위자를 기록한다. 여기에 실린 별 모양 도형들은 2019년 여성을 대상으로 발생한 사건들을 가리킨다. 폭력 유형에 따라 그룹을 지었고 도형 색깔은 대륙별로 달리했다. 성폭력이 가장 만연한 국가는 콩고민주공화국이었다. 총기 사고는 멕시코와 브라질에서 두드러졌다. 중국에서는 인권운동가 실종이 빈번했고, 인도 여성들은 집단 폭행 위험에 많이 노출되었다. 백래시에 대한 공포와 미진한 법적 처벌, 심리적 트라우마 등으로 피해 여성이 신고를 꺼리는 경향이 있다 보니 이렇게 대량으로 수집한 데이터 결과보다도 실제 사건 수는 더 많을 확률이 높다.

가해자들은 자신이 저지르는 극악무도한 짓으로 여성의 정치 참여를 막을 수 있다고 믿는 듯하다. 하지만 그런 행동은 그들의 비겁함을 드러낼 뿐이다. 인도에는 7억 명 가까이 되는 여성이 산다.[123] 그들은 세상에서 가장 심한 무급 노동 격차(132~133쪽 참고)를 견디며 가장 낮은 행복 지수(110~111쪽)를 보이지만, 분명 변화를 원하고 있다. 인도 여성들이 조직하는 거리 시위 수는 기록적인 수준이다. 다음 페이지에 나와 있듯이 그들은 전 세계를 향해 자신들이 겪는 폭력을 말하고 있다.

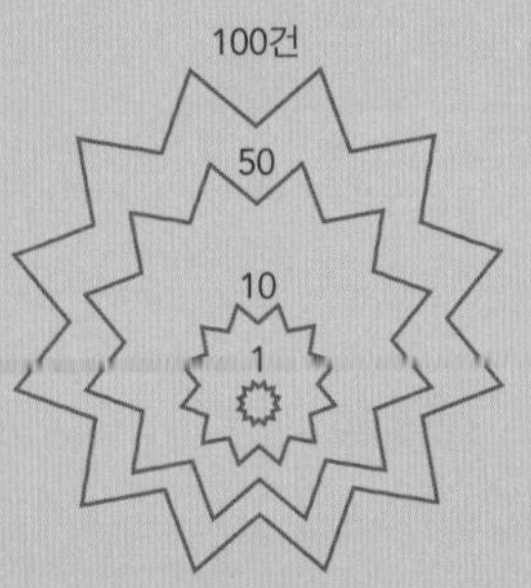

여성을 대상으로 한 폭력 사례 신고 건수[124](2019년)

폭발 테러 7건

끔찍하지만 흔치 않다. 아프가니스탄 무장단체가 여학교를 폭파했다. 그리스와 소말리아에서 여성 정치인을 노리고 자동차 폭발 테러가 발생했다.

재산 피해 17건

학교, 사원, 교회가 불에 탔고 모스크가 파괴되었다. 자동차가 파손되고 수녀원에 강도가 들었다. 여성이 소유했거나 운영한다는 것이 공통적인 이유였다.

집단 폭행 212건

집단 가해는 남아시아에서 벌어지는 젠더 기반 폭력의 가장 흔한 유형이다. 여성이나 피해자 가족이 가담하는 사례도 적지 않다.

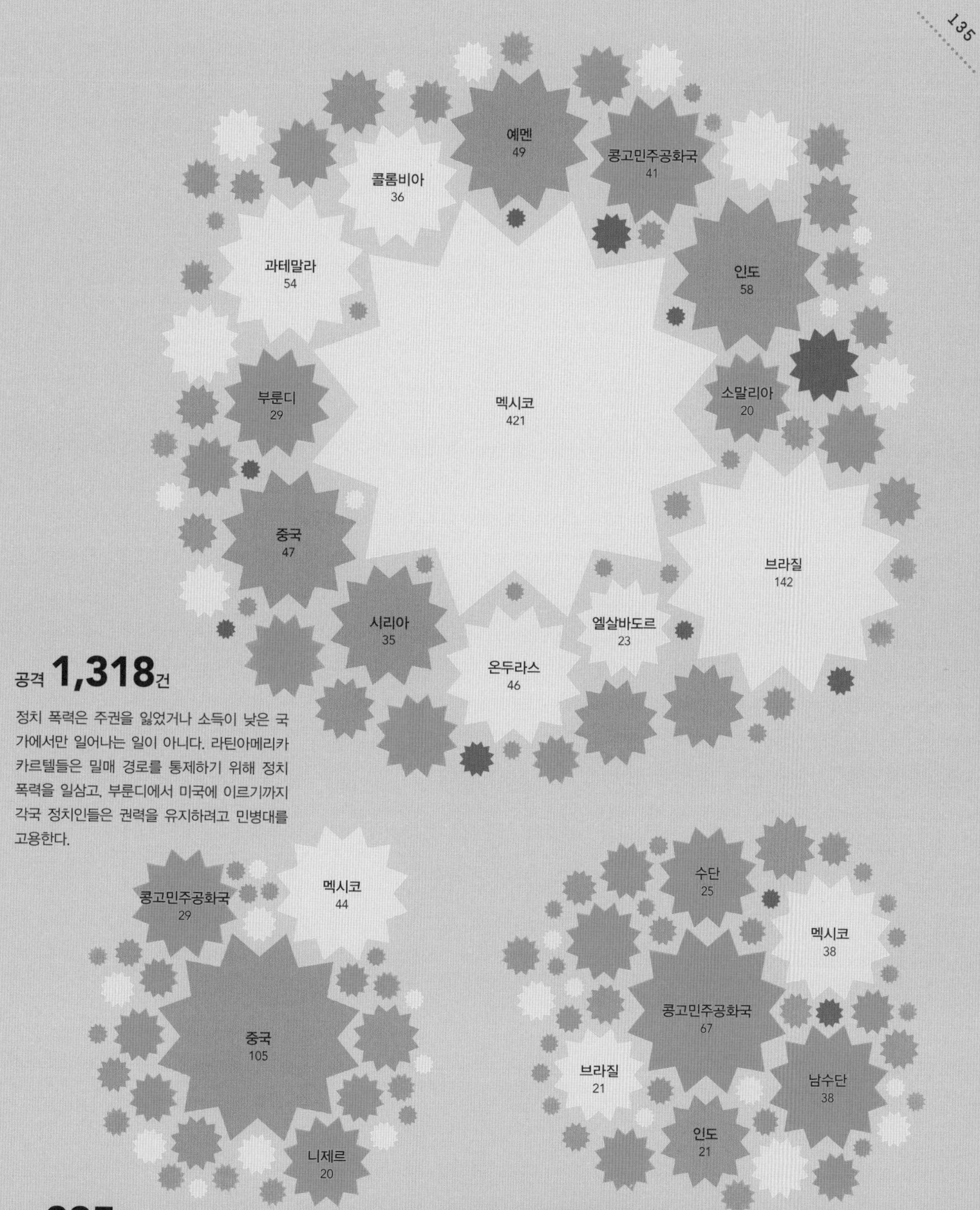

공격 **1,318**건

정치 폭력은 주권을 잃었거나 소득이 낮은 국가에서만 일어나는 일이 아니다. 라틴아메리카 카르텔들은 밀매 경로를 통제하기 위해 정치 폭력을 일삼고, 부룬디에서 미국에 이르기까지 각국 정치인들은 권력을 유지하려고 민병대를 고용한다.

납치 **285**건

아프리카와 라틴아메리카에서는 대개 무장단체가 몸값을 노리고 납치 사건을 자행했다. 중국에서는 반대 목소리를 낸다는 이유로 활동가와 언론인이 납치되었다.

성폭력 행위 **339**건

이 잔혹 행위 가해자들 가운데는 무장단체, 마약 카르텔 보스, 교도소 간수, 경찰도 있다. 이 데이터 세트는 정치 분쟁을 추적하기 위한 것이어서 가정폭력 수치는 반영하지 않았다.

일 사바리말라 사원 출입 요구 • 2011년 집단강간 무죄 선고에 대한 장관 논평 • **1월 2일** 사이클론 '가자' 구호 지연 • **1월 3일** 예배 방해 • **1월 4일**
에 대한 장관 논평 • 정당 활동가 아내 집단강간 피해 의혹 • **1월 8일** 여성보호법안 승인 요구 • **1월 10일** 시민권 (개정) 법안 • 퇴거 통지 • **1월 11일**
된 청년 9명 석방 요구 • **1월 19일** 시민권 (개정) 법안 • 주 장관들 사퇴 요구 • **1월 20일** 술 전면 금지 요구 • **1월 21일** 주 정부가 여성 안전을 보장하
가담자 전원 체포 요구 • 술 전면 금지 요구 • 사바리마라 사원 출입 요구 • **1월 24일** 술 전면 금지 요구 • **1월 26일** 술 전면 금지 요구 • **1월 27일**
• '로즈 밸리' 및 기타 치트 펀드 환불 요구 • 정부의 주류 기업 인수 의혹 • **1월 31일** 교사 이전 • 시민권 (개정) 법안 • **2월 1일** 17세 친척을 성폭행
• 시민권 (개정) 법안 • 여성 ...

인도 여성들이 어느 때보다 목소리를 높이고 있다.

• 시민권 (... 트 지위 수
라프라데시 ... 요구 •
시민권 (... 주지사 퇴
• **2월 21일** 대학 기숙사의 성차별적 통행금지 시간 • 소셜미디어에서 달리트 계급에 대한 차별 발언 • **2월 23일** 술집 공격 • 공격 경찰의 불시 단
밀매점 철거 • 전국 '비재이 산칼프' 프리풀 자전거 대회 • **3월 7일** 전 지역에 여성 시장 도입 요구 • **3월 8일** 세계 여성의 날 축하 • 여성을 겨냥한 공
• 인도공산당 잔혹 행위 • **3월 10일** 가짜 술 판매 • 메이테이족 포용 요구 • **3월 12일** 티베트 여성 봉기의 날을 기념해 중국으로부터 해방을 요구 •
사건 가해자들에 관한 처벌 요구 • 폴라치 성 학대 사건에 대한 자유롭고 공정한 수사 요구 • 폴라치 사건에 대한 언론 수사를 지지 • **3월 15일** 인도
를 요구 • 폴라치 성 학대 사건 피해자 신상을 공개한 경찰 서장 사퇴 • **3월 17일** 지역 내 알코올 남용 사례 • **3월 18일** 폴라치 사건에 대한 신속하
• **3월 25일** 식수 부족 사태 • **3월 27일** 캠퍼스 식당에서 식중독 사태 • **3월 29일** '불법 이민'으로 구금된 여성들 석방 요구 • **3월 30일** 20일간 끊긴 식
젠더 기반 폭력 근절과 변화를 위한 투표를 요구 • 차기 의회 선거를 앞두고 요구 선언 • 여성 혐오와 폭력이 만연한 환경 • **4월 5일** 지역 물 부족
• **4월 13일** 16세 소녀 폭행 사건, 지역 치안 개혁 요구 • **4월 14일** 16세 소녀 폭행 사건, 지역 치안 개혁 요구 • **4월 15일** 친부에게 성학대당한 피해
들을 공격한 범인 처벌을 요구 • **4월 19일** 11세 소녀 살인 사건에 대한 정의를 요구 • **4월 20일** 경찰 차별 • 엔지니어링 학생 살인 사건에 대한 경
보도 설치 등 고속도로 인근 안전 조치 요구 • **4월 25일** 여학생들 추행 사건이 일어난 기숙사 계약 종료 요구 • 티베트 종교 지도자 석방 요
• 스리랑카 폭발 사고 피해자들과의 연대 • **4월 29일** 촌장 살인에 연루된 가해자를 경찰이 체포하지 않음 • **4월 30일** 기숙사 사감이 월경 기간을
에 오류 의혹 • **5월 3일** 노인 여성 강간 • 스리랑카 폭발 사건 • 살인 사건과 관련한 수색 실시 • **5월 4일** 인도 시민권이 없으면 추방을 명령함 • **5월 6**
을 온라인에 올린 사건 • 대법원장 사퇴 요구 • 대법원장 성희롱 사건에 대한 처리를 요구 • **5월 9일** 성희롱 혐의를 받는 대법원장에게 해명을
• 시위대에게 무례하게 발언한 의원 아내에 대한 조치를 요구 • **5월 11일** 대법원장 사퇴 요구 • 3세 여아 강간범 사형을 요구 • 열악한 식수 보급
을 요구 • 3세 여아 강간 사건에 대한 정의를 요구 • **5월 15일** 이중 잣대와 유정 문제에 대한 불만 • 3세 여아와 10대 청소년 강간 사건 • 두 명을 지
를 요구 • **5월 19일** 성희롱 방조범들을 마오주의자로 낙인찍으려는 시도 • **5월 20일** 나마칼에서 발생한 아동 인신매매 사건에 대한 신속한
시킴 • **5월 28일** 증가하는 강간 사건과 경찰의 소극적인 대응 • **5월 29일** 강간 살인 사건 10주기를 맞아 피해 여성들을 위한 정의를 요구 • 술
렸다는 주장이 제기됨 • **6월 2일** 혐의가 허위로 드러남 • 역내 물 부족 문제 • **6월 4일** 푸드 파크 건설 • **6월 5일** 여성 경찰 숙소 안전과 시설 개
됨 • **6월 7일** 역내 물 부족 문제 • 라우샹콩 다리 건설 계획 변경 • **6월 10일** 부족 여성을 포함한 여성 무용수에 대한 희롱 • 익명의 사람들이 학
• **6월 15일** 교사 수 부족에 항의 • 양수 업자가 뇌물을 요구 • **6월 17일** 정부가 관개 프로젝트 보상을 미룸 • 마을 전역에 식수 공급 요구 • **6월**
층 학생들에게 여대 등록금 면제를 요구 • 간호대 학생들을 위한 장학금 지급이 지연 • 농부들에게 땅콩 씨앗 배급 지연 • 정부가 컴퓨터 무상 지
의 유가족이 주 정부에 보상을 요구 • 보조 간호사 정규직화 요구 • **6월 28일** 주택가에 주류 상점이 들어섬 • 주 정부 프로그램에 특정 학교가 배제
부족 문제 • **7월 4일** 전문대 중식 지원을 유지하라고 정부에 요구 • 9개월 영아를 성추행한 뒤 교살한 범인에게 사형 요구 • **7월 6일** 외설적 발언
사 신축 요구 • 정규직 일자리와 임금 인상을 요구 • **7월 12일** 정부에 식수 공급 요구 • 쌀 가격 급등 • 여학생들의 문제 공론화를 도운 강사가 정
동물 포획 실패 • 인권운동가들과 그들의 가족을 향한 공격 • 살인 사건 연루자 체포 요구 • **7월 17일** 인권운동가 딸을 겨냥한 총기 공격 • **7월 18**
한 법 제정 촉구 • 점심 식사 담당 요리사 정규화와 임금 상승 • **7월 21일** 의사 방치로 여성 환자 사망 의혹 • 인권운동가들을 겨냥한 발포 • **7월 2**
교 기숙사에서 사망한 닝다우잼 바비사나 차누를 애도 • N. 바비사나에 대한 정의를 요구 • **7월 24일** 식수 부족 문제 • 역내 열악한 배수 시스
도록 술집 이전을 요구 • 물 공급 요구 • **7월 30일** 여성과 아동을 노린 범죄 증가 • N. 바비사나 죽음의 진상을 밝혀내지 못하는 정부의 무능함 •
)' 금지 법제화 • **8월 4일** N. 바비사나에 대한 정의를 요구 • 지참금을 둘러싼 괴롭힘으로 자살한 여성의 시가족에 대한 강력 처벌 요구 • **8월 5일**
자들 체포를 요구 • N 바비사나에 대한 정의를 요구 • 잠무-카슈미르주에 특별 지위 부여한 법령 370조 폐지 결정 • **8월 8일** 당직 의사 부주의
사나 사망과 관련한 억류자 즉각 석방 요구 • 잠무-카슈미르주에 특별 지위 부여한 법령 370조 복원 요구 • N. 바비사나 사건에 대한 정의를 요구
에 사과 요구 • 카슈미르 거주 여성들에 대한 주지사의 부적절한 발언 • **8월 12일** N. 바비사나 사건에 대한 정의를 요구 • 정부의 소득세 고지서
철거 • **8월 16일** 여성 상대로 부적절하게 행동한 뭄바이 시장 사임을 요구 • 교사 근무 환경 개선 요구 • 교사 성추행 혐의로 기소된 용의자 수사
에 대한 정의를 요구 • 술집 영업 면허 취소 요구 • 경찰이 23세 남성에 대한 추행 고발을 거부 • **8월 18일** N. 바비사나 사건에 대한 정의를 요구 • **8**
• **8월 20일** 암리차르 개선 신탁 회사가 강제 퇴거 조치 단행 • 임금 인상 요구 • **8월 21일** 상한 우유를 공급한 계약업체 • 준군사 부대 '아삼 라이
함 • **8월 22일** 정부가 방파제 건설에 실패함 • 준군사 부대 '아삼 라이플' 43대에서 잔혹 행위와 방해 행위 발생 • N. 바비사나 사건 기소 • **8월**
• **8월 27일** 술집 영업 면허 취소 요구 • 병원이 제대로 기능해 저소득층에게 의료 서비스를 제공해야 한다고 주장 • 상점 철거 • 물 부족 문제 •
나물 콩그레스당이 공격한 인도인민당 사무실과 가게 현장에 경찰이 늦게 도착함 • **8월 30일** 모래 마피아를 퇴출하고 빈곤층에 무료 모래
사나 사건 문제 • 계약직 의료 종사자 정규직 전환 요구 • **9월 3일** N. 바비사나 차누 사건 수사 및 가해자 체포 • 대학 기숙사 욕실과 방 환경이
에게 항암 치료비를 보상하라고 요구 • 요소수 부족 • **9월 12일** 불결한 거주 환경 • **9월 13일** 순경 키 제한을 높이기로 결정 • N. 바비사나 사건에
비상사태 선포 요구 • **9월 18일** 사원 땅에 지어진 주택 퇴거 명령 • **9월 19일** 인도 중앙장관 방문에 항의 • **9월 20일** 아파트 퇴거 명령 • 대학 내
고서 요구 • 독립 단체 연합 결성을 요구 • **9월 29일** 모든 술집을 도시 외곽으로 이전시킬 것을 정부에 요구 • **9월 30일** 정규직 전환 요구 • 침수에
정) 법안 • **10월 4일** 대학 기숙사 내 여러 논란 • 미지급 임금 지급 요구 • **10월 6일** 5일 폭탄 폭발 사고 • **10월 7일** 종교 극단주의 단체 활동가들
• 집단강간 사건과 미진한 법 집행을 규탄 • **10월 12일** 물 부족 문제 • 지역 경찰서의 권한 강화 요구 • **10월 13일** 체육 교사 해임 요구 • **10월 14**
조와 35A조 폐지 • 여성을 옥상에서 떠밀어 살해한 용의자 처벌 요구 • 도로 건설 지연 • 환경 오염 및 교통 체증 • **10월 18일** 강간 사건에 대한 신속
사망 사건에 대한 수사 요구 • **10월 24일** 소액 금융 회사 논란 • 인도와 나가족 평화 회담이 마니푸르 통합을 해쳐서는 안 된다고 경고 •
• **10월 26일** 인도와 나가족 평화 회담이 마니푸르 통합을 해쳐서는 안 된다고 경고 • **10월 28일** 인도와 나가족 평화 회담이 마니푸르 통합을
동자들 미납 급여 지불 요구 • 인도와 나가족 평화 회담이 마니푸르 통합을 해쳐서는 안 된다고 경고 • **11월 1일** 인도와 나가족 평화 회담이 마니푸
인도와 나가족 평화 회담이 마니푸르 통합을 해치지 않도록 원만한 해법 촉구 • 마리푸르의 정치, 행정, 영토가 외부 위협에 분열되지 않도
• 공무원 지위와 최저 임금 요구 • **11월 5일** 사이클론 '파니' 피해자에게 주택 복구 지원 요구 • 사회 경제 안전망 강화, 여성 대상 폭력 예방 요
일 사업을 시행하다 횡령 혐의를 받는 마을 서기 전출을 요구 • **11월 8일** 인도와 나가족 평화 회담이 마니푸르 통합을 해치지 않도록 원만한 해법
도록 원만한 해법 촉구 • **11월 11일** 인도와 나가족 평화 회담이 마니푸르 통합을 해치지 않도록 원만한 해법 촉구 • 등록금 인상 반대 • **11월 12일**
찰 조사관 이전 • 토착지 보호 요구 • 마니푸르 영토 통합 주장 • **11월 14일** 마니푸르 통합을 지지하기 위해 의회 특별 총회 소집을 요구 • 나가족
정 공개 요구 • **11월 18일** 시민권 (개정) 법안 • **11월 19일** 학교 교장이 여학생들에게 부적절하게 행동했다는 의혹 • 시민권 (개정) 법안 • **11월 21**
• **11월 23일** 잠무-카슈미르주 주 지위 복권 요구 • **11월 24일** 술집 영업 제안 • **11월 25일** 시민권 (개정) 법안 • 졸란드 영토 위원회 창설 요구
니푸르 축제 준비 중단을 요구 • **11월 30일** 정부의 경제 정책 • 카마타푸르에 독립 주 지위와 지정 부족 지위 요구 • 학생 집단강간, 수의사 강간 살
간 살해 사건 문제 • 수의사 강간 살해 사건 가해자에게 사형 요구 • 최근 벌어진 집단 강간 사건들 • **12월 2일** 주민 공격 피해 후로 안전 강화 요구
간 살해 사건 문제 • 미성년 여아 집단강간 • 여성 대상 범죄 근절 요구 • **12월 5일** 교사의 성차별적 발언 • 수의사 강간 살해 사건 문제 • **12월 6일**
한 정의를 요구 • 여성 대상 범죄 증가, 여성을 안전하게 보호 못 하는 정부 • 인도와 나가족 평화 회담의 세부 내용 공개 요구 • 의대 학과장을 성희
부 내용 공개 요구 • **12월 9일** 시민권 (개정) 법안 • 공무원 지위 부여와 급여 고정 등 장기 미해결 사안 해결을 요구 • 인플레이션 • 여자아이를 강간
간 피해자를 위한 정의를 요구 • 델리 강간범들에게 사형 요구 • **12월 13일** 경찰서 내부에서 미성년 여아 집단 강간한 범인들 체포 요구 • 숲에서
제 • 시민권 개정안 • **12월 16일** 시민권 개정안 • **12월 17일** 시민권 개정안 • **12월 18일** 시민권 개정안 • 전 오디샤 보조 주지사 아내를 위한 정의를
정안 • 유명 은행가이자 가수가 주지사에 대해 발언함 • **12월 25일** 술집 영업 중지 요구 • **12월 28일** 시민권 개정안 • 미성년 여아 강간 살해 사건

인도 여성들이 이끄는 시위, 2019년

젠더 기반 폭력을 비롯해, 물 부족, 술집 운영, 치안, 만연한 성차별, 인도 사회의 이슈로 떠올랐던 시민권 개정 법안CAB, Citizenship Amendment Bill(2019년 12월 11일 인도 정부가 통과시킨 이후에는 시민권 개정안 CAA, Citizenship Amendment Act) 반대 등이 주요 시위의 내용이었다. 여기에서는 2019년 인도 여성이 이끄는 시위의 주제들을 날짜별로 나열했다. 2019년 여성들이 조직한 시위 800여 건 가운데 89퍼센트가 평화 시위의 형태였다.

과 기관들의 젠더 차별 • 정부가 '라즈반시'에 지정 카스트 지위를 수여하지 않음 • **1월 6일** 2016년 시민권 (개정) 법안 • **1월 7일** 2011년 집단강간
법안 • **1월 13일** 시민권 (개정) 법안 • **1월 14일** 시민권 (개정) 법안 • **1월 15일** 시민권 (개정) 법안 • **1월 16일** 시민권 (개정) 법안 • 독주 판매 반대 • **1월**
22일 시민권 (개정) 법안 • 여대 2곳 학생들을 위한 전용 버스 운행 요구 • 술 전면 금지 요구 • **1월 23일** 병원이 산모를 돌려보낸 데 항의 • 2018년
요구 • **1월 28일** 술 전면 금지 요구 • **1월 29일** 남편 외도에 대한 경찰 조치를 요구 • 술 전면 금지 요구 • 시민권 (개정) 법안 • **1월 30일** 술 전면
엄중히 처벌하라고 요구 • **2월 2일** 아편 탈취를 시도한 경찰관 정직을 요구 • **2월 3일** 시민권 (개정) 법안 • **2월 4일** 여성이 매입한 재산에 대한 인
2월 5일 시민권 (개정) 법안 • **2월 6일** 시민권 (개정) 법안 • 계약직 간호사 정규직 전환 요구 • **2월 7일** 응용미술 학과장의 부적절한 행동과 학생 괴
약직 간호사 정규직 전환 요구 • **2월 9일** 시민권 (개정) 법안 • 총리 방문에 맞춰 시민권 (개정) 법안 요구 • **2월 10일** 시민권 (개정) 법안 • 인도인민
법안 • 여성들에게 성폭력을 가한 장관 처벌 요구 • **2월 12일** 2월 10일 경찰이 교사들을 곤봉으로 공격함 • 보로랜드민족민주전선 의장 석방 요구 •
16일 술집 폐쇄 요구 • 의회 내 33퍼센트 여성 할당제 요구 • **2월 18일** 풀와마 공격 • 영주권 등록서 발급 시 추천 제도 철폐 요구 • **2월 20일** 여
이 사망 경찰 유족을 밀친 것에 대해 소송을 요구 • **2월 24일** 치안 붕괴 • **2월 25일** 술집 폐쇄 요구 • **3월 1일** 규칙적이지 못한 쌀 배급 • **3월 3일** 지역
들이 겪는 고통과 학대 • 여성에게도 평등한 권리, 임금, 혜택 보장을 요구 • 해외 거주 인도인 남편의 잠적에 대한 정부의 무대응 • 계속되는 도로
사건에 관한 무대응 • 지난 7년간 여성 자살 사건에 대한 수사 요구 • **3월 13일** 폴라치 성 학대 사건 가해자들에 관한 처벌 요구 • **3월 14일** 폴라치
표 부스를 '초민감'하게 만들 것을 요구 • 폴라치 성 학대 사건 가해자들에 관한 처벌 요구 • **3월 16일** 보행자 권리를 요구 • 폴라치 성 학대 사건 범
사 요구 및 성범죄자 사형법 요구 • 의류 공장 매니저가 여성 노동자를 추행했다는 의혹 • **3월 19일** 폴라치 성 학대 사건 • **3월 21일** 물 분쟁과 물
청 • **4월 2일** 의료 폐기물을 처리하는 소각로 이전 요구 • **4월 3일** 카슈미르 대학교가 여학생들을 다른 캠퍼스로 이전시킴 • 채석장 허가 취소 요구 •
일 성범죄 혐의를 받는 인물이 의회 후보로 지명 • **4월 8일** 식수 부족 문제 • **4월 9일** 식수 공급 요구 • **4월 11일** 투표소에 가는 길에 실종된 여성
• 식수난 해결 촉구 • 여성 부총리에 대한 비하 발언 • 기술대 학생 살인 사건 • **4월 17일** 16세 소녀 폭행 사건, 지역 치안 개혁 요구 • **4월 18일** 부상
4월 21일 무타라이야르 여성들을 향한 무쿠라토르 남성들의 모욕적인 음성 메시지 • **4월 23일** 학생들 카풀로 인한 도로 정체 • **4월 24일** 속도 제한
의사 사택에 수류탄을 투척함 • **4월 28일** 지참금 분쟁 피해자의 두 딸에 대한 보호를 요구 • 학부모에게 부적절하게 행동한 기숙사 관리자
학생들에게 옷을 벗으라고 요구한 데 항의 • **5월 1일** 대학생들에게 복권 판매를 강요함 • 여름 일수를 30일에서 15일로 단축 • **5월 2일** 중간고사
의를 받는 인도 대법원장 사퇴 요구 • 불법 새우 농장 폐쇄 요구 • **5월 7일** 대법원장 사퇴 요구 • 주류 판매 반대 • **5월 8일** 병원 간호사가 출산 중인
원장 사퇴 요구 • **5월 10일** 대법원장 사퇴 요구 • 식수 공급 요구 • 3세 여아 강간범에 대한 엄벌을 요구 • 열악한 식수 보급에 대한 당국의 대
대처를 요구 • **5월 12일** 대법원장 사퇴 요구 • 경찰이 여성 후보 차량을 몰수함 • **5월 13일** 9일 가까이 물 공급난이 지속됨 • 3세 여아 강간범에
나라 뱅크에 대한 강제적 조치를 요구 • 젊은 여성 가정부 사망을 둘러싼 의혹 • 정당 지지자들 간의 충돌과 기물 파손 • **5월 17일** 강간 사건들에
렘-첸나이 8차선 고속도로 건설 • **5월 25일** 불법 주류 판매와 도박 단속을 요구 • 잦은 장시간 정전 • **5월 27일** 농장주들이 농장 노동자를 강
게 단속을 요구 • **5월 30일** 식수 공급 요구 • **5월 31일** 물 공급 요구 • 술집 영업을 반대 • **6월 1일** 역외 카지노 시설에서 여성 활동가가 성추
호사들의 과도한 업무 부담 • **6월 6일** 첸나이 북부 물 위기 • 열악한 물 공급 • 서벵골 이민자에 관한 주지사 발언 • 시내에서 못 박힌 수류탄
• 소수자 대상 범죄 증가 • **6월 11일** 25세 약물 중독자 사망 후로 마약 카르텔 처벌 요구 • 8일간 단수 • 물 공급난 • **6월 12일** 환자 가족과 의사
귀국을 위한 여행 증명서 요구 • 공공 부지에 주류 상점이 들어섬 • **6월 22일** 거리에 란제리를 전시 • **6월 24일** 여성 임금 지급이 불규칙적임 •
인함 • **6월 25일** 간호사를 노린 공격 증가 • 쌀 가격 급등 • **6월 26일** 사기꾼이 가짜 회사를 허위 홍보 • 보조 간호사 정규직화 요구 • **6월 27일** 사
식수 오염 해결 촉구 • 결혼식 도중 17명이 억류됨 • 주 정부 프로그램에 특정 학교가 배제됨 • **7월 1일** 식수 오염 문제 • **7월 2일** 경찰 가혹 행위 •
은 교수 정직 요구 • 물 부족 문제 • **7월 8일** 빈곤선 이하 명단에서 여성들 이름이 삭제된 데 항의 • **7월 11일** 간헐적 식수 공급 요구 • 대학 캠퍼스
• **7월 13일** 쌀 가격 급등 • 휘발유와 디젤 세금 증가 • 캠퍼스 내 시설 부족 • **7월 14일** 언론인 추행 혐의를 받는 배우와 정치인에 대한 처벌 요구
딸을 겨냥한 총기 공격 • **7월 19일** 인권운동가들과 그들의 가족을 향한 공격에 항의 • 병원에서 초음파 설비를 이용할 수 없음 • 집단 폭력을 방지
식수 공급 요구 • 마을에 술집이 들어섬 • 식수 공급난에 대한 해결책 촉구 • 정부가 선동법을 억압 수단으로 악용 • 여성 대상 폭력에 저항 • **7월 2**
요구 • 불법 주류 거래 • **7월 28일** N. 바비사나에 대한 정의를 요구 • **7월 29일** 술에 취한 남성들이 지나가는 여성과 아동에게 언어폭력을 가함
피해자와 연대 • 강간 혐의를 받는 선출 의원 사형 요구 • **8월 1일** 17세 여성 청소년 강간 • **8월 2일** 이슬람권 일방적 이혼 제도인 '트리플 탈락(t
로 단수 • N. 바비사나의 죽음 진상 촉구 • **8월 6일** N. 바비사나의 죽음 진상 촉구 • **8월 7일** 주류 직판 매장 폐쇄 요구 • N. 바비사나 죽음에 연루
사망 • N. 바비사나 사망과 관련한 억류자 즉각 석방 요구 • 교사 수준과 학교 인프라 개선 요구 • **8월 9일** N. 바비사나 사망을 규탄하는 시위 •
딸을 노린 총기 공격 • 호스텔을 사립 호텔로 바꾸자고 제안 • **8월 11일** N. 바비사나 사건에 대한 정의를 요구 • 카슈미르 거주 소녀들에 대한 주지
바비사나 사건에 대한 정의를 요구 • **8월 13일** 시 당국이 식수를 공급하지 않음 • N. 바비사나 사건에 대한 정의를 요구 • 델리에 있는 구루 라비다
동가 페밤 치타란잔 사망 15주기 기념 • 집단강간 사건에 연루된 용의자들 체포 요구 • **8월 17일** 여성과 아동을 겨냥한 범죄 증가 • N. 바비사나 살
비사나 살인 사건 문제 • 임금 인상 요구 • 노동자 사망 보상, 금전적 이익 배분, 여성 노동자를 위한 연금 요구 • N. 바비사나 살인 사건에 대한 정의
잔혹 행위와 방해 행위 발생 • 버스 정류장 옆 급유 펌프 설치 철회를 요구 • 보조 경무관에 의한 성폭력 사건 등록 요구 • 정부가 법령 370조 폐지
사나 사건에 대한 신속한 사법처리를 요구 • **8월 25일** 정부가 법령 370조 삭제를 결정함 • **8월 26일** 열악한 식품 질과 와이파이 신호 • 학생회
서비스 체계화 • 공해 유발 산업 단지 유치 계획 • **8월 28일** 인도 간호 위원회가 일반 간호 및 조산 과정을 단계적으로 폐지하기로 결정 • **8월 2**
고 청소년에게 개종과 결혼 강제 의혹 • **8월 31일** 홍콩 민주화 운동에 연대 • 근무 중 포르노를 시청하다 발각된 부주지사 해임 요구 • **9월 2일**
시설 부족 • N. 바비사나 사건 문제 • **9월 6일** 파손 도로 복구 요청 • **9월 9일** 교사 납치 및 살해 용의자들 체포를 요구 • **9월 11일** 유방암 오진단
처리를 요구 • **9월 14일** 자동차법 개정 • 법령 370조 폐지 후 발생한 청년 구금 사건 • **9월 15일** 광산 벌채 • **9월 16일** 여대 복장 규정 • **9월 17일** 정부
9월 21일 급여 인상 요구 • **9월 26일** 선거에 영향을 미치는 주류 유통 관행 • **9월 27일** 인도인민당 지도자 스와미 친마야난드 강간 혐의에 대한 수
대응과 전력 관세 인하 요구 • 우타라프라데시 정부가 강간 혐의를 받는 스와미 친마야난드를 임명 • **10월3일** 마을 물 부족 문제 해결 촉구 • 시민
아들을 무슬림으로 개종하는 데 반대 • 남편에 의해 산 채로 불태워진 여성을 애도 • **10월 11일** 경찰관 남편에게 맞아 사망한 여성에 대한 정의
당수 소냐 간디를 겨냥한 발언에 무조건적 사과를 요구 • 주지사가 국민회의당 당수를 '죽은 ... 성 발언 • 법
19일 일꾼 살해 용의자 체포 요구 • 여대가 남성 대학원생을 입학시키기로 결정 • **10월 21일** ... 경 • **10월 2**
의 요구 사항 검토 촉구 • **10월 25일** 사원 출입 금지 • 은행 예치금 반환 요구 • 인도와 나가 ... 서는 안 된다
된다고 경고 • 최저 임금 인상, 근로 시간 법정 보호, 새로운 전화 상담 서비스 요구 • 주 여 ... 묵'함 • 콜센
서는 안 된다고 경고 • **11월 2일** 물 공급 부족 • 미성년자 소녀 2명을 성폭행한 뒤 살해한 남성 ... 업 허가 • **1**
린 농촌 활동가 체포 • **11월 4일** 인도-나가 평화 협정 내용 공개 요구 • 인도와 나가족 평화 ... 록 원만한 해
ED 폭발 • **11월 6일** 인도와 나가족 평화 회담이 마니푸르 통합을 해치지 않도록 원만한 해 ... 촉구 • **11월**
9일 인도와 나가족 평화 회담이 마니푸르 통합을 해치지 않도록 원만한 해법을 촉구 • **11월 1** ... 통합을 해치
평화 회담이 마니푸르 통합을 해치지 않도록 해법 촉구 • **11월 13일** 나가족과 체결한 기본 ... • 협조적이었
마니푸르 통합을 지켜달라고 요구 • **11월 17일** 인도와 나가족 평화 회담이 마니푸르 통합을 ... 과 체결한 기
족 평화 회담이 마니푸르 통합을 해치지 않도록 해법 촉구 • 마니푸르 축제 준비 중단을 ... 쓰레기 수집 오
교사 배치 지연 문제 • **11월 26일** 여성 대상 폭력 근절 요구 • 성폭력 사건에 대한 솜방망 ... 상승 • **11월 28**
물가 상승에 관해 인도인민당 정부에 항의, 마하트마 간디에 대한 의원 성명서 • 수의사 강간 ... **12월 1일** 수의
살해 사건 가해자에게 사형 요구 • 경찰서 내부에서 미성년 여아 집단강간 • **12월 3일** 수의사 ... **12월 4일** 수의
해 사건 계기로 여성들과 연대 • **12월 7일** 가짜 마오주의자 출몰에 대한 수사 보고서 제출 요 ... 강간 피해자
여성 강사와 연대 • **12월 8일** 수의사 강간 살해 사건 문제 • 강간 사건에 대한 즉각적 처벌 요구 • 양파 가격 인하 요구 • 인도와 나가족 평화 회담
을 즉각 처벌할 것을 요구 • 운나오 강간 피해자를 위한 정의를 요구 • 양파 가격 인하 요구 • **12월 10일** 여성 대상 강간 및 폭력 • **12월 12일** 운나
살해한 가해자에게 사형 요구 • 시민권 개정안 • 대학생 집단강간 • **12월 14일** 물 공급 요구 • 대학생 집단강간 • **12월 15일** 수의사 강간 살해
9일 시민권 개정안 • **12월 20일** 시민권 개정안 • **12월 21일** 시민권 개정안 • **12월 22일** 시민권 개정안 • **12월 23일** 시민권 개정안 • **12월 24일** 시민
이 발언함 • **12월 29일** 마하라자 하리 싱의 탄생일 휴일 실패 • **12월 30일** 시민권 개정안 • **12월 31일** 소액 금융 회사에서 받은 대출 상환 면제 요

파괴 정도로 구분한 로힝야 거주 지역
2017년 8월~2018년 3월
◆ 완전히 파괴(>90%)
◆ 상당 부분 파괴(≥50%)
◆ 부분 파괴(<50%)

난민촌 위치
2020년 12월
난민촌
임시 거주지
난민촌 인구
국경 이동

눈에 드러난 위기

난민들이 겪는 고통을 더 이상은 숨기기 힘들다.

로힝야족이 미얀마 땅에 정착한 지는 1000년도 더 되었다.[125] 하지만 미얀마 정부는 수십 년째 로힝야족을 인정하지 않으며 그들을 식민지 시대 이후로 방글라데시에서 들어온 불법 이민자로 규정한다. 로힝야족은 1982년 시민권을 박탈당해 세계에서 국적이 없는 최대 민족이 되었다. 이후로 로힝야족을 향한 탄압은 극심해졌다.

2016년 말 미얀마군은 로힝야족이 사는 마을을 연쇄 공격해 파괴하기 시작했다. 유엔 인권최고대표사무소는 이를 가리켜 '인종청소의 전형'[126]이라고 비판했다. 인권단체들은 인공위성사진을 참고해 피해 지역(옆 지도에 다이아몬드 모양으로 표시)을 감시했고 드론을 띄워 로힝야족의 이동 경로를 기록했다. 그 경로를 보면 수만 명이 걸어 이동할 만큼의 짐을 챙겨 길과 강기슭을 따라 이동한 것이 확인된다.[127] 대부분은 방글라데시에 있는 쿠투팔롱 난민촌에 정착했다.[128] 그 지역에는 1990년대부터 이미 35,000명 가까이 되는 로힝야족이 거주하고 있다.

유입된 난민을 받아들이기 위해 방글라데시 정부는 난민촌 구역을 확대했다. 방글라데시 정부가 예상한 난민 수는 75,000명이었는데[129] 실제 유입된 난민 수는 첫 3개월에만 70만 명에 이르렀다. 난민 인구가 순식간에 불어나 쿠투팔롱은 세계 최대 난민촌이 되었다. 일부 구역은 인구 밀도가 8제곱미터당 1명으로 국제 기준(45제곱미터)에 한참 못 미친다.[130]

지금까지 로힝야족은 미얀마 송환 제안을 두 번 거절했다.[131] 이유는 타당했다. 지금껏 미얀마 정부가 로힝야족의 안전을 보장한 적이 없으며 그간 행동에 대한 책임도 지지 않았기 때문이다. 유엔 보고서에 따르면 2020년 봄 미얀마 군인들은 로힝야족 거주지를 다시 공격하기까지 했다.[132] 로힝야족이 난민촌을 더 안전하다고 느끼는 것도 이상한 일이 아니다.

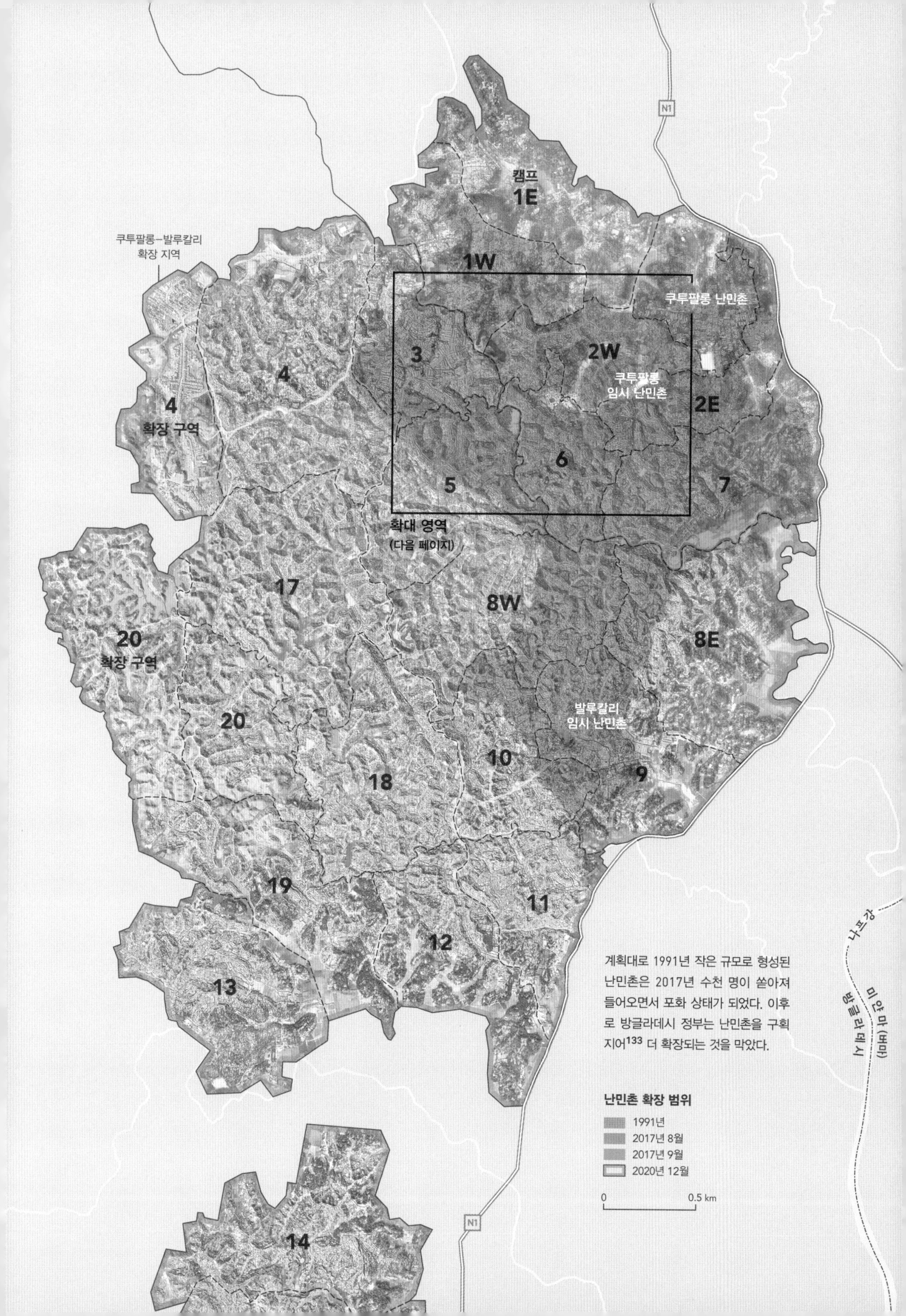
N1
캠프
1E
1W
쿠투팔롱-발루칼리
확장 지역
쿠투팔롱 난민촌
3
2W
4
쿠투팔롱
임시 난민촌
4
확장 구역
2E
6
5
7
확대 영역
(다음 페이지)
17
8W
20
확장 구역
8E
발루칼리
임시 난민촌
20
10
18
9
19
11
12
13
계획대로 1991년 작은 규모로 형성된 난민촌은 2017년 수천 명이 쏟아져 들어오면서 포화 상태가 되었다. 이후로 방글라데시 정부는 난민촌을 구획 지어[133] 더 확장되는 것을 막았다.
나프 강
미얀마 (버마)
방글라데시
난민촌 확장 범위
1991년
2017년 8월
2017년 9월
2020년 12월
0
0.5 km
N1
14

도시를 관리하는 데 지도는 유용하다. 지리 좌표를 참조한 드론 사진[134]을 모아 보면 수십 킬로미터에 이르는 도로와 보도, 배수로를 신속하게 확인할 수 있고 새로 지어진 건물과 화장실의 위치도 파악할 수 있다. 이 조감도에는 시장부터 모스크, 학교, 문화회관 십수 곳이 찍혔다.

많이 나아졌다지만 아직 난민촌의 삶은 위태롭기 그지없다. 보호소는 가파른 언덕에 지어져서 우기가 되면 휩쓸릴 위험에 놓인다. 2019년 7월, 5,600명이 그렇게 보호소를 잃었다.[135] 2021년 3월에는 화재로 1,000곳 넘는 보호소가 피해를 보거나 아예 파괴되었다.[136] 사진 중앙에 보이는 삼각 모양 흙구덩이는 묘지다. 애초에 영구 정착지로 지어진 난민촌이 아닌지라 묘지 공간이 점점 부족해지고 있다.[137]

키신저(K)/대통령(P) (녹음본)[138]
1970년 12월 9일 8:45 p.m.

P: 창의력 없이 그냥 아무렇게나 밀림을 폭격하고 있더군요. 알잖습니까. 더 깊이, 제대로 들어가야 해요. 기관총을 나르는 헬리콥터가 아니라 그 헬리콥터를 나를 만큼 큰 전투기를 원합니다. 날릴 수 있는 걸 죄다 그곳으로 보내 다 부숴버리자 이겁니다. 범위나 예산에 한계는 없어요. 알았습니까?

K: 네, 대통령님.

폭탄 보고서

기밀 해제 데이터에서 비밀 작전들의 결정적 증거가 나왔다.

베트남전쟁이 끝나고 반세기가 흘렀으나 동남아시아 벌판과 숲에는 불발탄이 곳곳에 묻혀 있다. 오른쪽에 보이듯 불발탄은 미 공군과 연합군이 북베트남과 남베트남에 투하한 것으로 라오스 항아리 평원과 호찌민 트레일 등 베트남전쟁 당시 보급로였던 곳에서도 발견된다. 전쟁이 길어지자 미국 대통령 리처드 닉슨은 캄보디아에까지 폭탄을 투하할 것을 조종사들에게 비밀리에 지시했다(날개 안쪽 페이지 참고).[139] 미 공군은 메뉴 작전Menu Operation[140]에 따라(식사 코스 명칭을 따서 세부 임무를 구분했다) 적군 기지가 있는 것으로 추정되는 접경지대를 겨냥했다. 이후 닉슨은 자유 거래 작전Operation Freedom Deal[141]으로 기밀 작전을 확대해 전면 융단폭격을 개시했다. 그런데 당시 투하된 집속탄 4개 중 대략 1개가 제대로 폭발하지 않았다.[142] 베트남전쟁 이후 벌어진 캄보디아 내전 때 심은 지뢰를 포함해 미폭발물UXO로 지금까지 2만 명이 죽고 45,000명이 다쳤다.[143]

닉슨이 은밀히 벌인 전쟁은 캄보디아 사람들에게 악몽이었다. 세상이 그 참상을 알게 된 것은 2000년 미국 대통령 빌 클린턴이 340만 번 가까이 되는 전투기 출격 기록을 상세히 보관한 기밀 데이터베이스를 공개하면서부터다. 클린턴은 목숨을 위협하는 전쟁의 잔재를 비영리기관들이 찾아내 제거할 수 있도록 인도주의적 차원에서 그와 같은 결정을 내렸다.[144] 실제 투하된 폭탄 수를 정확히 알 방법은 없으나 이 데이터는 임무별로 투하 지점과 폭탄 종류, 폭발력 등을 보여주어 불발탄 수색 범위를 좁혀준다. 베트남 땅의 약 20퍼센트는 아직도 UXO에 오염되어 있고[145], 라오스는 1인당 위험도 기준으로 세계에서 폭탄이 가장 많이 묻힌 나라로 남아 있다.[146] 한편 캄보디아는 폭탄 위험에서 해방될 날이 얼마 남지 않았다. 캄보디아 정부는 1제곱미터씩 지뢰를 제거해오고 있는데 국제사회의 도움이 더해진다면 향후 10년 안에 '지뢰 없는' 국가가 되리라 전망된다.[147]

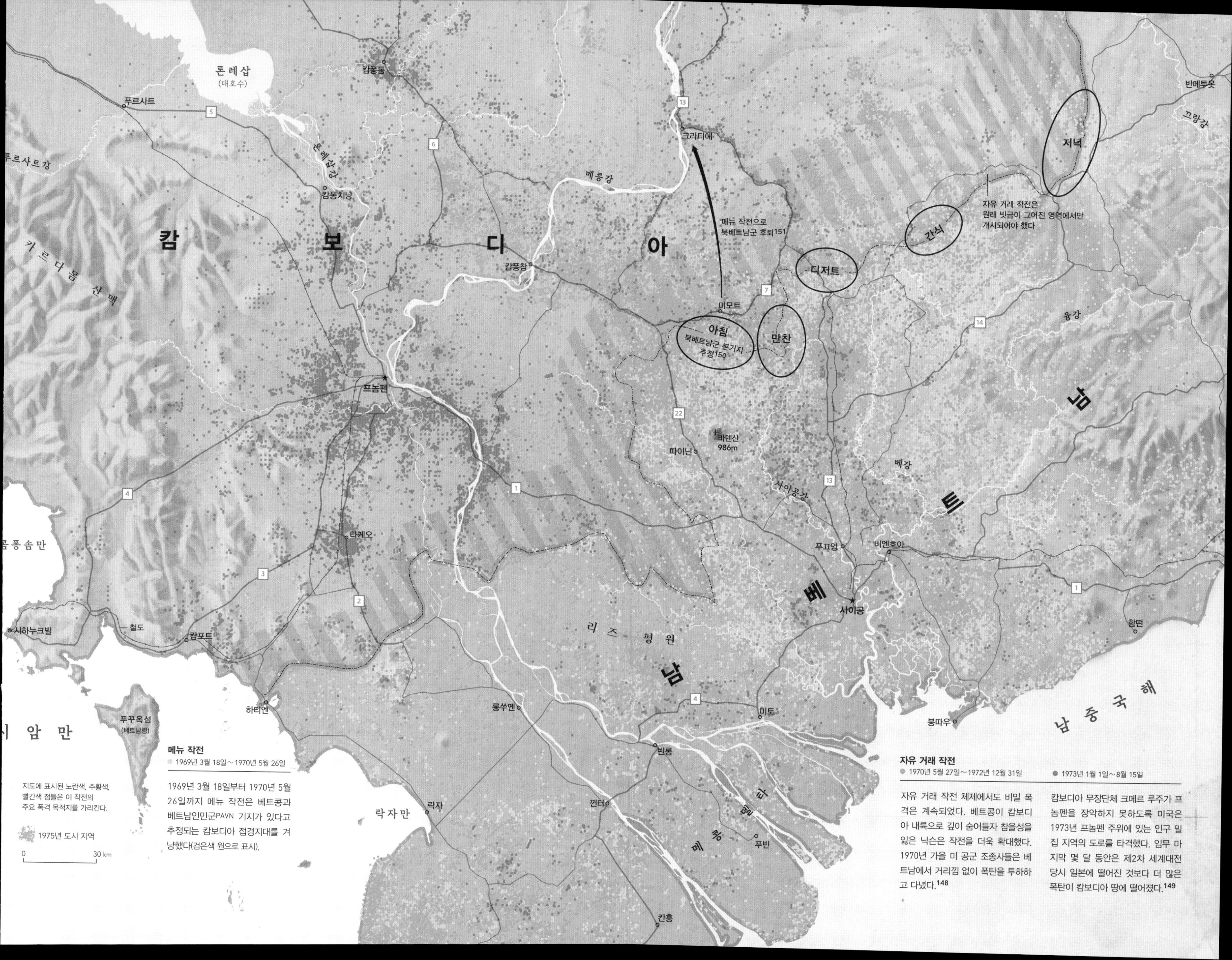

메뉴 작전

1969년 3월 18일~1970년 5월 26일

1969년 3월 18일부터 1970년 5월 26일까지 메뉴 작전은 베트콩과 베트남인민군PAVN 기지가 있다고 추정되는 캄보디아 접경지대를 겨냥했다(검은색 원으로 표시).

자유 거래 작전

1970년 5월 27일~1972년 12월 31일 · 1973년 1월 1일~8월 15일

자유 거래 작전 체제에서도 비밀 폭격은 계속되었다. 베트콩이 캄보디아 내륙으로 깊이 숨어들자 참을성을 잃은 닉슨은 작전을 더욱 확대했다. 1970년 가을 미 공군 조종사들은 베트남에서 거리낌 없이 폭탄을 투하하고 다녔다.[148]

캄보디아 무장단체 크메르 루주가 프놈펜을 장악하지 못하도록 미국은 1973년 프놈펜 주위에 있는 인구 밀집 지역의 도로를 타격했다. 임무 마지막 몇 달 동안은 제2차 세계대전 당시 일본에 떨어진 것보다 더 많은 폭탄이 캄보디아 땅에 떨어졌다.[149]

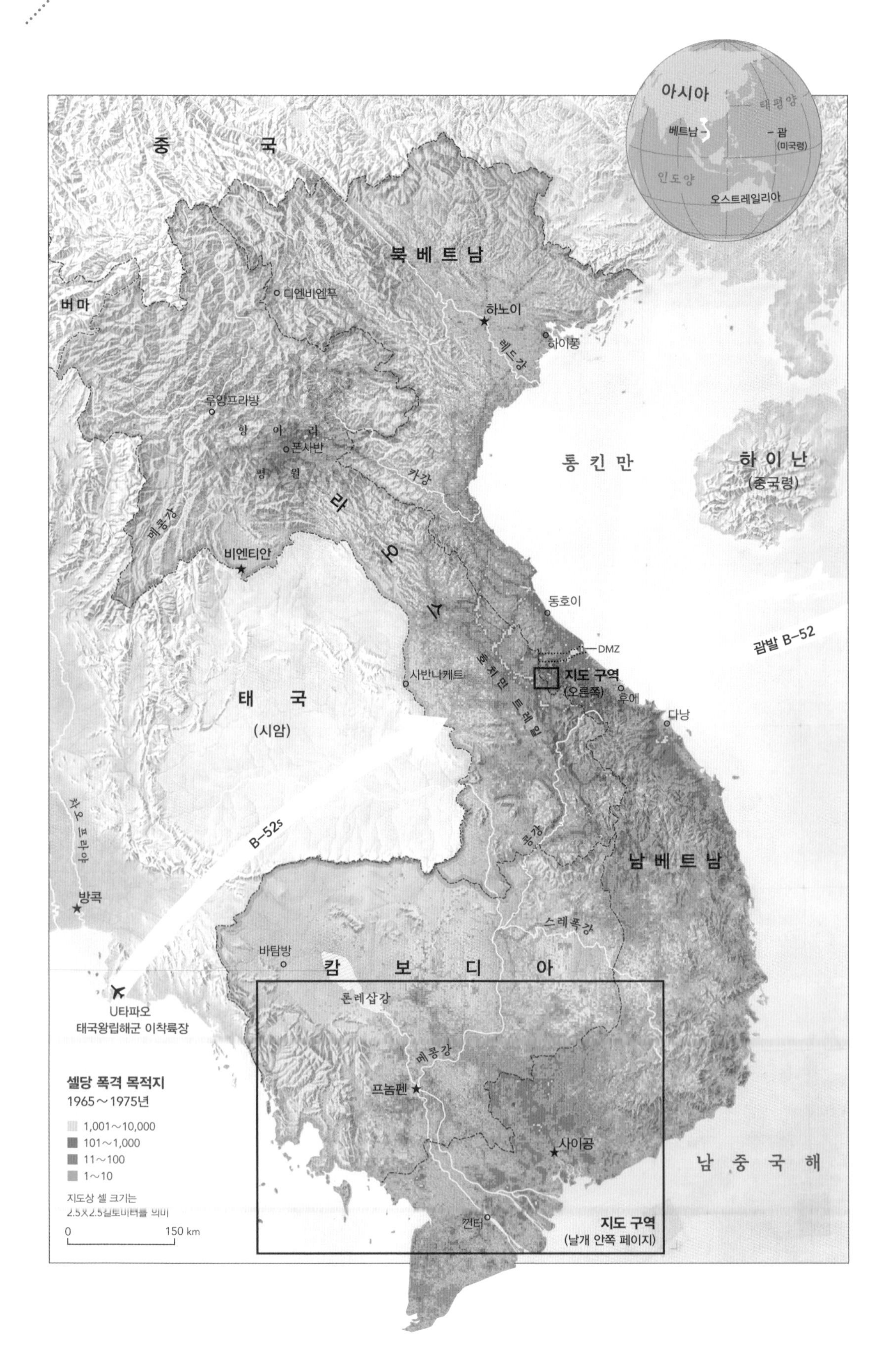

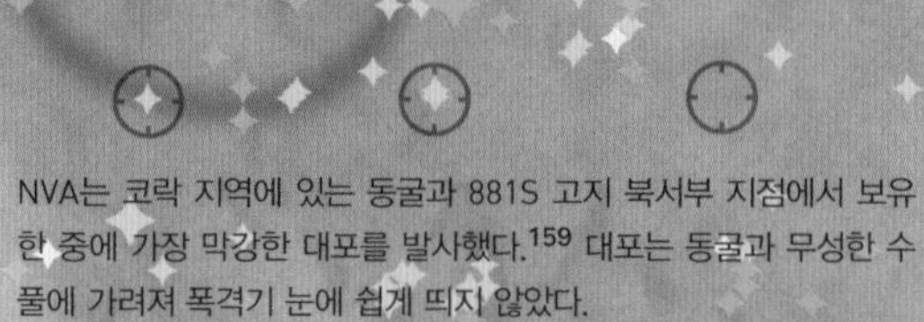

NVA는 코락 지역에 있는 동굴과 881S 고지 북서부 지점에서 보유한 중에 가장 막강한 대포를 발사했다.[159] 대포는 동굴과 무성한 수풀에 가려져 폭격기 눈에 쉽게 띄지 않았다.

나이아가라 작전

1968년 1월 21일 새벽 5시 30분 남베트남 케산에 있는 미 해군 기지에 포탄이 비처럼 쏟아지기 시작했다. 포위 작전은 77일 동안 계속되었다. 미군은 그 기지를 절대 잃어서는 안 되었다. 그곳이 뚫리면 민간인이 모여 사는 남베트남 해안에 북베트남군이 곧장 내려올지 몰랐다. 2월이 되어 지상공격이 임박해지자 미 국무부는 군 역사상 최대 규모의 폭격 작전을 승인했다. 나이아가라 작전에 따라 미군과 연합군은 전투 폭격기 출격 24,000회, B-52 폭격기 출격 2,700회[152]에 걸쳐 폭탄 10만 톤을 투하했다.[153]

베트남 광찌성 땅에는 아직도 폭발물이 많이 묻혀 있다. 상당수가 불시에 폭발해 금속조각 회수 작업원과 농부, 어린이가 다수 희생되었다.[154] 2020년 8월에는 한 남성이 연못 자리를 파다가 900킬로그램짜리 폭탄을 발견했다.[155] 산사태와 홍수로 묻혔던 폭탄이 드러나기도 했다.[156] 전쟁은 1975년 끝이 났지만, 지금까지 미폭발물 사고로 3,400명이 숨지고 5,100명이 다쳤다.[157] 광찌성은 2025년까지 베트남 성 최초로 미폭발물을 모두 제거하겠다는 목표로 작업 중이다.[158]

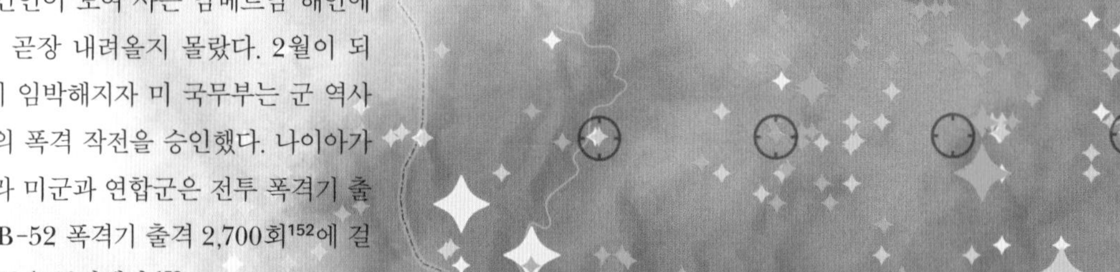

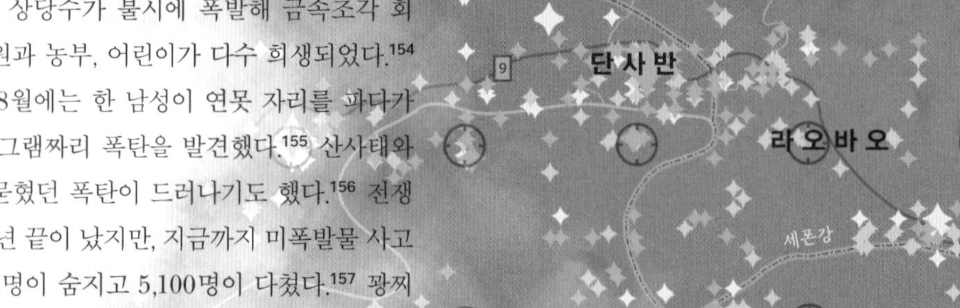

전초 기지
- 미국 해병대
- 북베트남군 (NVA)

폭탄 투하 지점
1968년 1월~3월

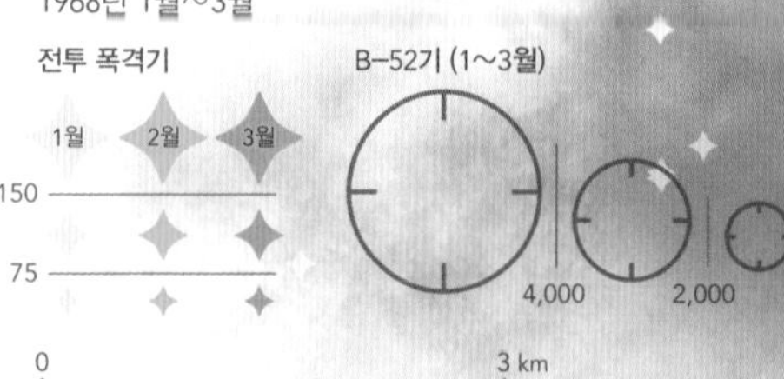

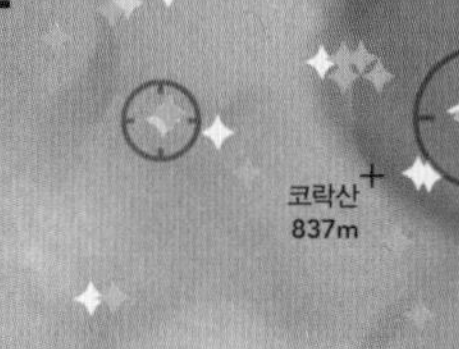

1월

초반에 전투 폭격기들이 케산 북부에 있는 미군 전초 기지에 근접항공지원을 제공했다. 만약 이때 NVA가 고지를 장악했다면 방해받지 않고 수월하게 그 아래 기지를 포격할 수 있었을 것이다.

2월

NVA가 9번 도로를 침범하면서 폭격은 거세졌다. 그러나 이때만 해도 B-52기는 적군 기지 3킬로미터 이내 폭격을 승인받지 못한 터였다. 어느 정도 안전지대를 확보한 덕에 NVA는 참호를 팔 수 있었다. 미 국방부는 결국 폭격 금지선을 좀 더 좁혔다.

3월

작전이 한창일 때는 케산 상공에 90분마다 B-52기가 출격했다. 폭격기는 1대당 108~220킬로그램에 이르는 폭탄을 실어 날랐다.[163] 3월 초 이뤄진 상공 공격으로 NVA는 기지에서 후퇴해야 했다. 4월에 들어서도 연일 이어지는 공습에 NVA는 기지로 접근하지 못했다.[164]

종말

1947년부터 운명의 날 시계는 위험에 처한 인류 역사를 기록해왔다.

제2차 세계대전의 낙진이 채 가라앉지 않은 1947년, 핵무기 개발을 위한 맨해튼 계획에 참여했던 두 물리학자가 잡지《핵과학자회보》를 창간했다. 목표는 "이성으로 인류에게 경각심을 일깨워 문명을 보존하는 것"[165]이었다. 두 사람은 동료의 아내이자 화가였던 화가 마틸 랭스도르프Martyl Langsdorf에게 창간호 표지를 부탁했다.[166] 랭스도르프는 인류를 멸망시킬 핵전쟁 위험을 세계에 경고하자는 데 동의했고, 인류의 위태로움을 강렬히 보여주는 '운명의 날 시계'를 고안해냈다. 시곗바늘이 자정에 가까워질수록 종말의 때가 가까워졌다는 뜻이다.

랭스도르프는 심미적인 요인을 고려해 처음 시간을 밤 11시 53분으로 정했다.[167] 이후 25년 동안《핵과학자회보》편집자 유진 라비노비치Eugene Rabinowitch가 시곗바늘을 조금씩 움직였다. 1973년 그가 작고한 후로는 과학안보위원회가 매년 11월에 모여 각국 조약과 핵무기 현황을 파악해 인류가 멸망까지 가까워졌는지 멀어졌는지를 결정했다.[168] 그들이 내린 결정을 따라가다 보면 국제사회 무게 추가 핵무기 억제와 감축 사이를 오가는 것이 눈에 드러난다. 일례로 1991년 러시아와 미국이 냉전 종식과 함께 핵무기 재고를 감축하기로 하자[169] 핵전쟁 없이 반세기를 살아남은 것에 안도한《핵과학자회보》측은 랭스도르프가 그린 최초 디자인을 크게 벗어나 운명의 날 시계 시간을 11시 43분으로 되돌렸다.

30년이 지난 현재 우리 앞에는 기후변화라는 새로운 위협이 떠올랐다. 시곗바늘은 어느 때보다 자정에 가까워졌다. 해수면 상승과 지구 온난화가 가져올 결말은 버섯구름처럼 극적이지는 않을 것이다. 그러나 똑같이 우리를 절멸시킬 것이다. 어떻게 하면 이 사실을 대중과 정치인에게 알릴 수 있을까?《핵과학자회보》사람들이 이미 수십 년 전에 깨친 바와 같이 사실만으로는 경각심을 일깨울 수 없다. 상식에 호소하는 것도 효과 없기는 마찬가지다. 원자력 시대 초창기 어느 과학자가 한 말을 빌리자면 "의지할 수 있는 전략은 단 하나, 종말이 다가왔음을 전파하는 것뿐이다."[170]

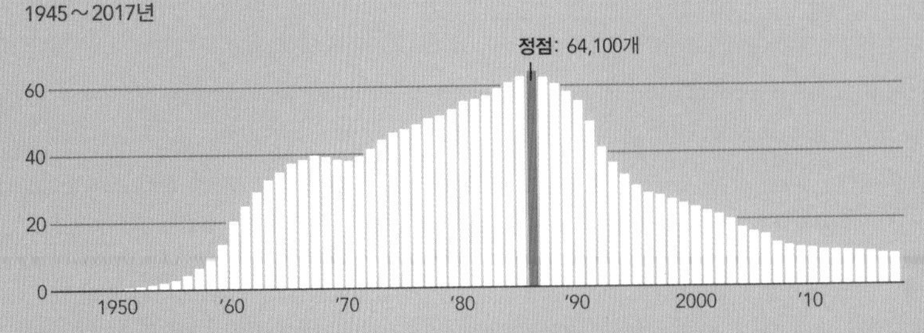

세계 핵무기 보유량은 1980년대 정점을 찍었을 때보다 6분의 1로 줄었으나 보유 국가는 오히려 늘었다. 핵무기는 단 한 대로도 돌이킬 수 없는 상황을 만들 수 있다.

2020

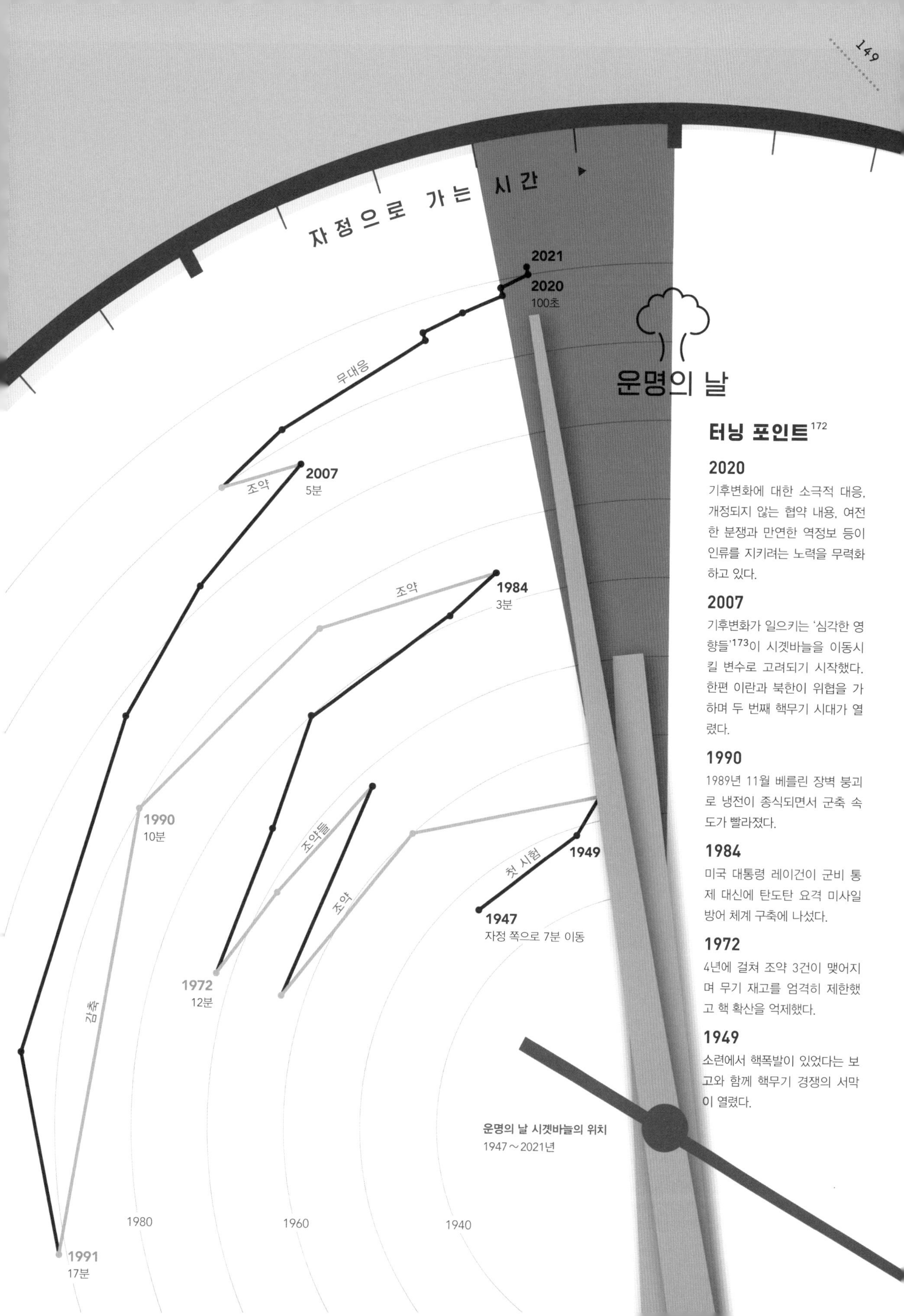

운명의 날

터닝 포인트[172]

2020

기후변화에 대한 소극적 대응, 개정되지 않는 협약 내용, 여전한 분쟁과 만연한 역정보 등이 인류를 지키려는 노력을 무력화하고 있다.

2007

기후변화가 일으키는 '심각한 영향들'[173]이 시곗바늘을 이동시킬 변수로 고려되기 시작했다. 한편 이란과 북한이 위협을 가하며 두 번째 핵무기 시대가 열렸다.

1990

1989년 11월 베를린 장벽 붕괴로 냉전이 종식되면서 군축 속도가 빨라졌다.

1984

미국 대통령 레이건이 군비 통제 대신에 탄도탄 요격 미사일 방어 체계 구축에 나섰다.

1972

4년에 걸쳐 조약 3건이 맺어지며 무기 재고를 엄격히 제한했고 핵 확산을 억제했다.

1949

소련에서 핵폭발이 있었다는 보고와 함께 핵무기 경쟁의 서막이 열렸다.

우리가 마주하는 것

"

하늘의 상태, 비·눈·우박의 시작과 끝,
바람의 방향과 세기를 날마다 기록해 제공한다면
귀중한 자료가 될 것이다. …
전국의 데이터를 충분히 모아
일 년 하루하루를 개별 지도로 만들어 완성할 수만 있다면,
미국에서 일어나는 일반 폭풍 현상의 법칙을
알게 될 수도 있다.[1]

"

조지프 헨리, 1858년 스미스소니언 협회 연례 보고서에서

나사 GEOS 위성은 10분마다 한 번씩 지구를 포착한다.[12] 위 사진은 2019년 9월 4일 찍힌 것으로(세계표준시 17시 10분) 서반구에 열대 사이클론 4개가 아치를 이뤄 소용돌이치고 있는 것이 보인다.

확실성을 찾아서

이 글을 쓰는 2020년 여름, 사람들 휴대전화에는 곤잘로, 한나, 이사이아스까지 허리케인 경고 알림이 연신 떴다. 8월도 되기 전에 이름이 붙은 폭풍이 9개나 온 것은 대서양 허리케인 시즌 중에 처음 있는 일이었다.[3] 전문가들은 엄중히 경고했다. 수온이 걱정스러울 정도로 올라 그러한 폭풍이 많게는 25개까지 올 수 있다는 것이었다.[4] 지금 와 생각해보면 전문가들은 오히려 낙관한 축에 속했다. 그해 11월 중반까지 대서양에 상륙한 허리케인은 30개로 사상 최대치를 기록했다.[5]

19세기에 폭풍을 추적하던 기상학자들에게 이러한 예측은 상상도 못 할 일이었다. 단순히 숫자의 문제가 아니었다. 1960년대에 위성과 기상 레이더가 등장하기 전까지 수평선 너머 폭풍을 눈으로 확인할 길이 없었기 때문이다.[6]

이 지도에 관해 조지프 헨리는 "먼 곳에 사는 친구가 어떤 날씨를 겪는지 보여준다는 점에서 흥미로울 뿐 아니라 곧 있을 변화를 한눈에 파악하게 해준다는 점에서 의미 있다"[10]고 보았다.

우리가 아는 건 생각보다 얼마 없다. 200년 전 날씨를 연구하던 사람들은 모든 대기 현상을 '메테오meteor'[7]로 여겼다. 아리스토텔레스가 저술한 『메테오롤로지카Meteorologica』에서 따온 용어로 '하늘의 이상한 것'을 의미한다. 이를테면 축축한 것(우박), 바람 부는 것(토네이도), 빛을 발하는 것(오로라), 맹렬한 것(혜성) 따위로 구분된다. 1835년 지구에 접근한 핼리 혜성을 처음 발견한 학자 중 하나였던 박물학자 엘리아스 루미스Elias Loomis는 혜성처럼 폭풍 역시 주기적으로 찾아온다고 믿었다. 그는 1848년 스미스소니언 협회 보고서에서 "폭풍의 법칙을 완전히 알아내면 폭풍을 예측할 수 있을 것"[8]이라고 말했다.

하지만 그러기에는 갈 길이 멀었다. 루미스와 당대 기상학자들은 미래에 대한 예측은 커녕 당장 어제 무슨 일이 있었는지를 기록하는 게 우선이었다. 따라서 학자들은 날씨 관측에 집중했다. 폭풍이 신의 응징으로 여겨지던 시절 그들은 그 믿음에 정면으로 반박할 구체적인 증거를 모았다. 진실을 알게 되면 안전히 바다를 항해하고, 미국 서부에 정착하고, 걱정 없이 작물을 심고, 질병을 예방할 수 있으리라고 이들은 생각했다.

스미스소니언 협회 초대 회장이었던 조지프 헨리Joseph Henry는 1856년 워싱턴 D.C.에 있는 협회 본부 로비에 미국 지도를 걸어두었다.[9] 아침마다 그는 여러 색깔의 작은 원반을 지도에 붙여 전국 날씨를 표시했다. 화창한 지역에는 흰색 원반, 눈이 오는 지역에는 파란색, 비가 오는 지역에는 검은색, 구름 낀 지역에는 갈색 원반을 붙였다. 원반에 달린 화살표는 풍향을 보여주었다. 순식간에 그 지도는 '대단한 흥미를 유발하는 대상'[11]이 되었다. 방문객들은 태어나 처음으로 드넓은 국가의 날씨 현황을 한눈에 보게 된 것이다.

요즘 기준으로는 간단해 보이지만 당시 헨리가 날마다 알맞은 색깔별로 원반을 붙이기까지는 굉장한 노력과 비용이 들었다. 우선 첫째로 전신 회사들을 설득해 매일 아침 10시까지 일기예보를 받아 보아야 했다.[12] 그다음으로는 역마다 온도계, 기압계, 풍향계, 우량계를 설치했다. 말이나 열차를 타고 다니면서 하기에 결코 만만한 작업이 아니었다. 이동 중에 기구가 깨지는 일도 잦았다. 북미 기후를 장기적으로 연구하기 위해 헨리는 메인부터 미시시피, 이후에는 캘리포니아부터 카리브해 지역에 걸쳐 학자와 농부, 자원봉사자 등을 모집했다. 열성적인 이른바 '스미스소니언 관측 요원'[13]들은 통일된 관측 법대로 하루에 세 번 날씨를 확인해 그 기록을 매달 워싱턴으로 보냈다.

매일 날씨 현황을 지도로 만드는 것은 그나마 수월했다. 크라우드소싱 방식으로 모인 데이터의 대홍수 속에서 경향을 구분해내려면 처리 작업을 거쳐야 하는데, 헨리가 꾸린 소규모 인력으로는 역부족이었다. 1857년 연례 보고서에서 그는 문제가 어느 정도인지를 유려하게 설명해놓았다. "산술 계산으로 추려야 할 관측 기록이 50만 건 넘게 도착했다. … 각 기록을 검토하고 추리기까지 평균 1분이 걸린다고 치면 전체 기록을 처리하는 데 7,000시간 정도가 걸린다."[14]

작업이 지연되자 봉사자들은 슬슬 인내심을 잃어갔다. 헨리는 봉사자들에게 보상으로 전년도 기상 보고서를 보내주겠다고 약속한 터였다. 그 약속도 지키지 않는데 봉사자들이 뭐 하러 계속 돕겠는가? 1852년 어느 겨울날, 매사추세츠 서부에 사는 농부 하나가 불편한 심경을 글로 토로했다. "봄에 씨를 뿌릴 때는 수확할 식량을 기대한다. 양털을 깎을 때는 입을 옷을 기대한다. … 고생은 고생대로 해놓고 계속 굶주리고 헐벗은 채 사는 게 과연 맞는 일일까?"[15]

헨리는 관측 요원들 외에도 일반 사람들과 교류하는 네트워크도 만들었는데 얼마 지나지 않아 활용하기 애매한 편지들이 쇄도했다. 어느 네브래스카 정착민은 "달이 양자리나 황소자리에 있을 때 한파가 닥친다"[16]라는 딸의 엉뚱한 관측 결과를 전달했다. 어느 시카고 주민은 눈 결정 그림 43장을 보내왔다.[17] 그래도 이따금 관측자 덕에 진짜 중요한 사실을 밝혀내기도 했다. 1853년 밀워키에 사는 독학 박물학자 인크리스 A. 라팜 Increase A. Lapham과 밀워키에서 서쪽으로 약 225킬로미터 떨어진 더뷰크에 사는 아이오와 과학미술협회장 아사 호르Asa Horr는 위스콘신 의회에 폭풍 경보 기구를 요구하기 위해 직접 여러 차례 전신 실험을 진행했다. 기압골을 지나는 시간을 측정해보니 폭풍이 주를 가로지르는 데는 6~8시간이 걸렸다. 라팜은 이 결과를 헨리에게 공유했다. 이후 두 사람은 위스콘신 서쪽 경계 지역에 사는 관측 요원들을 본격적으로 모집하기 시작했다. 그러던 중 남북전쟁이 터졌다.[18]

전쟁이 일어나기 전 한창때에는 스미스소니언 기상학 프로젝트에 500명이 넘는 관측 요원이 참여했다. 하지만 1862년에 이르러서는 다수가 기압계를 총과 맞바꿔 참여자 수가 40퍼센트 가까이 줄었다. 전신선이 망가졌고 그마저도 전쟁을 위한 전보가 우선시되면서 헨리가 만들어온 네트워크는 손쓸 수 없이 망가지고 말았다. 그러다 1865년 1월 헨리의 사무실이 화염에 휩싸인 것이 치명타가 되었다.[20] 그동안의 노력이 상당 부분 불에 타 없어졌다.

워싱턴 지도부가 공백인 동안에도 헨리의 시민 과학자들은 부지런히 작업했다. 1869년

스미스소니언
기상 관측 요원 수와 예산[19]
1849~1874년

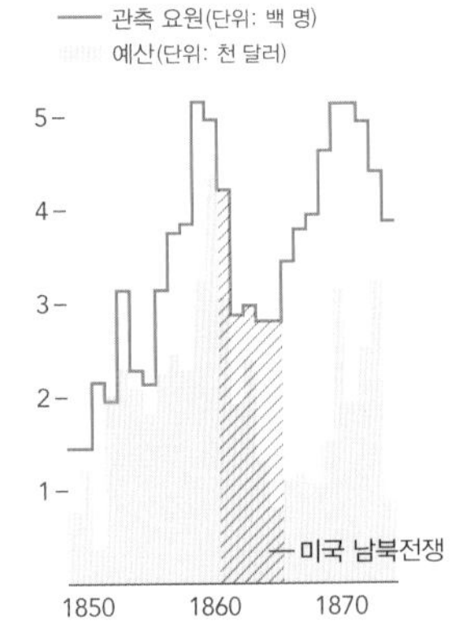

관측 요원 수는 남북전쟁이 끝나고 회복되었으나 연방 예산은 전쟁 이전 수준으로 다시는 돌아오지 못했다. 얼마 남지 않은 예산은 1865년 불에 탄 스미스소니언 협회 건물을 복구하는 데 대부분 쓰였다. 1870년 미 육군 통신부대가 일일 기상예보 업무를 맡게 되었을 때 헨리는 비, 바람, 기온, 기타 '기후 특성'에 관한 수십 년 치 데이터를 분석하기 위해 예산이 필요하다고 마지막으로 호소했다.[21]

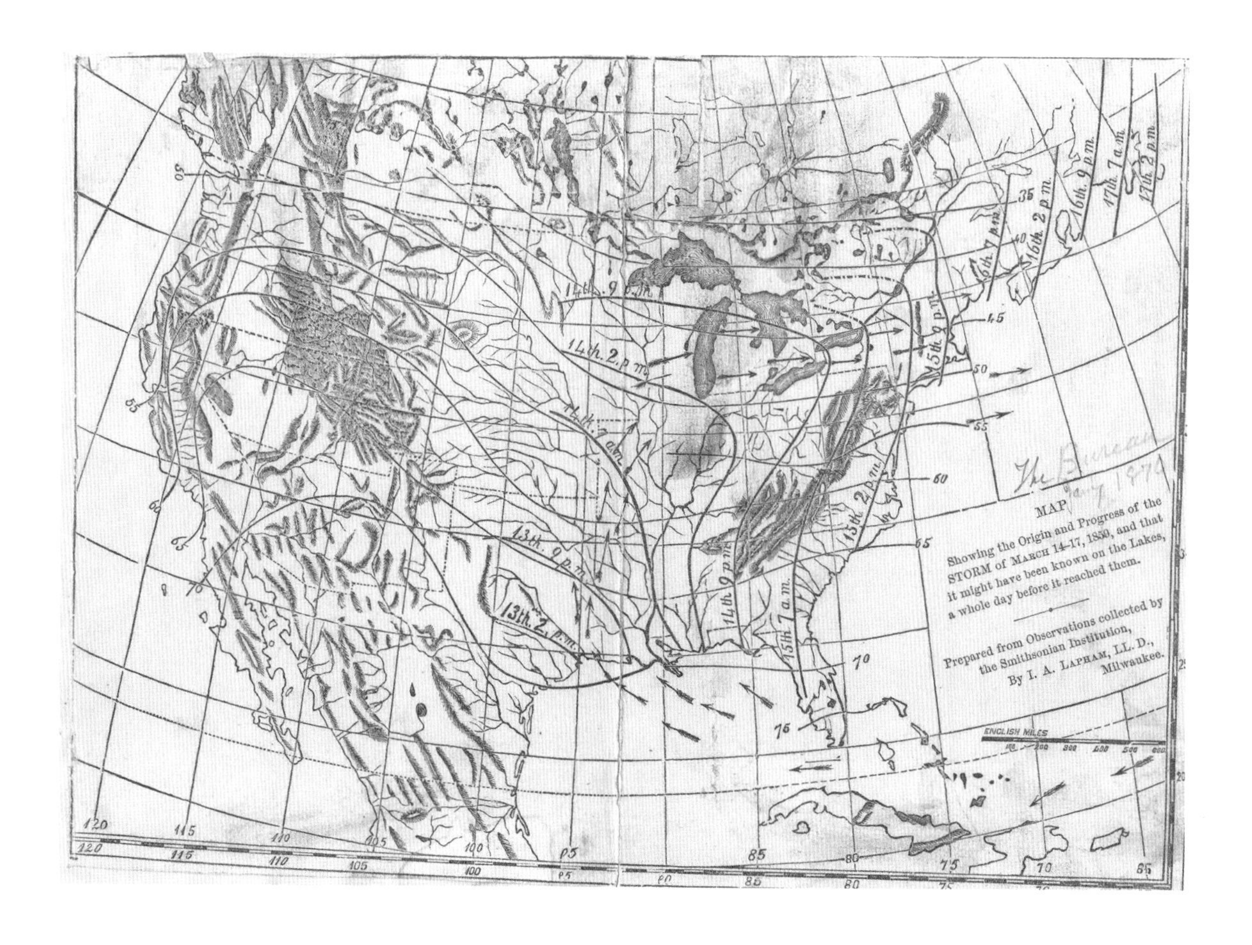

9월 신시내티 관측소 소장인 클리블랜드 애비Cleveland Abbe는 중서부 지역에서 「날씨 개요와 확률」[22]을 발간하기 시작했다. 이를 본 라팜은 폭풍 경보 기구를 만들자고 다시 목소리를 냈다. 1868년과 1869년 대서양에서는 험한 날씨로 배 3,000여 척이 부서졌고 이로 인한 피해 액수는 700만 달러에 달했다.[23] 1869년 12월 라팜은 이 피해 사실을 알리는 한편 잉글랜드와 프랑스에서 폭풍을 예측하려는 노력이 얼마나 성공을 거두었는지, 또 자신이 일찍이 진행한 실험이 어떠한 성과를 냈는지를 국가무역위원회, 과학자, 지역 언론인, 위스콘신 의원 할버트 E. 페인Halbert E. Paine 앞에서 호소했다. 그는 주장에 설득력을 더하기 위해 1859년 스미스소니언 협회가 모은 데이터로 지도를 만들어 보였다(위 그림).

《시카고 트리뷴》은 "폭풍 진로를 계산하는 데 10년이 걸리면 대체 경고의 효용이 어디 있겠느냐"[24]며 라팜을 비웃었다. 하지만 루미스 밑에서 폭풍 현상을 공부했던 의원 할

위스콘신에 사는 박물학자 인크리스 A. 라팜은 스미스소니언 관측 요원들이 모은 데이터를 활용해 동쪽에서 서쪽으로 이동하는 폭풍 경로를 지도로 만들었다. 이 자료는 미국 의회가 전국 규모의 폭풍 경보 시스템을 마련하는 데 도움을 주었다.

이 지도는 폭풍이 13일 오후 2시경 웨스턴 텍사스에 처음 상륙해 거기서부터 북쪽과 동쪽으로 이동한 뒤 24시간 후 미시간호에, 48시간 후 대서양에 상륙한다는 사실을 아주 분명하게 보여준다. 이 정보와 전신 덕에 사람들은 위험에 미리 대비할 수 있었다.[25]

버트 페인은 라팜의 주장에 바로 동의했다.[26] 그는 겨울이 지나기 전에 서둘러 의회에 법안을 제출했다. 새해에 접어들었을 때는 미 육군 통신부대 산하에 폭풍 경보를 담당할 기구를 설치하자는 합동 결의안이 별다른 이견 없이 의회를 통과했다. 당시 대통령 그랜트는 바로 다음 주에 법안에 서명했다. 70대가 된 조지프 헨리는 비로소 자신의 짐을 나눠 가질 사람이 생긴 것에 안도했다.[27]

그러나 먹구름은 쉽사리 가시지 않았다. 조기 경보가 제도화되고도 예측을 꺼리는 태도는 여전했다. 재정 보수파는 부정확한 예측에 돈을 쓰는 것을 이해하지 못했다. 열성적인 종교인들은 날씨 예측을 얕잡아봤다. 정치인들은 의심 많은 대중이 좋지 않은 결과를 과연 참아낼지 불안해했다. 따라서 관측자들은 신중해야 했다. 24시간 후에 일어날 일[28]에 대한 '가능성'과 '조짐'[29]을 함부로 보고해서는 안 되었고 '토네이도'라는 단어는 공포를 유발할 수 있다는 이유로 금지되었다.[30] 관측자들은 1900년 그레이트 갤버스턴 허리케인이 상륙하기 수일 전에 예측했지만 미국 기상국 소장이었던 윌리스 L. 무어Willis L. Moore는 텍사스에 폭풍 경보를 내리지 않았다.[31] 허리케인이 상륙하고 사망자는 8,000명에 달했다.[32]

신뢰할 수 있는 **기상학**은 우리의 지역사회, 출퇴근길, 상거래를 더 안전하게 만들어주었다. **기후 과학**도 다르지 않다.

데이터를 의심하고 부정하는 사람은 늘 존재한다. 그럴 때는 우리가 마주한 문제가 새로운 것이 아님을 확신시켜줄 무언가가 필요하다. 기상국은 반대 세력에도 불구하고 존속했다. 과학은 계속 진보했고 기술은 발달했다. 전문가의 말을 신뢰하는 것이 가장 낫다는 것을 일반 시민은 물론 기업들이 깨친 후로는 대중의 불신도 차츰 잦아들었다.
1961년 9월 허리케인 카를라가 멕시코만을 비스듬히 지나갈 때 지역 방송국은 일대에서 가장 강력한 레이더를 보유한 텍사스 갤버스턴의 기상국 건물에서 생방송을 내보내기로 했다. 보도에 앞장선 인물은 젊은 기자 댄 래서Dan Rather였다. "여기 허리케인의 눈이 있습니다."[33] 그는 레이더 스위프radar sweep로 가시화된 허리케인의 경로를 보이며 이렇게 말했다. 레이더 기상 지도는 요즘에야 당연하게 여겨지지만 1961년에는 무척 생소한 그림이었다.[34] 이어 그가 발휘한 재간은 수많은 사람을 살렸다. 그는 폭풍의 크기와 위치를 알리고 임박한 경로를 레이더로 보여주는 것만으로는 부족하다고 판단했다. 사람들에게 위험의 규모를 알려야 했다. 래서는 투명 플라스틱판에 텍사스 해안 지도를 그린 다음 그 위에 레이더스코프 화면을 겹쳐 보였다. 훗날 그는 "1인치가 50마일을 의미한다"라고 말했을 때 스튜디오에 있던 사람들이 경악하던 소리를 기억한다고 회고했다. "보는 사람 누구나 허리케인의 위력을 가늠할 수 있었다"[35]라는 것이다. 허리케인이 다가오고 있음을 눈으로 확인한 덕에 텍사스 주민 35만 명이 제때 대피할 수 있었다. 미국에서 기상 현상과 관련해 일어난 대피 중에 최대 규모였다.[36] 허리케인 카를라는 60년 전 상륙했던 갤버스턴보다 2배 가까이 되는 피해를 일으켰으나[37] 사망자는 46명으로 훨씬 적었다.[38]
모든 예측이 정확한 것은 아니다. 그러나 꾸준히 향상되고 있는 것만큼은 사실이다. 내일 외출할 때 우산을 챙겨야 한다거나 다음 주에 제설기가 필요하리라는 예측은 이제 당연한 일상으로 자리 잡았다. 신뢰할 수 있는 기상학은 우리의 지역사회, 출퇴근길, 상거래를 더 안전하게 만들어주었다. 기후 과학도 다르지 않다. 우리가 닷새짜리 기상예보를 보고 일주일 계획을 잡듯이 기후 과학은 향후 50년 예측에 맞춰 진로를 결정하고

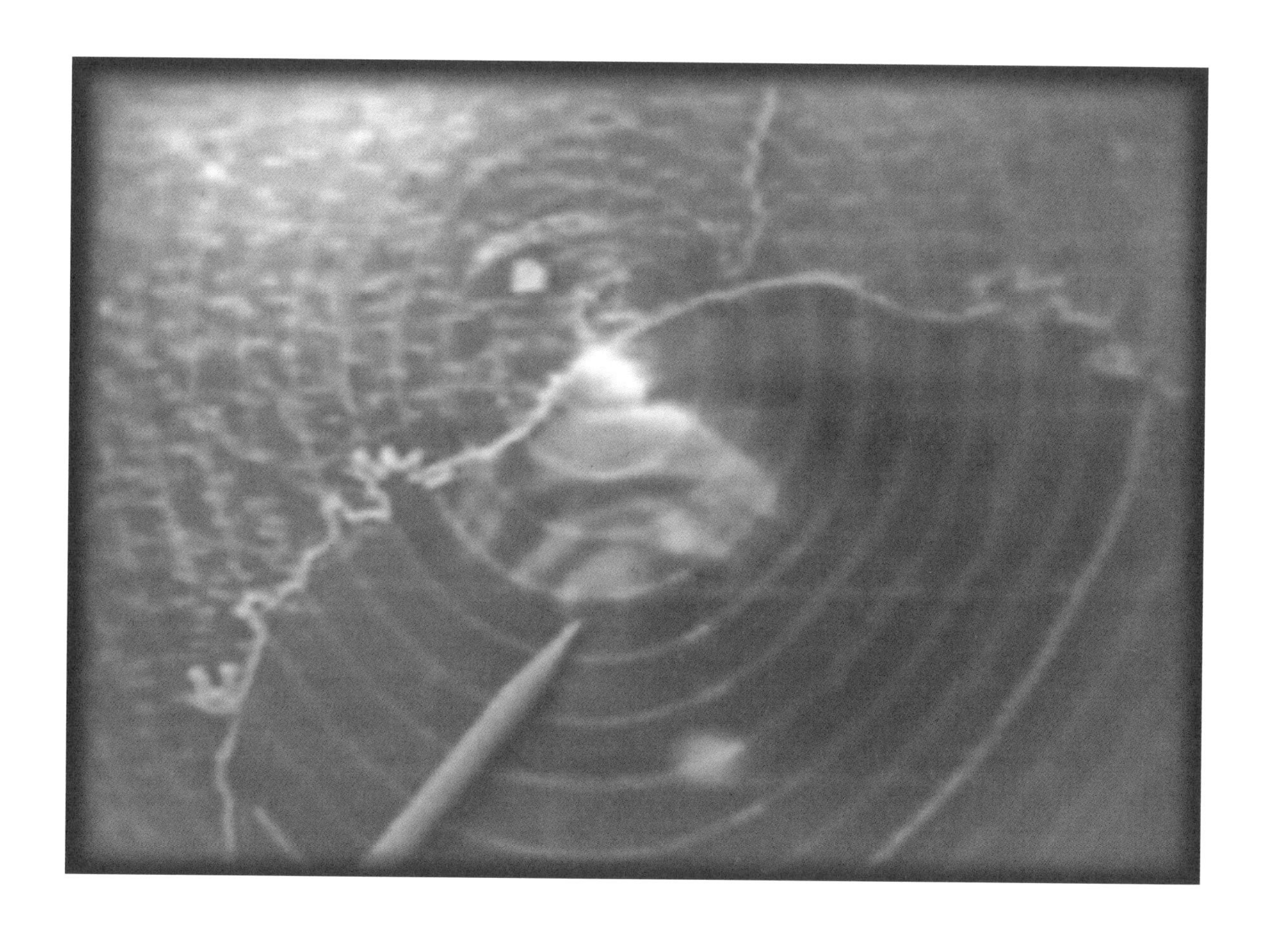

1961년 9월 9일 생방송에서 댄 래서는 연필, 레이더, 손으로 그린 해안 지도를 이용해 텍사스 갤버스턴 해안에 상륙한 허리케인 카를라의 눈을 보여주었다. 요즘은 어디서나 레이더 기상 지도를 볼 수 있지만 당시 시청자들에게는 아니었다.

집을 사고 정책을 통과시키게 해준다.

지금까지 나온 기후 예측에 따르면 2100년 지구 온도는 산업화 시대 이전 평균보다 (최소) 2도가 오를 전망이다.[39] 전문가들은 더 이상 돌려 말하지 않는다. 이제는 기후변화가 아니라 기후 **위기**에 접어들었다고들 한다. 이 장에서 우리는 지구 온난화가 허리케인부터 메카 순례까지 모든 것에 어떤 영향을 미치는지 살필 것이다. 또 우리는 알래스카에서 녹은 빙하량과 마셜제도의 해수면 상승세를 가늠하고, 첨단 기술이 어떻게 대기 변화를 감시하고 문제에 실시간으로 대응하는 해법이 될 수 있는지도 보일 것이다. 조지프 헨리와 초기 기상예보관들이 그러했듯이 데이터를 모아 시각화하면 무엇을 실천해야 할지를 알 수 있다. 정보를 가지고 무얼 할지는 정치적 의지에 달렸다. 단순히 완화하는 것에는 대가가 따르지만, 아무것도 하지 않는 것보다는 낫다. 위스콘신의 독학 박물학자 인크리스 라팜은 150년 전 폭풍 경보 기구를 주장하면서 이 논지를 분명히 해두었다. "당연히 실패하고 실수할 것입니다. 시스템이 완벽하게 작동하기 위해서는 숱하게 실험하고 관측해야 하는 법입니다. 하지만 중대한 목표를 이루기 위해 그 정도 희생은 감당해야 하는 것 아닙니까?"[40] 다가올 폭풍을 막기에는 너무 늦었다. 하지만 적어도 창문에 널판을 붙여 대비할 시간은 남았다.

열 변화도

해를 거듭할수록 세계가 달궈지고 있다.

기후 위기를 둘러싼 오해 가운데 가장 심각한 것은 온난화가 균일하게 이뤄지리라는 착각이다. 부정론자들은 기후 위기를 허풍으로 치부하며 한랭전선과 눈보라 현상 등을 증거로 내민다. 이러한 회의론은 날씨와 기후의 차이를 몰라서 하는 소리다. 날씨는 일시적이지만, 기후는 본격적으로 시작되고 나면 한동안 지속된다. 이 페이지에 실린 조각 사진들이 보여주듯 우리 인류는 무척이나 거센 기후를 지구로 불러들였다.

각 조각은 1890년부터 2019년까지를 연도별로 나타낸다. 기준점 시기(1961~1990년)[41]와 비교해 기온이 얼마나 달라졌는지를 색깔로 표현했다. 왼쪽에서 오른쪽으로 시간 흐름을 읽어가다 보면 심각한 패턴이 드러난다. 열기와 한파의 흔적이 여러 조각에 흩어져 있으나 현 세기 조각들에 유독 열기가 집중되었다. 2020년을 포함해 기록적으로 기온이 높았던 10개년은 모두 2005년 이후에 몰려 있다.[42]

기온 이상 현상(℃)
1890~2019년

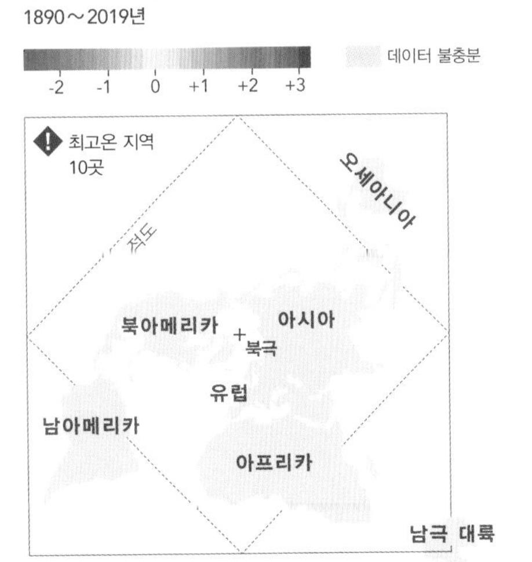

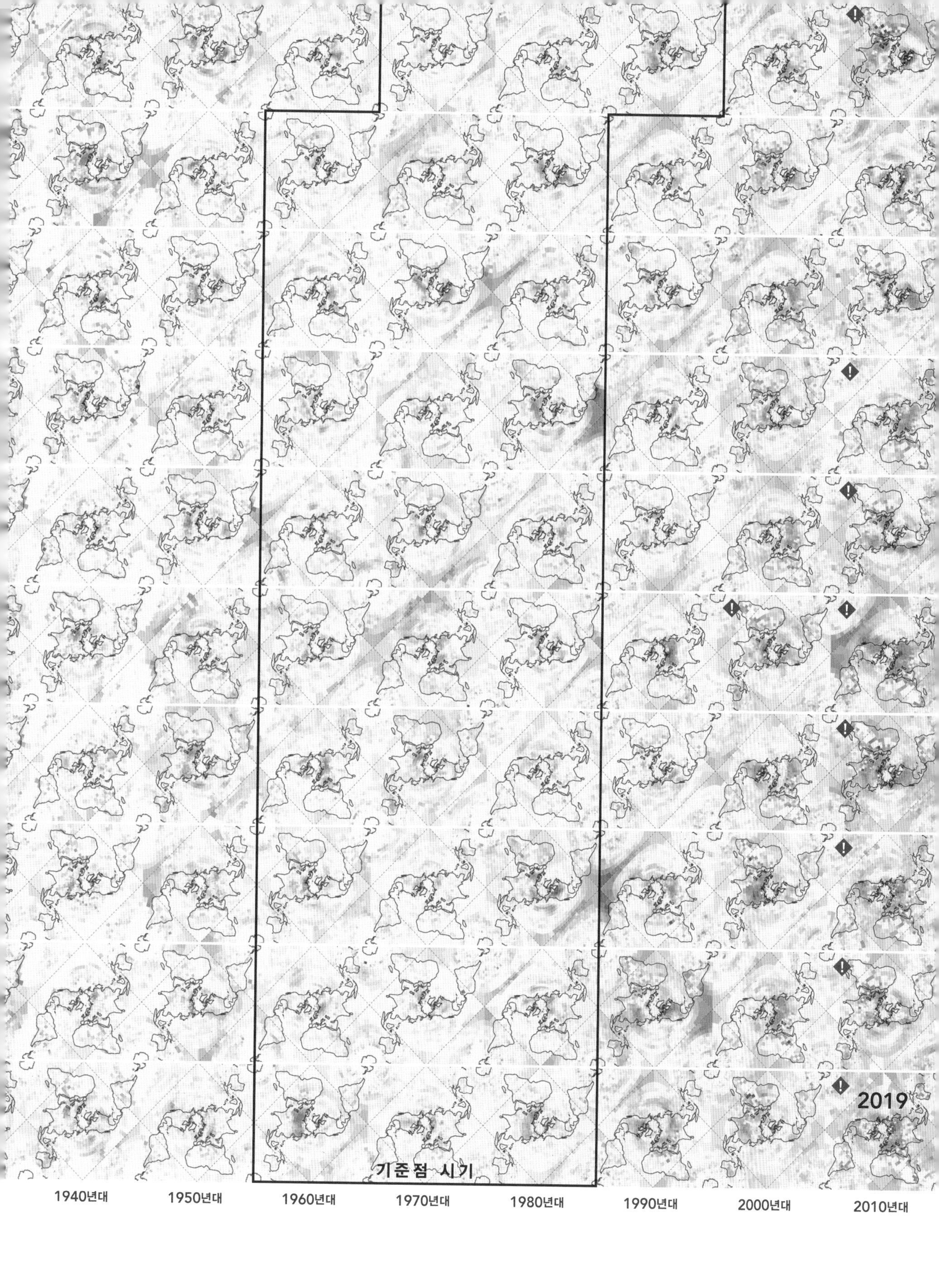
2019
기준점 시기
1940년대
1950년대
1960년대
1970년대
1980년대
1990년대
2000년대
2010년대

12월
1월
2월
11월
10월
9월
8월
7월
6월
5월
2100
'80
'60
'40
'20
2000
메카 순례 시작일은 매해 11일씩 앞당겨진다.
2000
2075
2044
2012
2015
2020
2051
2083
북아메리카
유럽
아시아
메카
남아메리카
아프리카
적도
오스트레일리아
남극 대륙

일사병 위험도
- 극도로 높음
- 높음
- 증가

사망 사고

국가별 무슬림 인구
2020년
- 2억 명
- 1억
- 1,000만
- 100만
- 10만
- 데이터 없음

이 태양력은 이번 세기 예정된 메카 순례 일정을 보여준다. 이슬람력은 달의 공전주기를 따르기 때문에 메카 순례 일은 해마다 11일씩 앞당겨진다.

너무 더워서 메카 순례를 갈 수 없다고?

순례를 계획하는 사람들이 조심해야 할 것은 팬데믹만이 아니다.

지난 14세기 동안 순례자들은 메카로 향했다. 일명 이슬람의 다섯 기둥 원칙에 따라, 건강과 재정 형편이 되는 무슬림은 살면서 한 번 이상 성지 순례를 해야 한다. 비행기 여행이 보편화되면서 순례자 인구는 급증했다. 2019년에만 20여 개국이 넘는 나라에서 250만 명이 성지 순례를 떠났다.[43] 그러나 2020년 6월 사우디아라비아에서 코로나19 확진자와 사망자가 불어나자[44] 정부는 성지 순례를 엄격히 제한했다.[45] 그런데 팬데믹이 지나가더라도 순례자를 통제할 이유는 확실해 보인다.

메카 순례자는 며칠 동안을 야외에서 지내야 한다. 순례 둘째 날에는 사막 길을 10킬로미터 넘게 걸어야 한다. 그러나 이는 더 이상 지속 가능하지 않다. 1990년대 이후로 사우디아라비아 서부 지역 기온은 꾸준히 올랐고 덩달아 일사병 발병 주기도 늘었다. 홍해의 습한 공기가 내륙의 뜨거운 열기와 합쳐지는 8월부터 10월 말까지는 메카 인근 지역에서 사고가 특히 빈번해진다. 2015년 9월에는 순례자가 2,000명 넘게 압사하는 사고까지 발생했다. 사고 이유는 불분명하지만 과한 열기가 사상자를 늘렸을 가능성은 충분하다. 그해 최고 기온은 48.3도였다. 세계가 온실가스를 감축하지 못하면 2044~2051년과 2075~2083년에는 더한 참사가 벌어질 위험이 있다.[46] 그늘을 더 많이 만들고 순례길 곳곳에 물과 초목을 조성한다면 도움이 될 것이다. 의료적 사정이 있을 경우 순례자들이 야외 활동을 면제받을 수 있다는 사실을 정부 차원에서 적극적으로 알릴 필요도 있다.

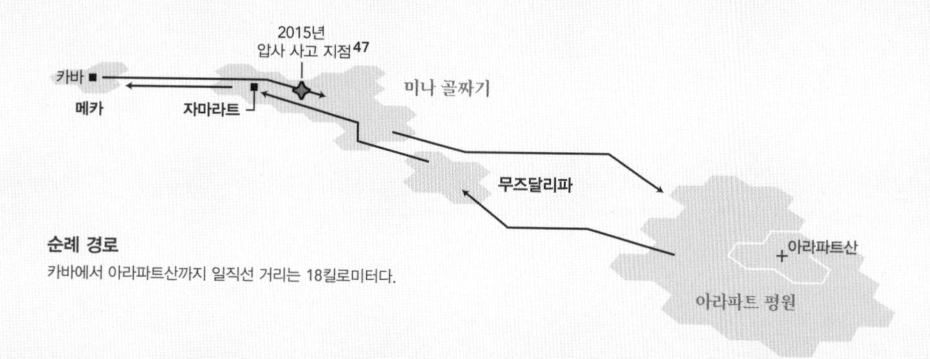

순례 경로

카바에서 아라파트산까지 일직선 거리는 18킬로미터다.

1일째[48]

메카에 도착하고 나면 순례자들은 버스를 타고 미나 골짜기에 있는 넓은 캠프장으로 가 에어컨이 설치된 텐트에 머무른다.

2일째

12킬로미터를 걸어 아라파트 평원으로 가서 해가 저물 때까지 머무른다. 밤은 무즈달리파에서 보낸다.

3~5일째

새벽에 미나 골짜기로 돌아와 '악마 돌기둥에 돌 던지기' 의식을 치른 뒤 메카에 있는 카바 신전으로 향한다. 순례의 정점은 미나에서 열리는 '이드 알아드하Eid Al-Adha' 축제다. 일부 순례자는 좀 더 머무르며 셋째 날 의식을 반복하기도 한다.

육각형[60]으로 표시한 삼림 화재 지역
2018년 11월~2019년 10월

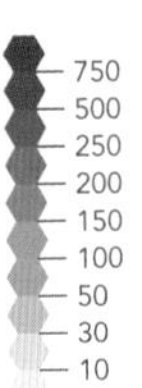

위성에 달린 열 센서는 주차장에서 발생한 소규모 화재까지도 감지할 수 있다.[61] 이 지도는 2018년 최악의 피해를 일으킨 자연재해 '캠프파이어' 산불 후로 발생한 삼림 화재 지역을 보여준다.

불에 그을린 상처

세계가 불타는 것처럼 보일 때가 있다. 착시가 아니다.

2018년 11월 캘리포니아 북부에서 '캠프파이어'라는 이름의 대형 산불이 발생해 인근 마을 패러다이스를 집어삼켰다.[49] 이후로 미국 서부에서 산불 규모는 점점 더 커지고 있다. 아마존[50]과 인도네시아[51]에서는 화전민과 목축업자가 열대림을 태우고, 시애틀과 싱가포르에서는 산불 연기가 스카이라인을 가릴 만큼 번지는가 하면[52], 오스트레일리아에서는 산불로 야생동물이 떼죽음당하고 있다. 대부분 지형 특성상 오래전부터 산불이 일어나던 곳이지만 시베리아에서까지 불이 번지는 것은 유례없는 현상이다.[53] 2020년 하짓날 베르호얀스크에서 측정한 러시아 기온은 38도였다.[54] 이는 북극권 북쪽 지방에서 관측된 최고 기온이었다. 이것만으로도 충분히 염려스러운데 이것이 가리키는 거시적 흐름은 더욱 섬뜩하다. 앞서 6개월 전 시베리아 기온은 가장 비관적인 기후 모델조차 8년 안에 오지 않으리라 예상했던 기온[55]에 가깝게 오르기 시작했다. 열기가 지속되면 숲은 불쏘시개가 되고 건조한 이탄 지대는 지하 연료가 된다. 하지 무렵 러시아 극동부에 있는 사하 공화국에서 모스크바보다 넓은 땅이 불에 휩싸였다.[56] 연기는 알래스카까지 퍼져[57] 그해 6월 알래스카 하늘에 유입된 탄소는 벨기에가 1년 내내 배출하는 양보다도 많았다.[58]

상황은 갈수록 나빠지고 있다. 대기 과학자들은 불꽃 감지 위성에서 수집한 데이터에서 불길한 패턴을 발견했다. 2020년 시베리아 산불 지역이 2019년과 상당 부분 일치한다는 것이다. 어쩌면 불길이 계속 잡히지 않고 있는지도 모른다. 일명 '좀비 산불'[59]이 겨우내 땅속에서 들끓다가 봄에 다시 피어오르는 거라면, 상처는 두고두고 곪아 터질 것이다.

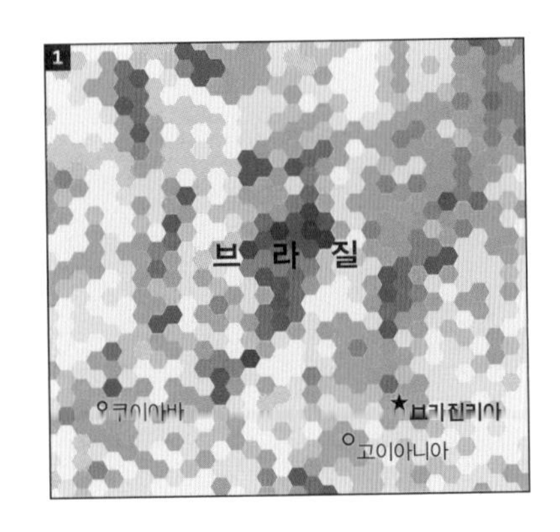

아마조니아

브라질 우림은 천연 이산화탄소 흡수기다. 그런데 브라질 대통령 보우소나루는 숲을 보호 대상은커녕 약탈 대상으로 인식한다.[62] 재임 첫해인 2019년 위성 관측 결과 아마존 내 산불 발화 지점은 전년보다 21,000곳이 늘어났다.[63] 보우소나루는 이 데이터를 '거짓말'이라고 부정했다.[64]

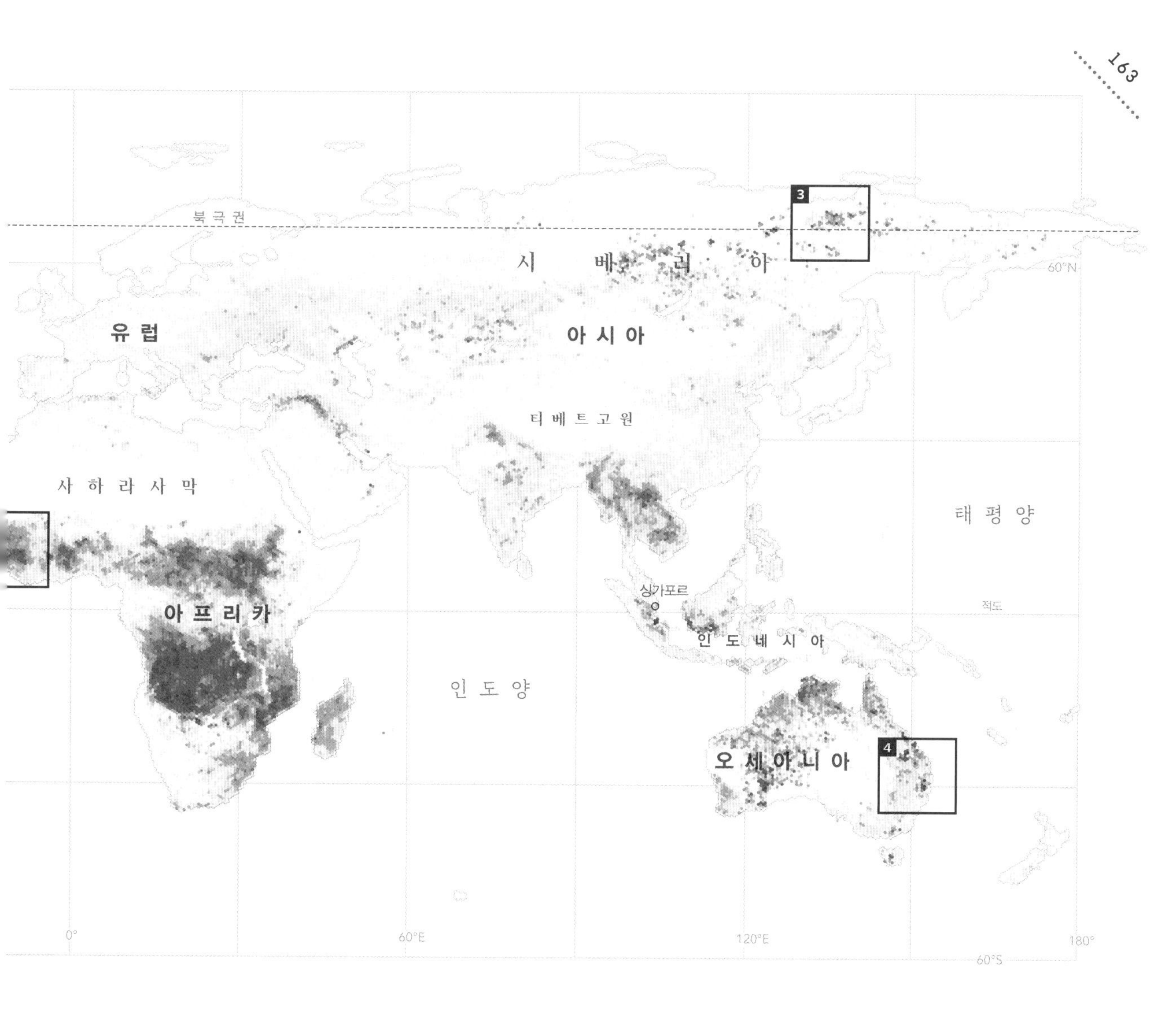

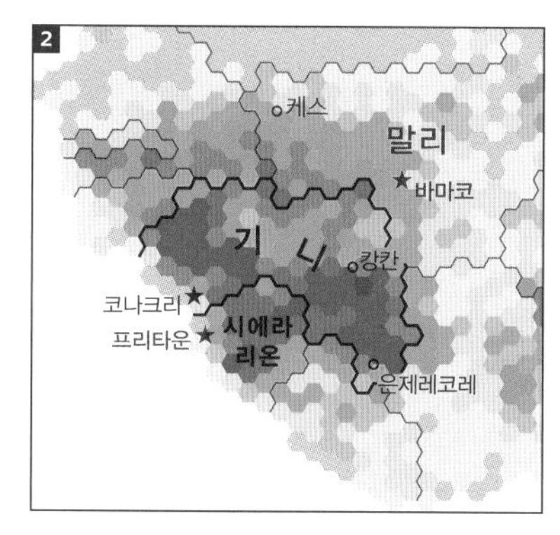

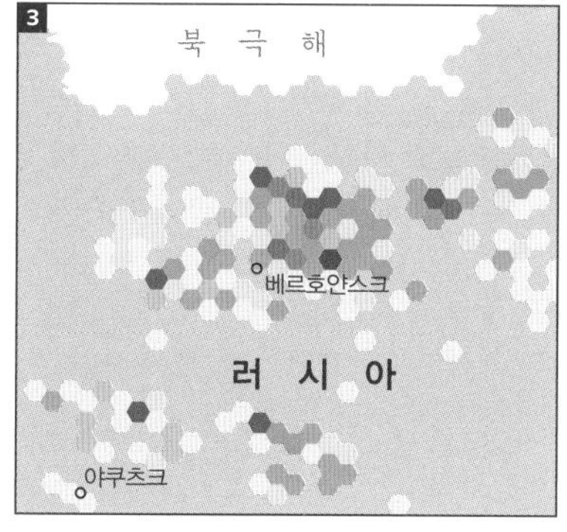

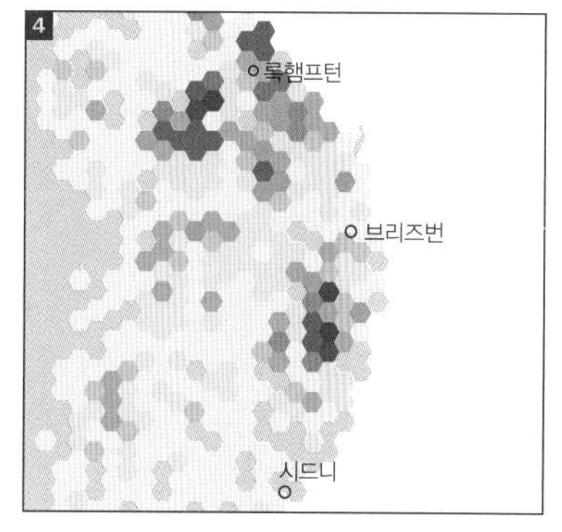

서아프리카

농부들은 작물이나 가축을 기를 땅을 개간하려고 불을 지른다. 아프리카 지도에 일자 끈처럼 붉은 모양이 생긴 것은 적도를 따라 변하는 계절을 보여준다. 12월부터 5월까지는 건기인 기니 지역에서 화재 위험이 관찰되고[65], 5월부터 10월까지는 앙골라에서 화재 위험이 커진다.[66]

시베리아

러시아에서는 눈이 녹고 동토대가 따뜻해지는 4월부터 화재가 빈번해진다. 최근에는 기온이 올라 영구 동토층까지 녹기 시작했다. 탄소가 대량 매장된 동토층이 녹으면 온실가스가 빠져나오게 되어 산불 연기와 함께 온난화, 해빙, 산불 발생의 비극적 악순환을 앞당긴다.[67]

오스트레일리아

고온과 가뭄으로 남쪽 지방의 산불철이 점점 길고 위험해지고 있다. 2018년에는 8월에 첫 산불이 시작되었는데 이듬해에는 6월에 첫 산불이 보고되었다. 2019~2020년 동안 발생한 산불로 동물이 10억 마리 넘게 죽고[68] 세계 코알라 개체 3분의 1이 폐사했으리라는 추측도 있다.[69]

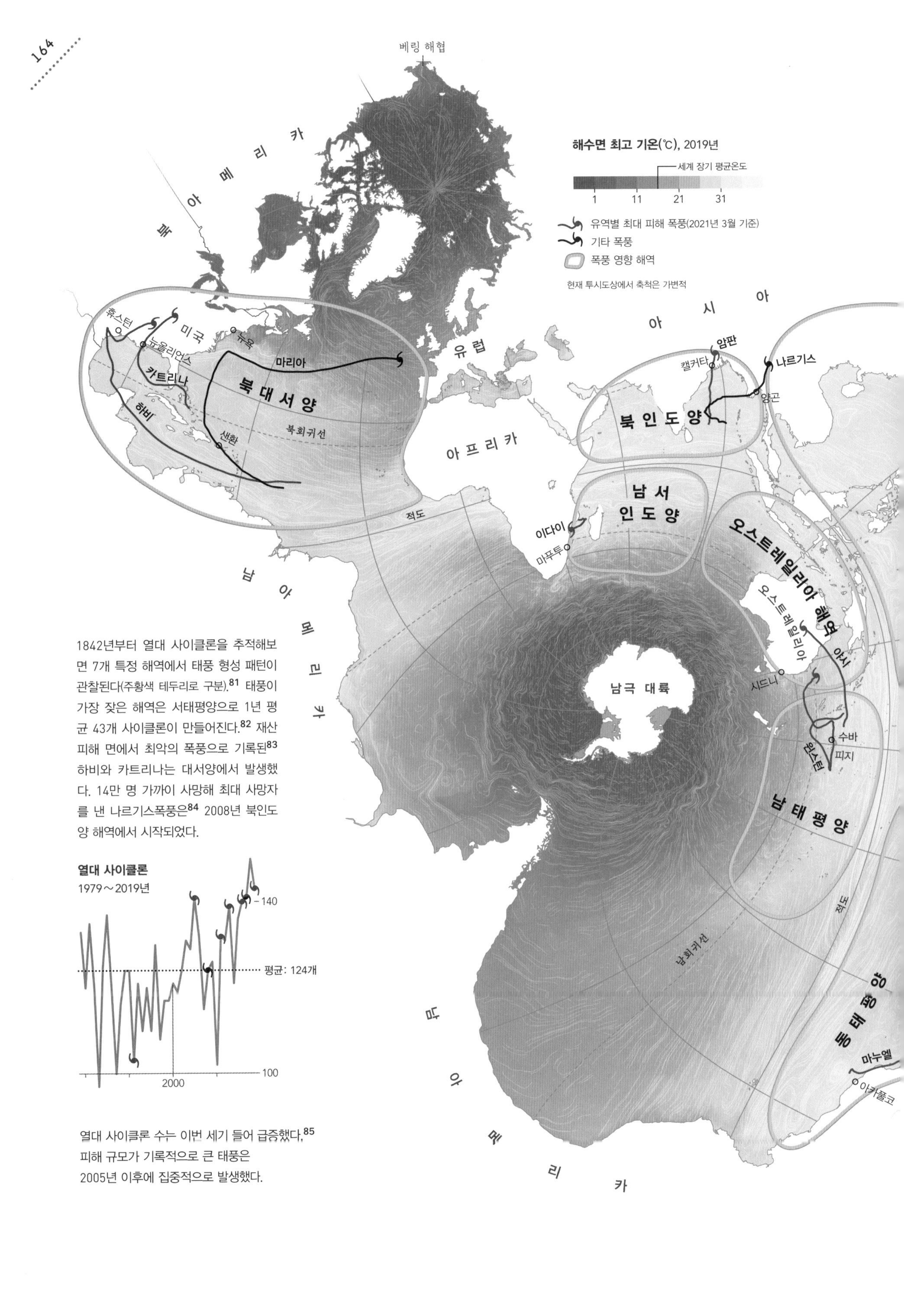

1842년부터 열대 사이클론을 추적해보면 7개 특정 해역에서 태풍 형성 패턴이 관찰된다(주황색 테두리로 구분).[81] 태풍이 가장 잦은 해역은 서태평양으로 1년 평균 43개 사이클론이 만들어진다.[82] 재산 피해 면에서 최악의 폭풍으로 기록된[83] 하비와 카트리나는 대서양에서 발생했다. 14만 명 가까이 사망해 최대 사망자를 낸 나르기스폭풍은[84] 2008년 북인도양 해역에서 시작되었다.

열대 사이클론 수는 이번 세기 들어 급증했다.[85] 피해 규모가 기록적으로 큰 태풍은 2005년 이후에 집중적으로 발생했다.

폭풍이 몰아치는 바다

지구 온난화의 파급 효과에서 안전한 해안 지대는 없다.

검은 옷을 입고 태양 아래 있어 보면 바다의 무게를 느낄 수 있다. 바다라는 거대한 물 덩어리는 하루도 빠짐없이 날마다 태양 에너지를 고스란히 받아낸다. 지난 50년 동안 바다는 온실가스 배출로 지구에 갇힌 과도한 열을 제 몫 이상으로 흡수해야 했다.[70] 이 지도는 전 세계 바다를 하나로 연결해 보여주는데, 보다시피 수면 온도가 빠르게 증가하고 있다. 2019년 북극 물 온도는 평균온도를 7도나 초과했다(위 그림 참고).

히드라의 머리처럼 문제는 자꾸만 불어난다. 해빙이 녹고 해수면이 상승하는 것이 가장 흔하게 언급되는 문제인데 이에 관해서는 166~171쪽에서 살펴볼 것이다. 다른 문제들도 하나둘 퍼지고 있다. 물 온도가 높아지면 산소량이 줄어들어[71] 열에 민감한 종이 폐사하고[72] 공기 습도가 높아져[73] 해류와 기류가 불안정해진다.[74] '데드 존dead zones'[75]이라고 불리는 저산소 지대 수백 곳은 어업이 불가능해졌고 먹이사슬도 엉망이 되었다. 오스트레일리아 바다에서 발견되던 산호초 그레이트배리어리프는 절반 가까이 사라졌다.[76] 폭풍은 크기와 위력[77], 습도 면에서 몸집이 불어났다.[78] 이른바 괴물 폭풍이 내륙에 상륙한 후 머무는 시간 또한 길어졌다.[79] 미국 역사상 가장 습한 폭풍이었던 허리케인 하비는 2017년 휴스턴에 나흘을 머무르며 누적 강수량 1미터에 달하는 비를 퍼부었고 1,250억 달러에 이르는 피해를 일으켰다.[80]

움직이는 얼음

빙하는 더 이상 천천히 움직이지 않는다.

주노 빙원은 북아메리카에서 다섯 번째로 큰 빙원으로 미국과 캐나다 국경 지대에 걸쳐 있다. 서쪽으로 가면 원시 우림이 나오고 동쪽으로 가면 유콘강 물줄기가 흐른다. 빙원 한가운데에는 거대한 타쿠 빙하가 있다. 지구 온난화에도 끄떡 않고 질량을 늘려가던 이 빙하가 2018년 이후로 줄어들기 시작했다.[86]

빙하는 대형 컨베이어 벨트와 같다. 최상단에 쌓인 눈이 단단한 얼음으로 응축되고 나면 골짜기를 따라 아래로 미끄러져 내려가 말단부에서 녹아 없어지는 식이다. 주노 빙원 연구 프로그램에 참여하는 과학자들은 빙하가 이러한 시스템대로 움직이는지를 가늠하기 위해 '질량 균형'이라는 간단한 공식을 이용한다. 질량이 늘어나는 빙하는 질량 균형이 플러스 값으로 나타난다. 말단부로 빠져나가는 눈과 얼음보다 윗부분에 얹어지는 눈과 얼음이 더 많기 때문이다. 타쿠 빙하는(지구상에 존재하는 대다수 빙하와 마찬가지로) 이 비율이 역전되었다. 여름마다 녹아 사라지는 눈의 양이 너무 많아서 질량이 더는 늘지 않는다. 말하자면 빙하가 굶어 죽어가고 있다. 태양광선을 반사할 눈과 얼음이 적어지고 흡수하는 암석이 더 많이 드러날수록 기온은 높아지고 빙하는 더 많이 녹아내릴 것이다. 일부 추측에 따르면 주노 빙원은 200년 안에 사라질 수도 있다.[87]

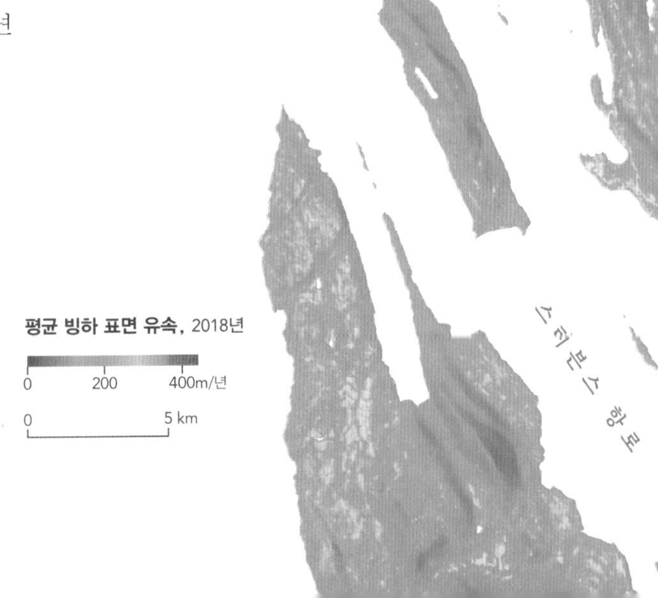

위성사진으로 빙하 표면 양상의 움직임을 추적하면 빙하의 유속을 가늠할 수 있다. 이 지도에서 붉은색은 빠른 속도를 의미한다. 이 기술은 지상 탐사만큼 정밀하지는 않아도 세계 빙하의 상태를 신속하게 파악하도록 해준다.[88]

부처 빙하
길키 빙하
툴세쿠아 빙하
넬 피크
캐나다 브리티시컬럼비아
미국 알래스카
데블스 포
주노 빙원
메레스 빙하
2018
설선
하데스 하이웨이
타쿠 빙하 서부
데모레스트 빙하
스노 타워
타쿠 빙하
타쿠 타워
2013
설선
엠퍼러 피크
이스트 트윈 빙하
허버트 빙하
웨스트 트윈 빙하
설선보다 높은 곳에 눈이 쌓여야 빙하가 유지되고 그렇지 못하면 녹는다. 2018년 설선은 너무 고지대에 형성되어[90] 빙하 질량이 증가하지 못했다.
트윈 빙하 호수
타쿠 빙하 남서부
멘덴홀 타워
멘덴홀 빙하
타쿠강
노리스 빙하
레몬 크리크 빙하
주노 국제공항
타쿠 빙하 계곡의 첫 45킬로미터 구간은 해수면보다 아래에 있어서[89] 해빙에 특히 취약하다. 현재는 얼음벽과 퇴적물이 만과 이어지는 길을 막아주고 있지만 그 벽이 무너지는 순간 계곡에 바닷물이 흘러들어 빙하 하단을 녹이게 될 것이다.
타쿠 만
주노
가스티노 해협

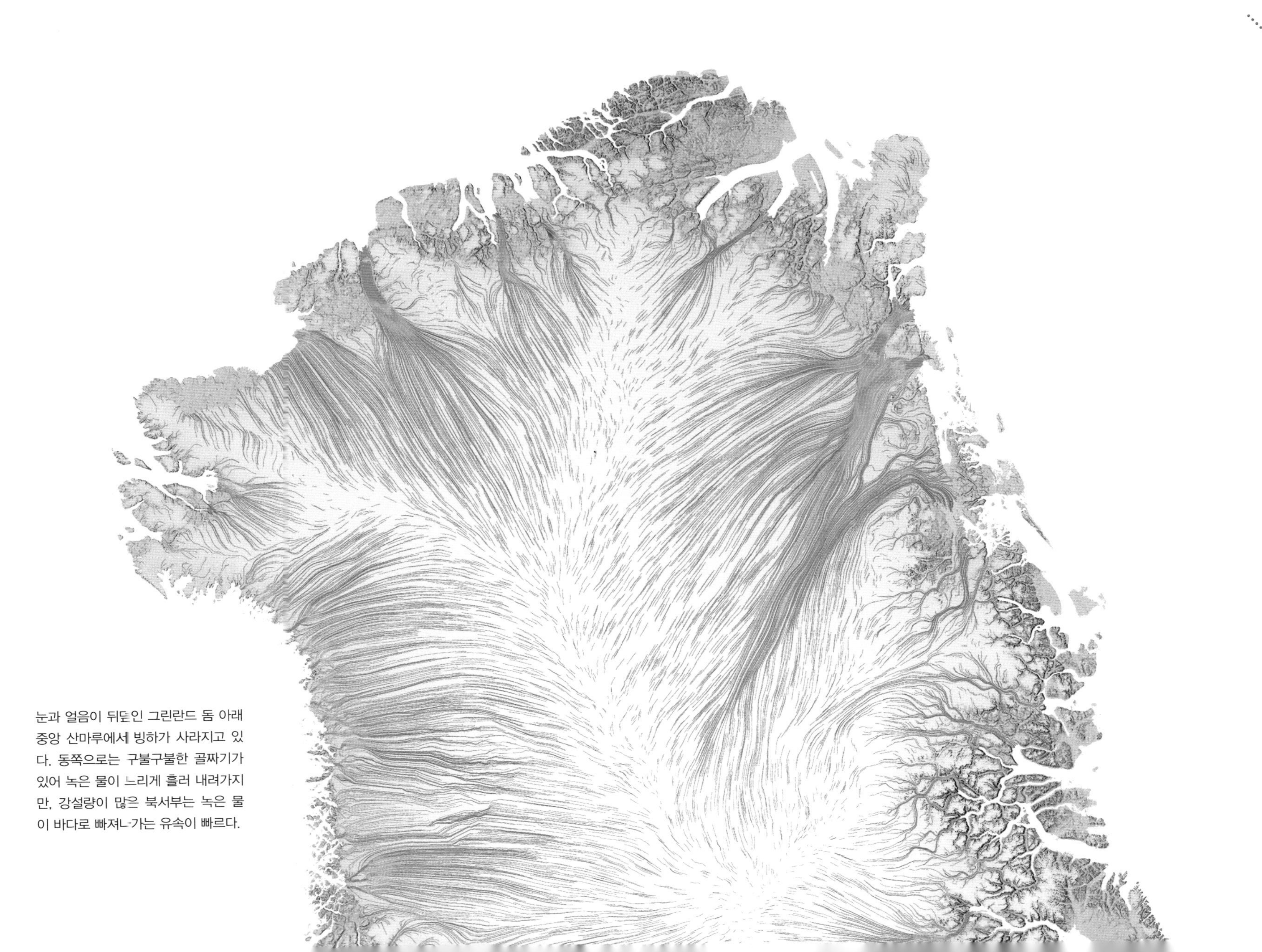

눈과 얼음이 뒤덮인 그린란드 돔 아래 중앙 산마루에서 빙하가 사라지고 있다. 동쪽으로는 구불구불한 골짜기가 있어 녹은 물이 느리게 흘러 내려가지만, 강설량이 많은 북서부는 녹은 물이 바다로 빠져나가는 유속이 빠르다.

주노 빙원이 녹아 사라진다고 세계 해수면이 급격히 달라질 확률은 희박하지만 그린란드 빙하가 녹는 것은 재앙에 가깝다. 해수면이 7미터 상승해[91] 모든 나라가 물에 잠기게 될 것이다 (170~171쪽 참고).

해빙은 이미 대규모로 진행 중이다. 2019년 그린란드에서는 600기가톤에 이르는 얼음이 녹아 사라졌다. 20년 전에 비하면 빙하 질량이 5,000기가톤이나 줄었다. 문제는 해빙이 한번 시작되면 돌이키기 힘들다는 것이다. 따뜻한 해빙수는 빙하에 스며들어 얼음을 무르게 만들고 하단을 매끈하게 만든다. 그렇게 되면 녹은 물이 따뜻한 고도로 흘러 내려가는 속도가 빨라지고 얼음은 점점 더 부드러워져 해빙 속도를 앞당긴다.[92]

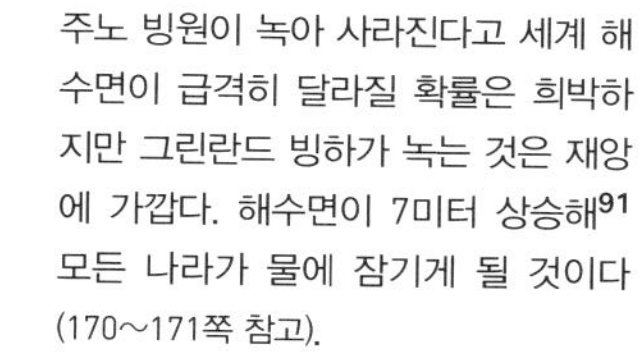

평균 표면 유속, 2018년

그린란드 빙하 질량 변화[93]
2002년 3월~2020년 5월

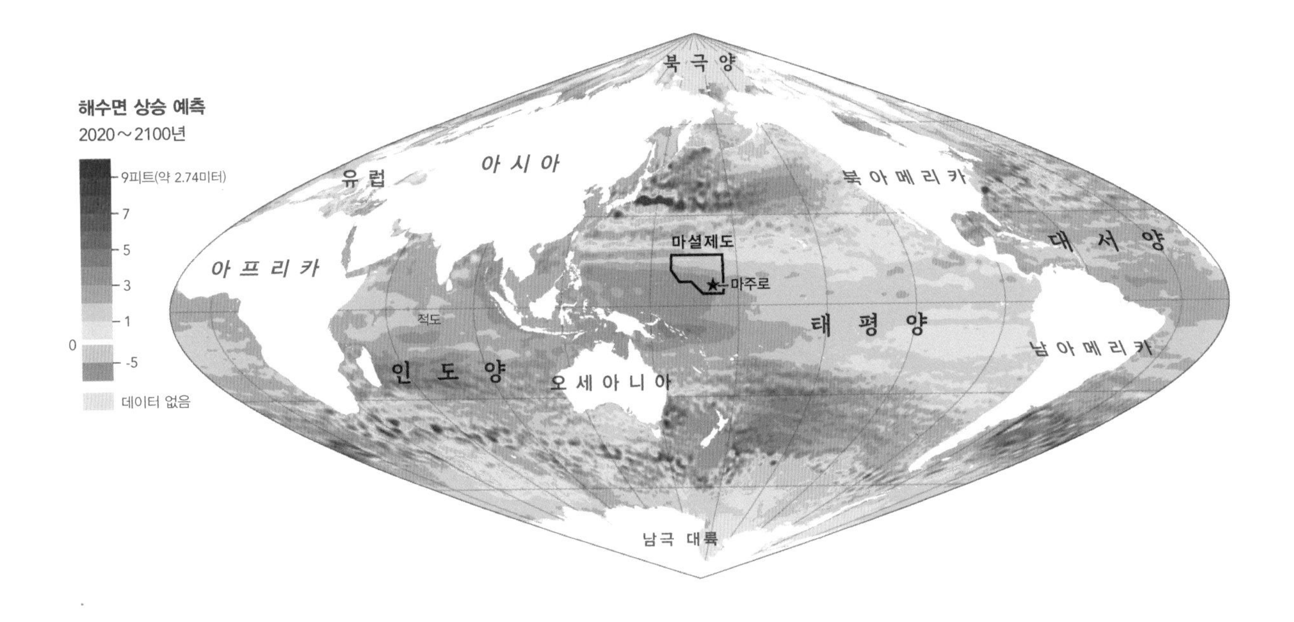

물속에서 헤엄치기

남태평양 섬나라들은 생존을 위해 싸우고 있다.

마셜제도는 버티고 있다. 미군은 1945년부터 1958년까지 마셜제도에서 핵 실험 프로그램을 진행해 핵무기 67개를 폭발시켰다.[94] 마셜제도는 그 여파에 아직도 시달리지만 동시에 갈수록 심해지는 태풍과 심각한 녹조 현상, 극심한 가뭄과 뎅기열 유행[95], 계속되는 해수면 상승까지, 쉬지 않고 쏟아지는 기후변화 공격에도 맞서 싸우고 있다. 하지만 점점 더 힘에 부친 상황이다.

주민들 3분의 1은 이미 미국으로 이주했다.[96] 남은 사람들은 나라의 미래가 사라지는 것을 피부로 느끼고 있다. 2019년 유엔 기후변화회의에 참석한 마셜제도 대통령 힐다 하이네Hilda Heine는 상황의 심각성을 집약해 발언했다. "달아나지 못한 사람들은 사력을 다해 버티고 있습니다. 우리는 한 국가로서 도망가기를 거부하지만, 죽음 역시 거부합니다."[97] 앞으로 해수면 상승률에 큰 이변이 생기지 않고 해양 보호에 대규모 투자가 이뤄지지 않는다면[98], 옆에 실린 마셜제도 수도 마주로에서 파란색으로 채색된 지역은 이번 세기말이 끝나기 전 바다에 잠겨 대부분 없어질 것이다.

해수면은 지구 전체에 걸쳐 균등하게 상승하지 않는다(위 그림 참고).[99] 해류, 날씨 패턴, 다양한 온난화 속도에 따라 상승률도 다르다. 대체로 태평양 서쪽에 있는 섬들이 동쪽 나라들보다 더 큰 위험에 처해 있다.

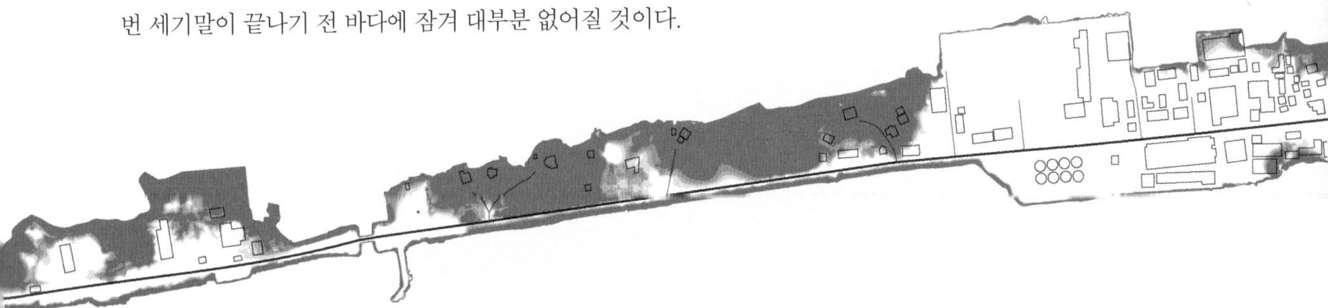

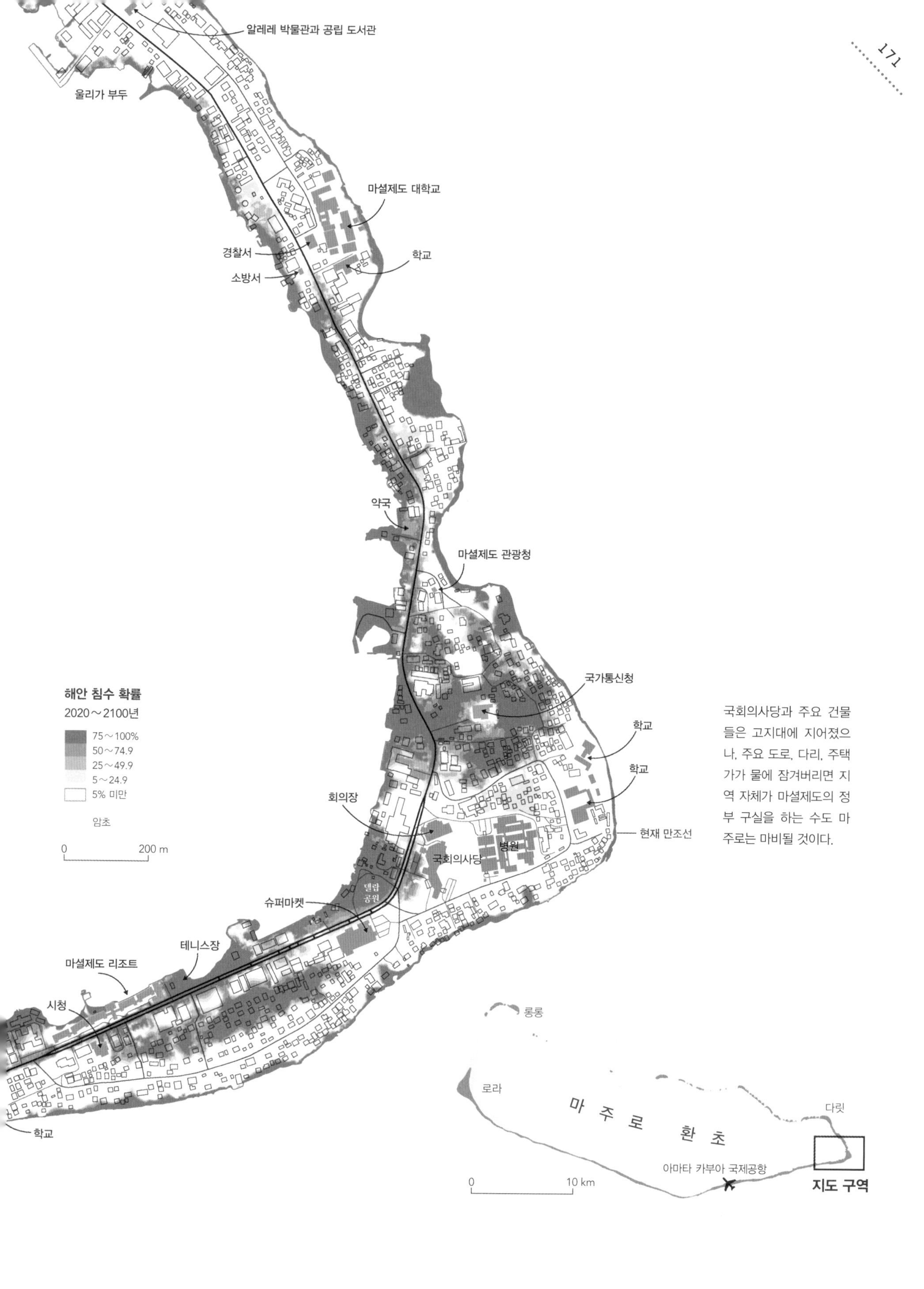

국회의사당과 주요 건물들은 고지대에 지어졌으나, 주요 도로, 다리, 주택가가 물에 잠겨버리면 지역 자체가 마셜제도의 정부 구실을 하는 수도 마주로는 마비될 것이다.

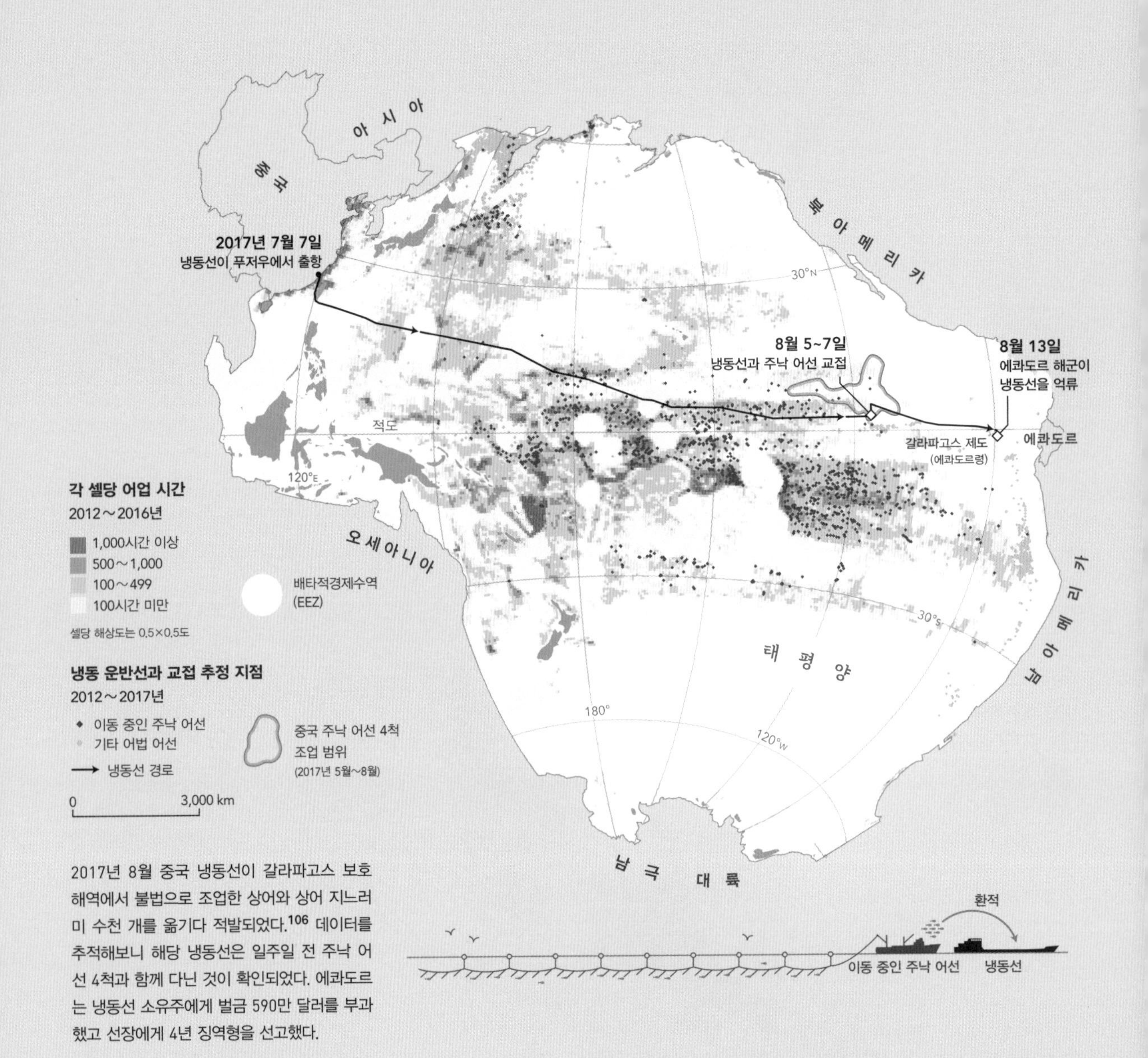

2017년 8월 중국 냉동선이 갈라파고스 보호 해역에서 불법으로 조업한 상어와 상어 지느러미 수천 개를 옮기다 적발되었다.[106] 데이터를 추적해보니 해당 냉동선은 일주일 전 주낙 어선 4척과 함께 다닌 것이 확인되었다. 에콰도르는 냉동선 소유주에게 벌금 590만 달러를 부과했고 선장에게 4년 징역형을 선고했다.

범죄의 바다

어선 이동 경로를 추적하면 불법 행위가 드러난다

세계 어업도 기후변화를 체감하고 있다. 해수 온도와 어류 개체수를 조사한 결과, 해수 온도가 점점 올라 지난 세기부터 포획량이 줄어들기 시작한 것을 알 수 있었다.[100] 물고기들이 차가운 수역을 찾아 멀리 퍼져나갈수록 식습관과 경제를 해산물에 전적으로 의존하는 섬나라들은 곤란해진다.[101] 과도한 남획도 피해를 키우고 있다. 바다에 물고기 개체수가 줄어들면 짝지을 물고기를 찾기 힘들기 때문에 당연히 번식률이 낮아진다.

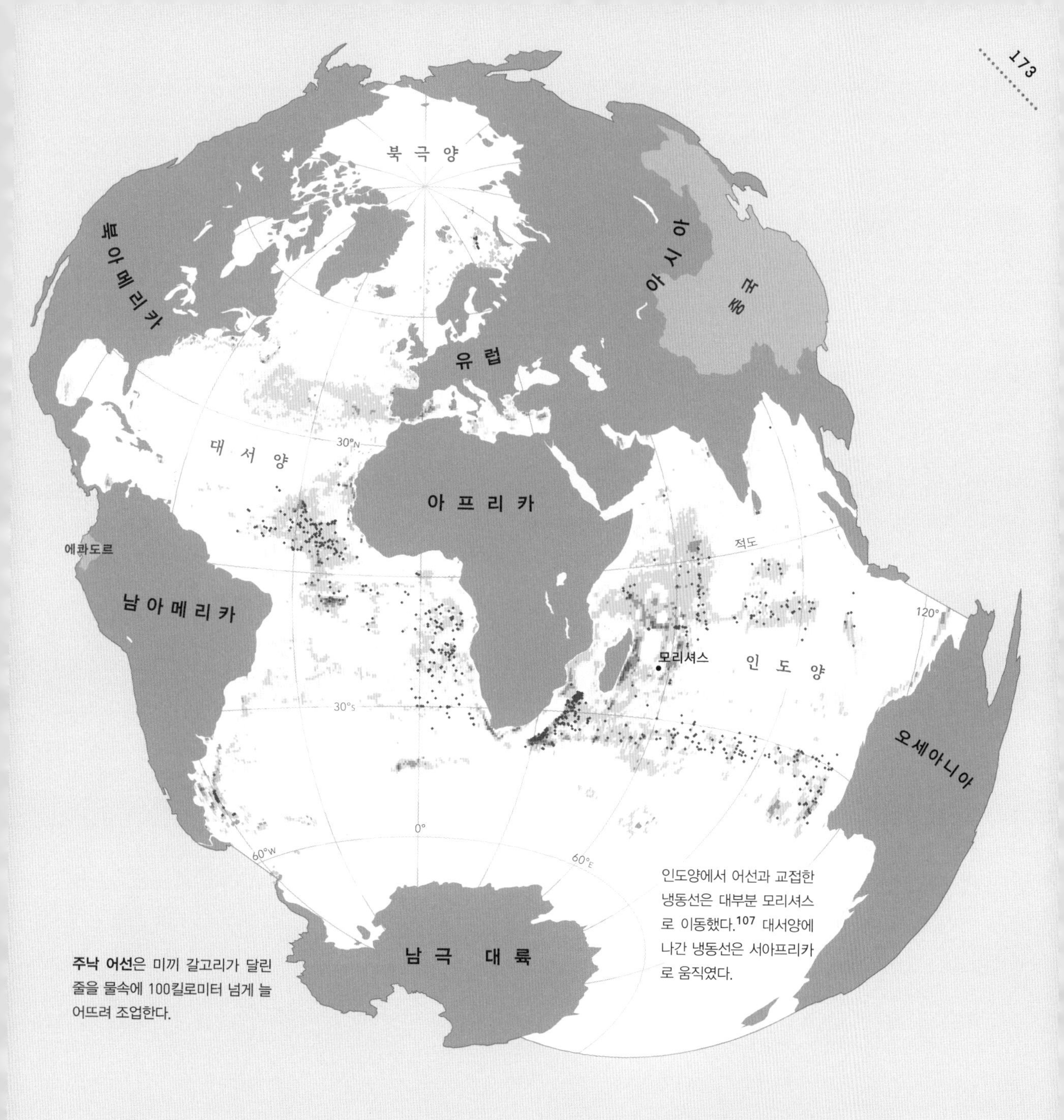

주낙 어선은 미끼 갈고리가 달린 줄을 물속에 100킬로미터 넘게 늘어뜨려 조업한다.

인도양에서 어선과 교접한 냉동선은 대부분 모리셔스로 이동했다.[107] 대서양에 나간 냉동선은 서아프리카로 움직였다.

다행히도 남획을 근절할 새로운 무기가 우리에게 주어졌다. 위성과 지상 수신기가 선박 이동 경로를 추적한 덕에 글로벌피싱워치Global Fishing Watch 같은 단체가 어법마다 다른 경로의 특징을 구분해[102] 이를 연구할 수 있게 되었다. 예를 들어 주낙 어선은 먼 공해에서 움직이고(위 그림 참고) 저인망 어선과 오징어잡이 어선은 대륙붕 위나 인근에서 조업한다(다음 페이지 참고). 2012년부터 쌓인 370억 개 데이터 포인트[103]를 분석하던 글로벌피싱워치는 어선 경로를 따라 냉동 운반선, 일명 '냉동선'이 함께 움직이는 패턴을 포착해냈다.[104] 대체로 이러한 패턴은 불법 포획량을 옮겨 담는 신호로 읽히며 국제 수역에서 특히 빈번하다. 어선들은 규제를 피하는 한편[105] 바다에 계속 머무르면서 되도록 빨리 포획물을 시장에 내다 팔기 위해 이러한 불법 행위를 저지른다. 지금까지 이러한 행위는 가시화되지 않았다. 그런데 흩어진 점을 연결하니 비로소 범죄의 바다가 우리 눈앞에 모습을 드러낸다.

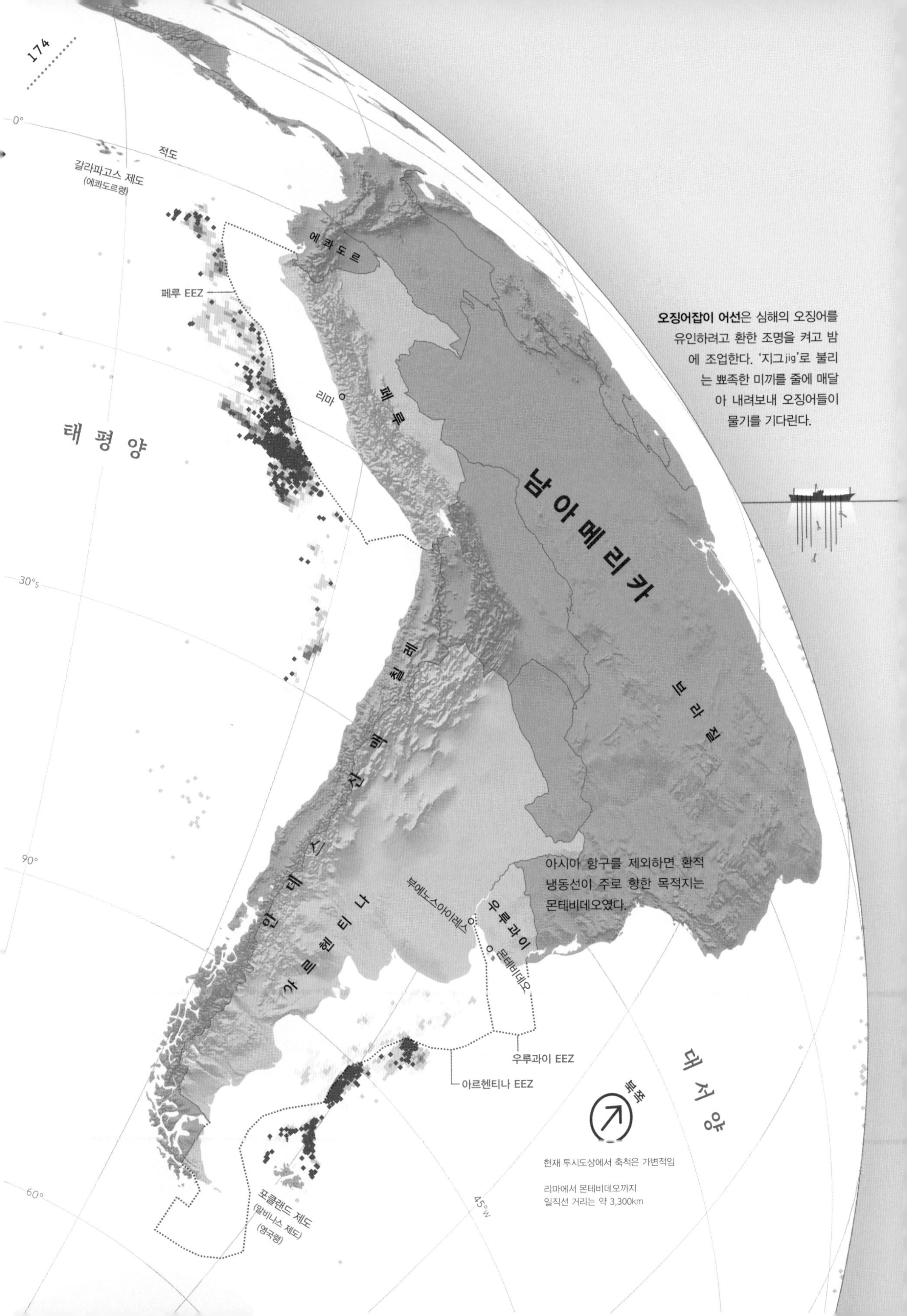

오징어잡이 어선은 심해의 오징어를 유인하려고 환한 조명을 켜고 밤에 조업한다. '지그jig'로 불리는 뾰족한 미끼를 줄에 매달아 내려보내 오징어들이 물기를 기다린다.

아시아 항구를 제외하면 환적 냉동선이 주로 향한 목적지는 몬테비데오였다.

현재 투시도상에서 축척은 가변적임

리마에서 몬테비데오까지 일직선 거리는 약 3,300km

위험에 처한 곳들

페루와 아르헨티나 앞바다의 용승 해역에서는 오징어가 많이 잡힌다. 그만큼 수상한 행위도 자주 목격된다. 글로벌피싱워치는 그 해역에서 오징어잡이 어선과 냉동선이 우연히도 함께 움직이는 것을 수백 번 포착했다. 포획물을 실은 배들은 대부분 중국 항구로 곧장 이동했다.[108] 러시아 해역과 '바렌츠해 구멍'이라 불리는 공해 일부 구역에서도 냉동선과 저인망 어선의 교접이 수백 번 발견되었다. 원칙적으로 해상 환적 행위는 이상할 게 없다. 모선이 나가 작은 어선들을 돕는 것이기 때문이다. 하지만 실제로 공해에서 벌어지는 환적은 불법 어획을 은폐하는 데다 밀매와 기타 부작용으로 이어진다.[109]

안전띠를 착용하세요

기후 모델들이 갈수록 아찔해질 상공을 예고하고 있다.

화창한 하늘에서 만나는 청천난류는 정말 느닷없이 찾아온다. 구름 위에서 음료수를 홀짝이다가 순식간에 옆자리 사람에게 음료수를 쏟아버릴 수 있다는 뜻이다. 안전띠를 매지 않았다면 더 나쁜 일을 당할 수도 있다. 비행기가 심하게 요동쳐 좌석에서 떨어진 승객들 사례가 실제로 존재한다.[110]

미국 연방항공청은 2018년 비행기를 이용한 10억 명 승객 중에[111] 난기류로 심하게 다친 승객은 9명뿐이라고 보고했다.[112] 하지만 악기류는 비행기 기장도 계기판도 미리 볼 수 없는 것이기에 위험은 늘 존재한다.[113] 악기류를 피하려면 다른 비행기 조종사나 운항 관리사가 제때 경고해주기를 바라는 수밖에 없다.

기상학자들은 이번 세기 들어 비행기가 대형 난기류를 만날 위험이 커졌다고 지난 몇 년 동안 꾸준히 경고해왔다. 시뮬레이션을 돌려보면 기후변화로 제트기류가 변덕스러워져 난기류를 만날 확률이 급증했다.[114] 특히 이동량이 많은 항로에서 가을과 겨울에 사고 위험이 크다. 30년 후 비행 여행은 어떻게 달라질까? 항로가 비교적 덜 혼잡한 열대지방 사람들은 큰 차이를 느끼지 못할 수도 있다. 하지만 북아메리카, 북대서양, 유럽을 자주 오가는 사람들이라면 식겁할 상황이 많아질지도 모르겠다.

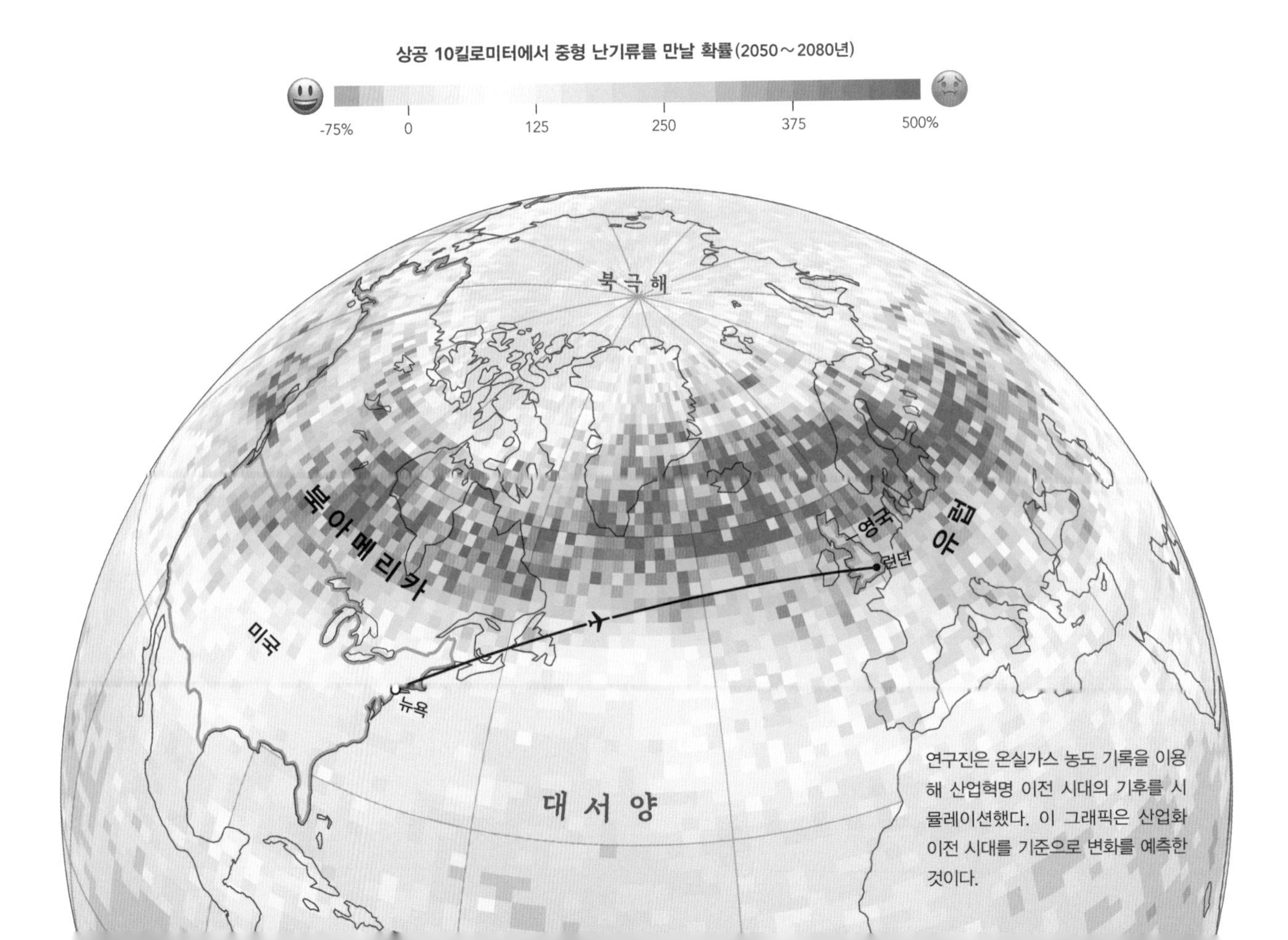

연구진은 온실가스 농도 기록을 이용해 산업혁명 이전 시대의 기후를 시뮬레이션했다. 이 그래픽은 산업화 이전 시대를 기준으로 변화를 예측한 것이다.

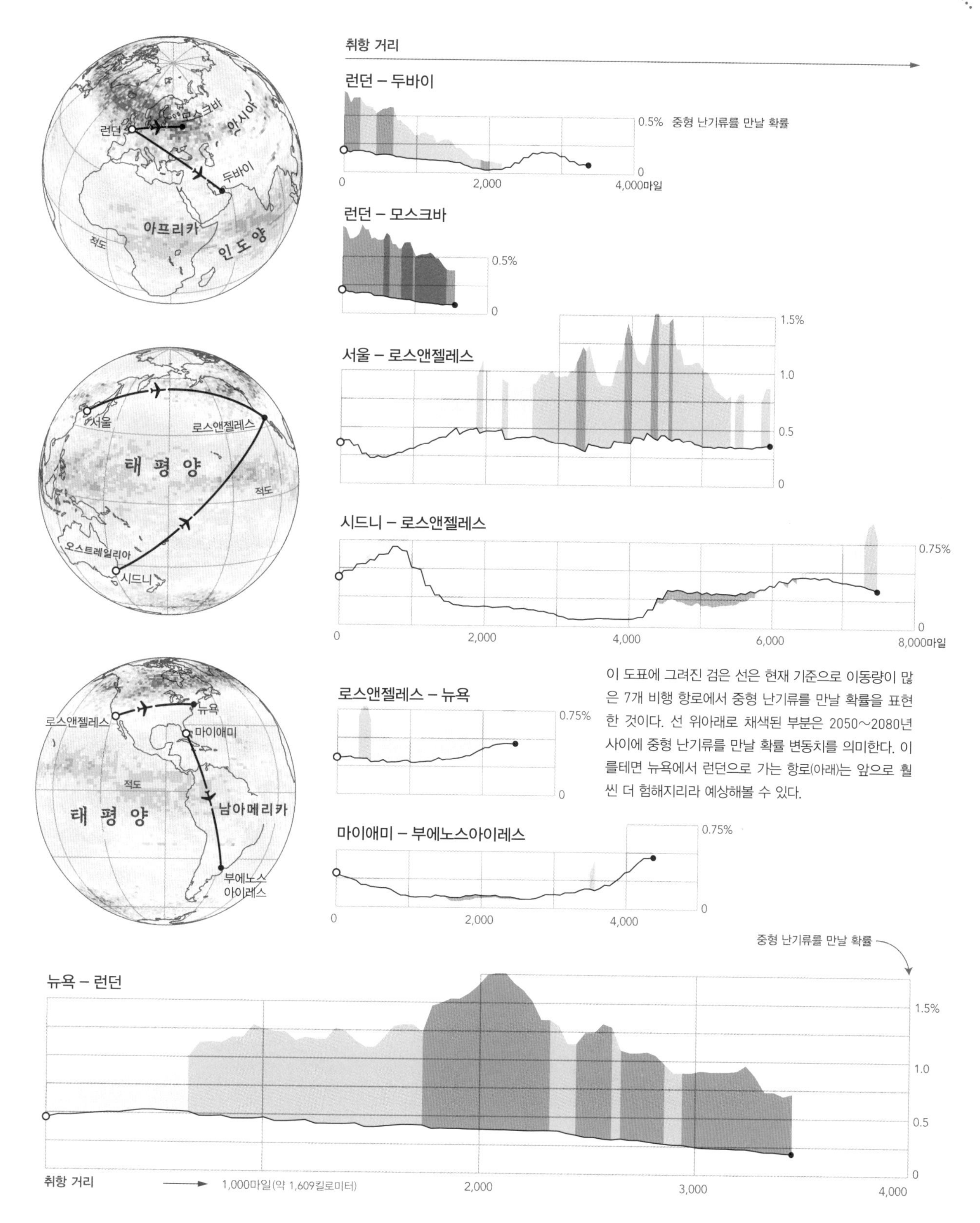

이 도표에 그려진 검은 선은 현재 기준으로 이동량이 많은 7개 비행 항로에서 중형 난기류를 만날 확률을 표현한 것이다. 선 위아래로 채색된 부분은 2050~2080년 사이에 중형 난기류를 만날 확률 변동치를 의미한다. 이를테면 뉴욕에서 런던으로 가는 항로(아래)는 앞으로 훨씬 더 험해지리라 예상해볼 수 있다.

모든 걸 꿰뚫어 보는 눈

인공위성, 인류의 긴급 구조대가 되다.

2018년 9월 28일 인도네시아 술라웨시섬에 규모 7.5의 지진이 발생했다. 해저 산사태가 발생해 6미터 높이[115]의 파도가 팔루 지역을 덮쳤다. 현장 사진[116]을 보면 그야말로 참혹하다. 뒤틀린 금속물과 쓰러진 첨탑, 수 킬로미터에 이르는 건물 잔해들이 바닷물에 뒤덮였다. 드넓은 폐허 현장에 출동한 구조대원들은 대체 어디서부터 손을 대야 할지 모를 정도였다.

지진이 발생하고 몇 시간 후 유럽연합이 운영하는 코페르니쿠스 위기 관리 서비스 팀은 인도네시아 정부와 구조대가 피해 현황을 한눈에 파악할 수 있게 인공위성사진을 보냈다.[117] 지진은 건물 수천 채를 파괴하고 곳곳의 다리들을 끊어놓고 마을을 송두리째 집어삼켰다.[118] 지진 전후 사진을 비교한 지질학자들은 지구가 얼마만큼 변동했는지를 계산했다.[119] 바로 오른쪽에 실린 작은 지도에 보이듯 서부 단층은 남쪽으로 미끄러졌고(주황색) 동쪽 일부 지대는 7미터 가까이 북쪽으로 솟았다(빨간색). 지형이 움직이면 도로, 댐, 가스선 등이 끊길 수 있는 만큼 이러한 지도는 긴급 구조대가 위험을 파악해 추가 사고를 막는 데 꼭 필요하다.[120]

2021년 3월 유럽연합이 신속 지도 서비스 팀은 홍수, 화재, 폭풍, 그 밖에 갖가지 위기를 실시간으로 보여주는 지도를 5,000개 넘게 제작했다.[121] 2014년부터 2016년까지 이어진 서아프리카 에볼라 유행 당시 인공위성은 바이러스 숙주로 알려진 박쥐의 잠재적 서식지를 밝혀내기도 했다.[122] 기후변화로 극단적인 기상 현상이 잦아지면서 재난이 언제 닥칠지를 아는 것은 그나마 위안이 된다. 위에서 우리를 내려다보는 존재가 있다는 뜻이니 말이다.

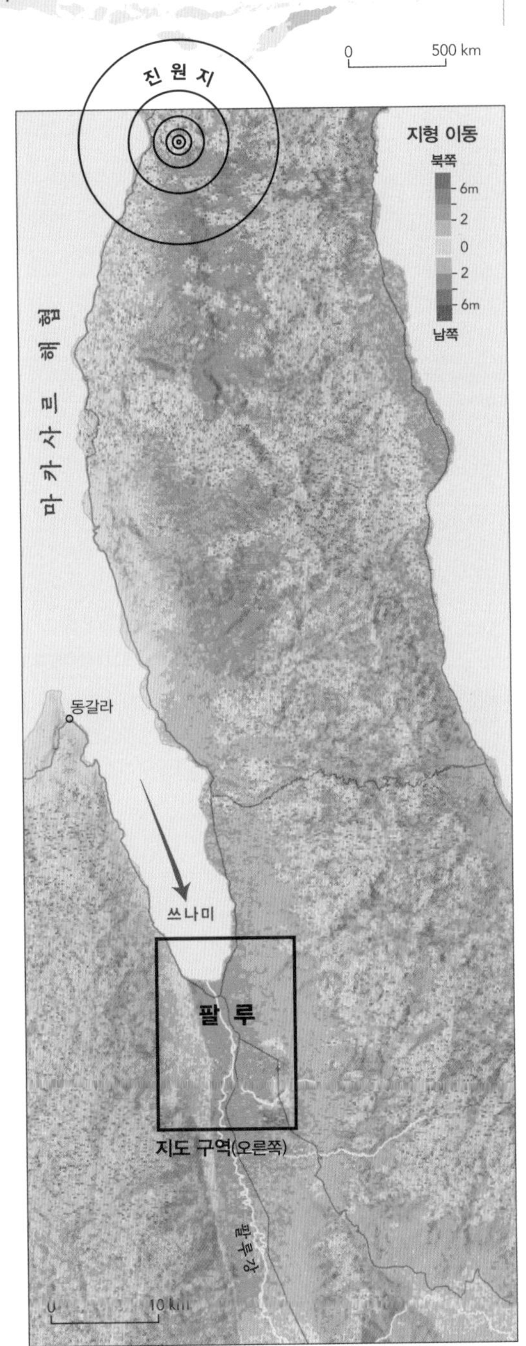

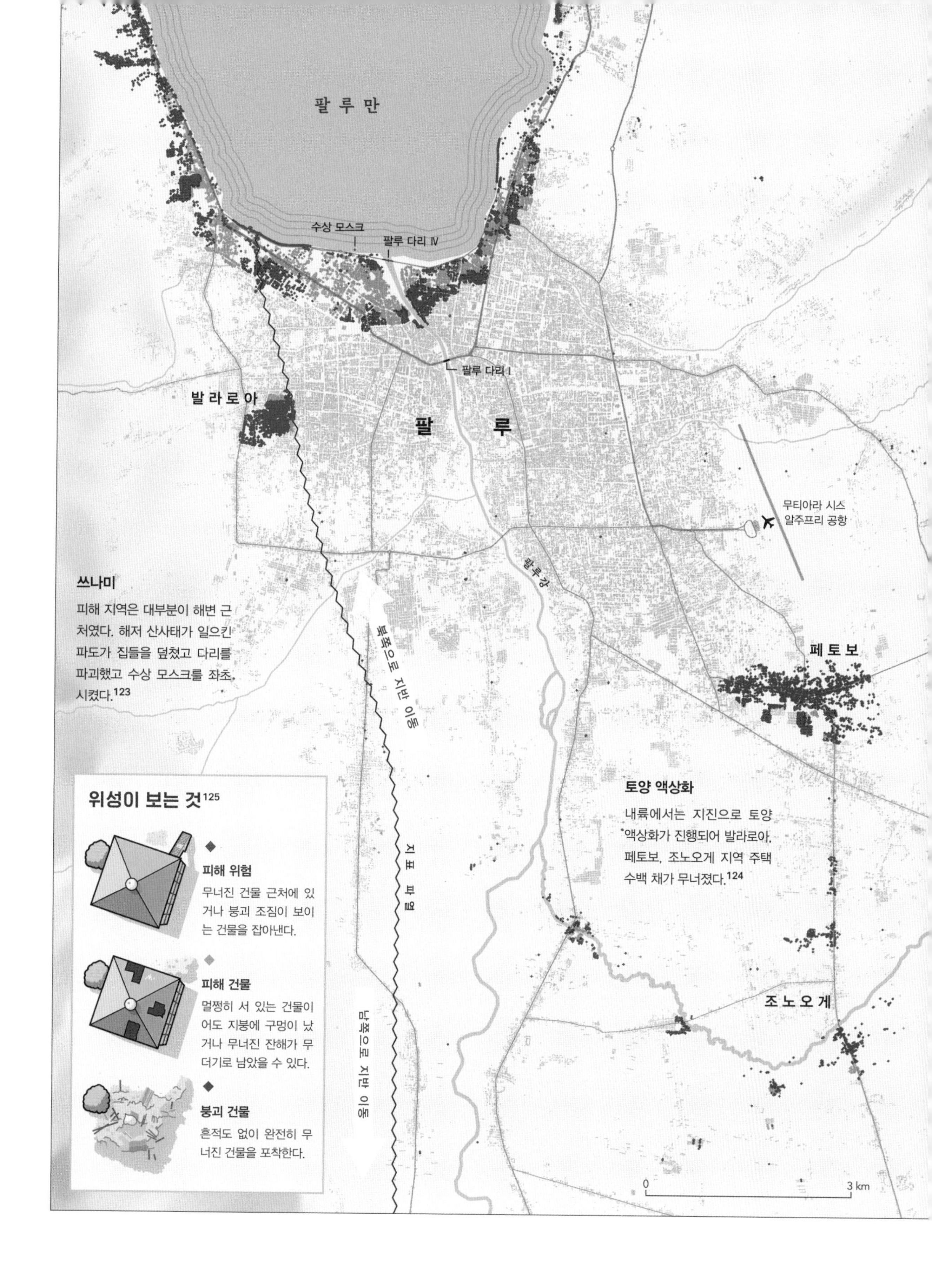
팔 루 만
수상 모스크
팔루 다리 Ⅳ
팔루 다리 Ⅰ
발 라 로 아
팔 루
무티아라 시스
알주프리 공항
팔루 강
북쪽으로 지반 이동
지표 파열
남쪽으로 지반 이동
페 토 보
조 노 오 게
0
3 km
쓰나미
피해 지역은 대부분이 해변 근처였다. 해저 산사태가 일으킨 파도가 집들을 덮쳤고 다리를 파괴했고 수상 모스크를 좌초시켰다.[123]
토양 액상화
내륙에서는 지진으로 토양 액상화가 진행되어 발라로아, 페토보, 조노오게 지역 주택 수백 채가 무너졌다.[124]
위성이 보는 것[125]
피해 위험
무너진 건물 근처에 있거나 붕괴 조짐이 보이는 건물을 잡아낸다.
피해 건물
멀쩡히 서 있는 건물이어도 지붕에 구멍이 났거나 무너진 잔해가 무더기로 남았을 수 있다.
붕괴 건물
흔적도 없이 완전히 무너진 건물을 포착한다.

빨리 움직여 지도를 정복하라

페이스북은 지상 모든 도로를 디지털화하고 싶어 한다. 어떻게 되어가고 있을까?

매달 4만여 명이 오픈스트리트맵OpenStreetMap에 접속해[126] 자기 동네를 돌아다니며 직접 지도를 만들고 멀리 떨어진 곳의 위성사진으로 도로와 건물을 찾는다. 그 덕에 세상에서 가장 자세한 지도가 만들어졌다. 사용자들은 2016년에만 세계 거리 네트워크의 83퍼센트를 지도로 만들었다.[127] 이처럼 대단한 노력에도 불구하고 테크 기업들이 채우고 싶어 하는 공백은 채워지지 못했다. 아직 기업들은 비싼 상업용 서비스 대신 오픈스트리트맵처럼 무료 서비스에 의존하고 있다.[128] 소셜 네트워크를 넘어 인터넷 서비스 공급 기업으로 성장한 페이스북(현 메타)은 케이블을 깔기 위해 도로 위치를 파악하고 싶어 하는데, 그 지도 제작을 앞당기기 위해 인간의 발보다 빠르게 위성사진을 추적하는 인공지능을 개발했다.[129] 인공지능은 무수히 많은 정보를 업데이트하지만 그렇다고 무조건 도움이 되는 것은 아니다.[130] 아래 실린 그림이 보여주듯 양이 질을 보장해주지는 못한다. 인공지능이 예측해 만든 지도를 검증하려면 결국 오픈스트리트맵 사용자들의 노련함이 필요하다.

디지털화 방법에 따른 도로 밀도 차이
2019년 11월

오픈스트리트맵 사용자들에 의존
- 제곱킬로미터당 도로 0.6~5개
- 0.1~0.5개
- 차이 없음
- 0.1~0.5개
- 0.6~5개

페이스북 AI에 의존

0 500 km

지도를 채우기 위해…

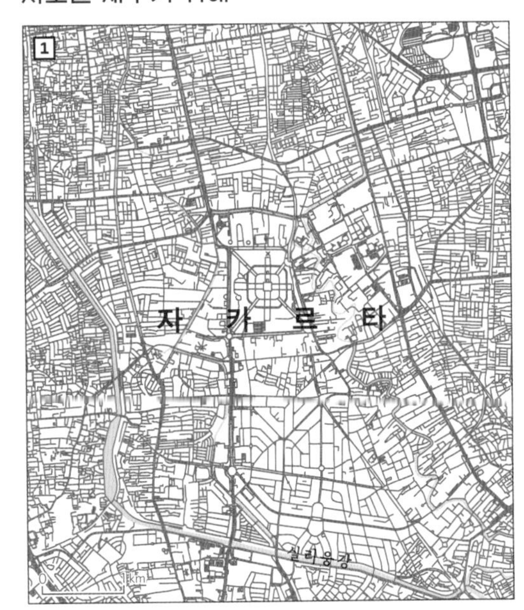

오픈스트리트맵 사용자들은 도시 지역을 지도로 만들었다. 사용자가 부족해 접근하기 어려운 지역에서 인공지능은 무척이나 요긴하다.

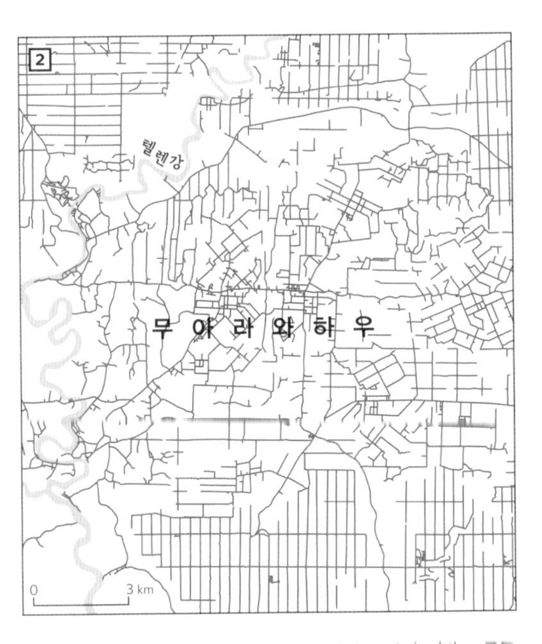

페이스북의 지도 제작법은 오픈스트리트맵에 누락된 지방 도로들을 빠르게 그려낸다. 기존 지도에 이 정보를 더한다면 긴급 구조대의 효율적인 출동을 지원하고 배달 경로를 최적화할 수 있다.

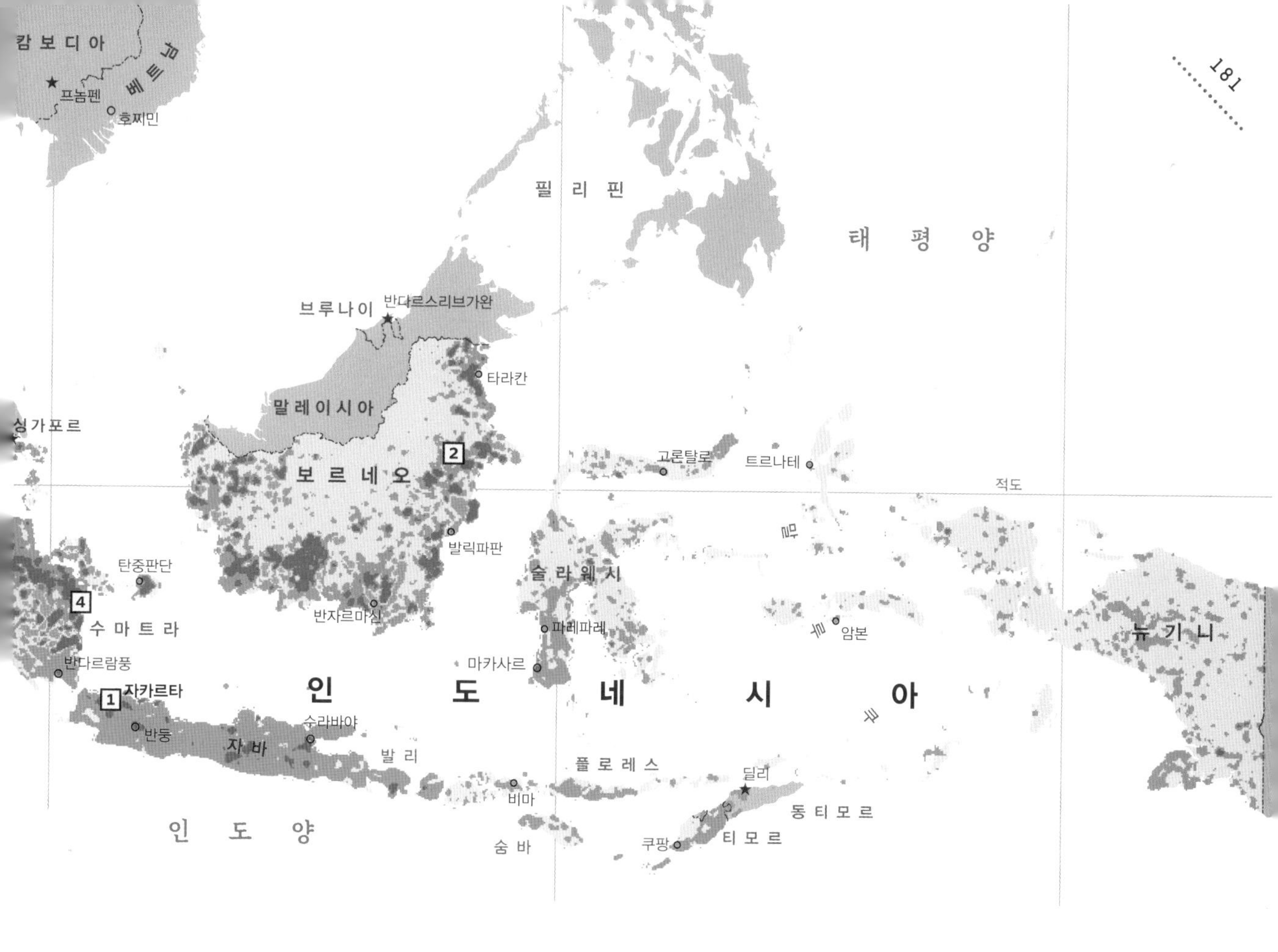

… 약간의 문제?

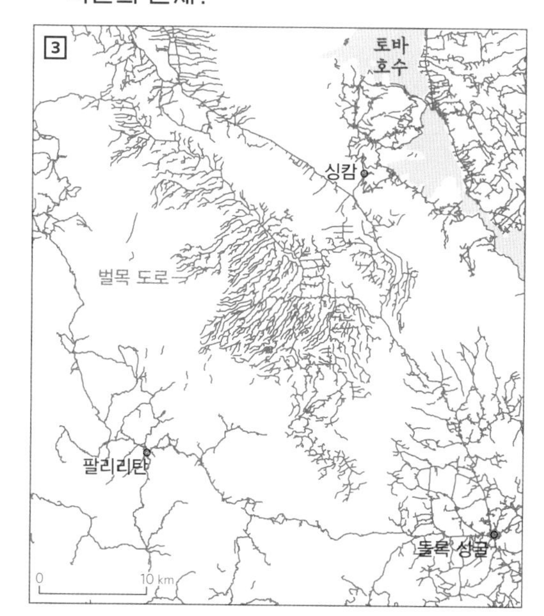

하지만 인공지능이 현장을 직접 돌아다니며 얻는 정보를 완전히 대체할 수는 없다. 때로 인공지능은 산림 궤도나 일시적으로 드러난 강바닥을 영구적인 도로로 인식하는 실수를 저지르기도 한다. 이렇게 잘못된 정보는 혼란을 일으키므로 인간이 손수 걸러내야 한다.

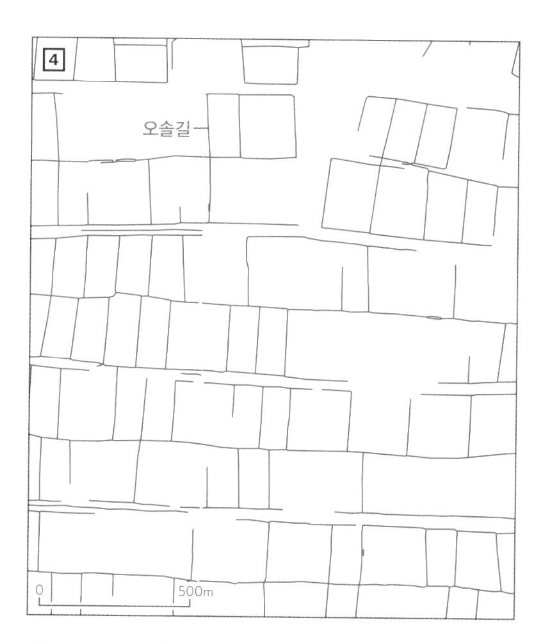

인공지능 소프트웨어는 논밭 인근 오솔길들을 추출해 끊긴 선들을 지도에 표시하기도 한다. GPS를 써본 사람이면 누구나 이해하겠지만, 엉뚱한 지도는 없느니만 못하다.

그늘진 곳에 소금을

일조량 데이터는 극심한 폭설에 대처해야 하는 도시들을 돕는다.

테네시주 녹스빌은 특별히 눈이 많이 내리는 지역은 아니다. 연평균 강설량은 16센티미터[131]로 시카고 평균치의 6분의 1에 불과하다.[132] 하지만 인근에 있는 오크리지 국립연구소 과학자들 덕에 녹스빌은 예산을 펑펑 쓰지 않고도 겨울을 잘 나는 도시의 모범 사례로 돋보이게 되었다.

지구 기온이 상승하면 겨울이 짧아지고 따뜻해지리라는 예측이 있지만, 원래 눈이 내리던 지역에 눈 폭탄이 떨어질 가능성 또한 존재한다.[133] 그렇게 되면 겨울철 도로 보수로 이미 23억 달러[134]를 쓰고 있는 미국 주들과 도시들은 곤란해질 것이다. 보통 도로를 보수할 때는 제설용 소금을 도로에 균일하게 뿌리는 트럭을 운행한다. 오크리지 과학자들은 도로를 좀 더 효율적으로 관리하는 법을 고안했다.[135] 먼저 녹스빌 도로망을 50미터 구간씩 나눴고, 나무와 건물을 감지하는 라이다 모델을 이용해 구간별 일일 일조량을 산출해 지도로 만들었다. 스마트 제설 차량은 이 지도를 따라 필요한 도로에만 제설용 소금을 뿌린다. 평평하고 햇볕이 잘 드는 도로(노란색)보다 가파르고 그늘진 도로(청록색)에 더 많은 소금을 뿌렸다.

필요한 도로에만 제설용 소금을 뿌리면 막을 수 있는 게 많다. 인근 강 유역에 염분이 흘러 내려가는 것을 막아주고[136], 자동차와 다리가 불필요하게 부식되는 것을 막아주고[137], 제설용 소금을 마련하는 비용을 아껴 세금 낭비까지 막아준다.

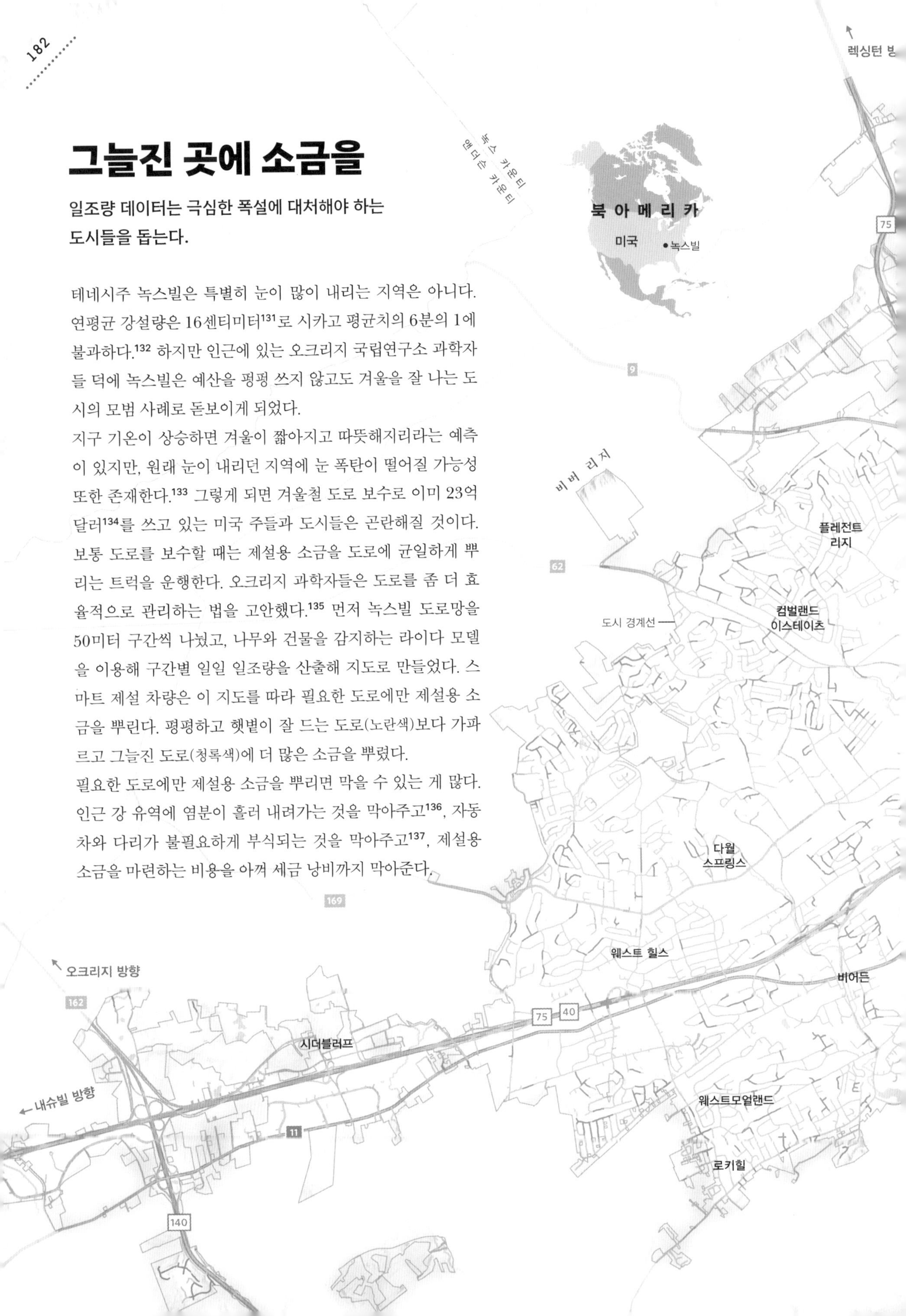

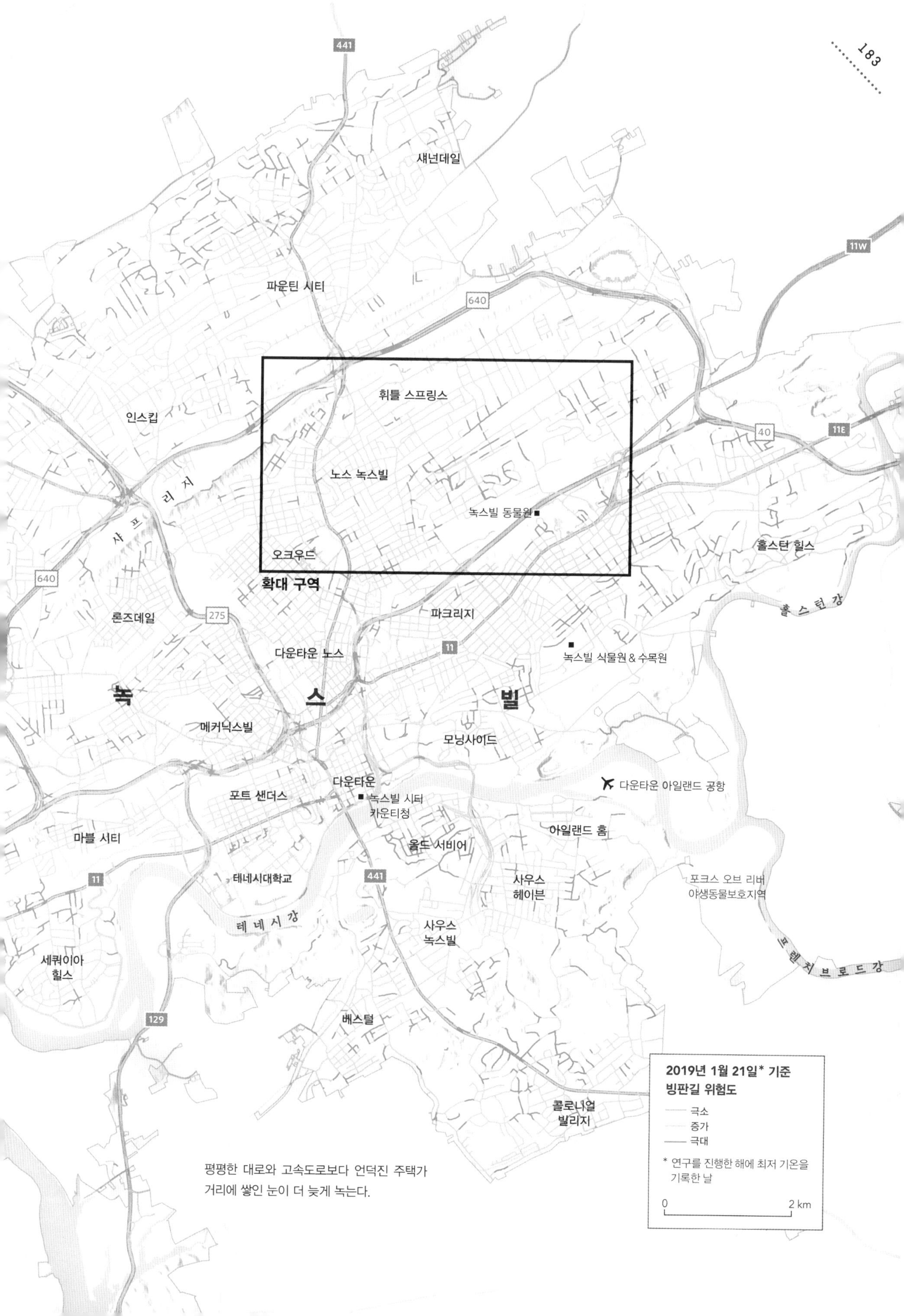

평평한 대로와 고속도로보다 언덕진 주택가 거리에 쌓인 눈이 더 늦게 녹는다.

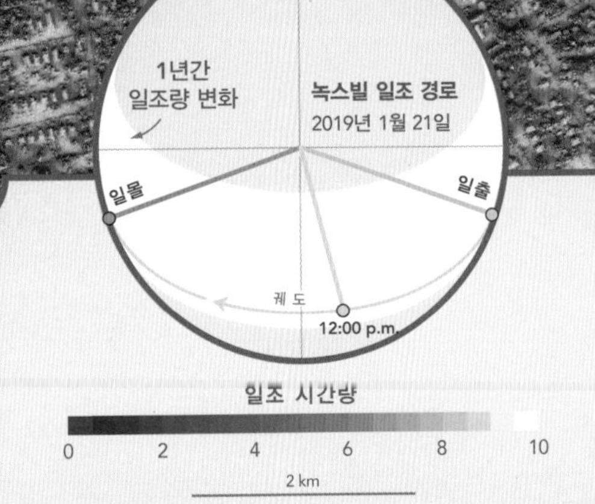

일조 시간량

0 2 4 6 8 10

2 km

1월 21일 녹스빌에는 10시간[138] 동안 햇볕이 내리쬐었다. 지붕, 골프장, 다차선 도로가 온종일 열을 받는 것과 대조적으로 나무가 우거지고 경사진 거리는 겨울철 동안 대부분 그늘에 가려졌다. 이 지도에서 어두운 구역은 빙판길에 특히 취약한 구간이다.

새로운 시대

낮은 출생률과 사망률이 사회를 바꿔놓고 있다.

이번 세기에 일어날 변화를 예측할 때 가장 어려운 부분은 아마 인구일 것이다. 질병, 전쟁, 기후 위기에 시달리는 세상에서 80년 후 미래를 어떻게 예측해야 할까? 유엔 인구 통계학자들은 2년마다 인구를 추계해 각국 정부가 대비할 수 있도록 돕는다. 수명이 길어지고 영유아 사망률이 낮아지고 핵가족화가 진행된 점을 고려한 2019년 보고서에서 통계학자들은 세계 인구가 이번 세기말에 이르면 109억 명에 이를 것이라고 내다보았다.[139]

어쩌면 총 인구보다 연령 구조에 더 주목해야 하는지도 모르겠다. 이 페이지에 실린 인구피라미드의 왼쪽 기둥은 2020년 연령 구성을 보여준다. 역사 내내 그러했듯이 노인보다 아동 숫자가 훨씬 많다. 그런데 2100년이 되면 이 구조가 처음으로 뒤집히게 된다.[140]

인구구조 불균형으로 노동시장에 진입하는 인구보다 빠져나가는 인구가 더 많아지면 경제는 위태로워진다. 이미 위기감을 느낀 일본은 이례적으로 이민 친화 정책을 펼쳐 2024년까지 35만 명에 가까운 외국인 노동자를 받겠다고 발표했다.[141] 노령 인구로 다 채워지지 않는 필수 일자리 공백을 메우기 위해서다. 브라질과 콜롬비아처럼 지금은 젊은 국가들도 피라미드가 역전되는 미래를 대비해야 할 것이다.

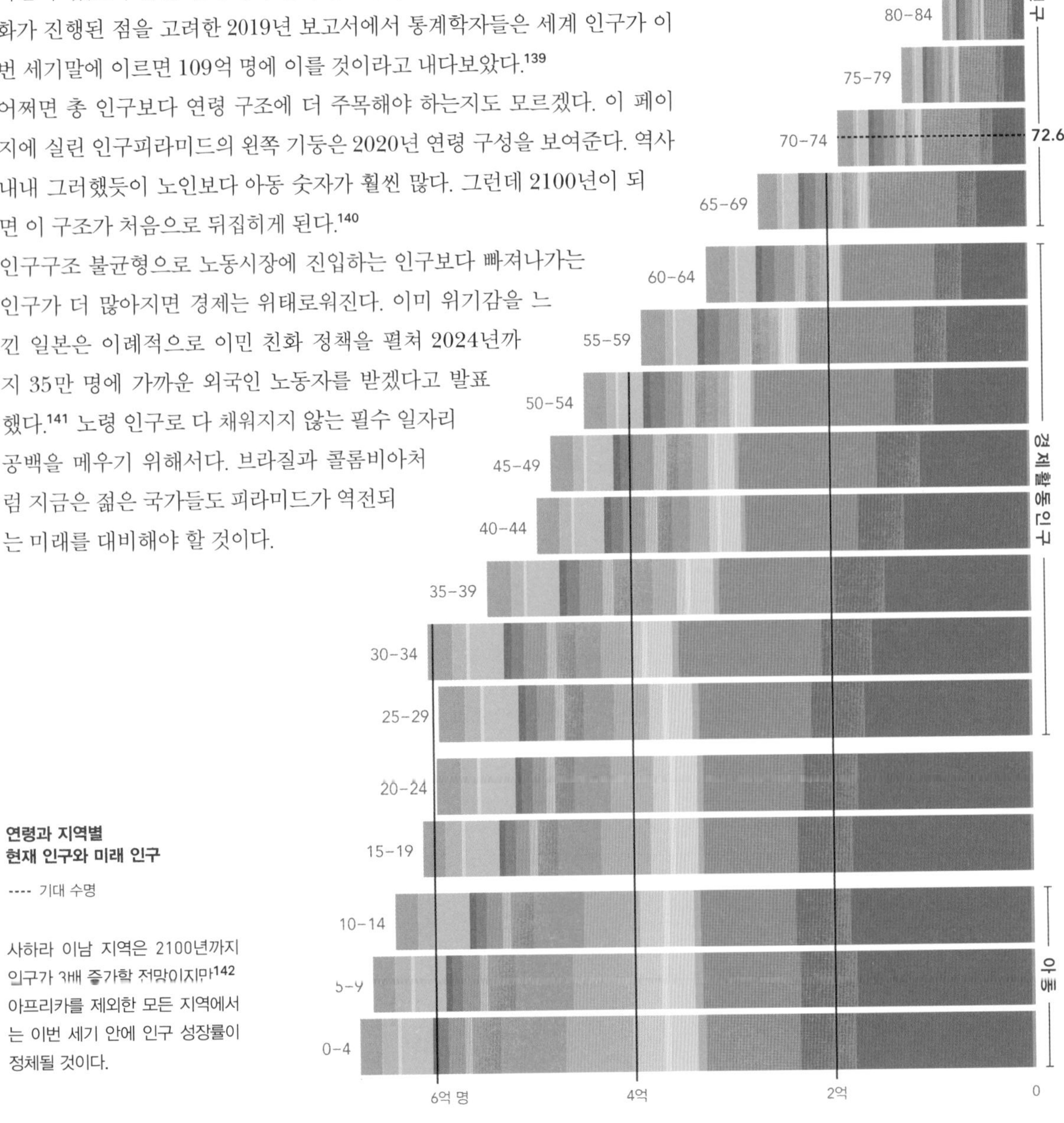

연령과 지역별 현재 인구와 미래 인구

---- 기대 수명

사하라 이남 지역은 2100년까지 인구가 3배 증가할 전망이지만[142] 아프리카를 제외한 모든 지역에서는 이번 세기 안에 인구 성장률이 정체될 것이다.

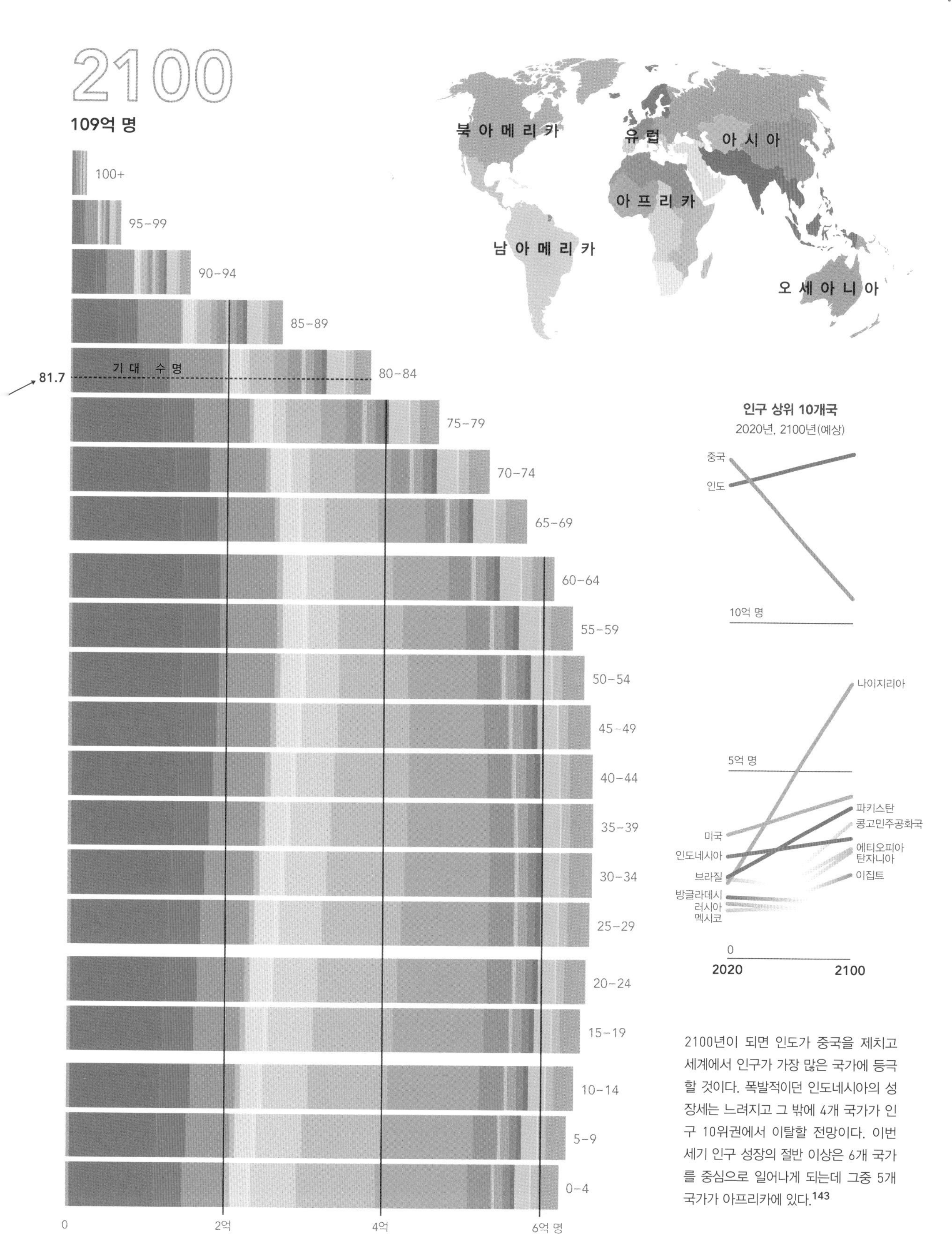

2100년이 되면 인도가 중국을 제치고 세계에서 인구가 가장 많은 국가에 등극할 것이다. 폭발적이던 인도네시아의 성장세는 느려지고 그 밖에 4개 국가가 인구 10위권에서 이탈할 전망이다. 이번 세기 인구 성장의 절반 이상은 6개 국가를 중심으로 일어나게 되는데 그중 5개 국가가 아프리카에 있다.[143]

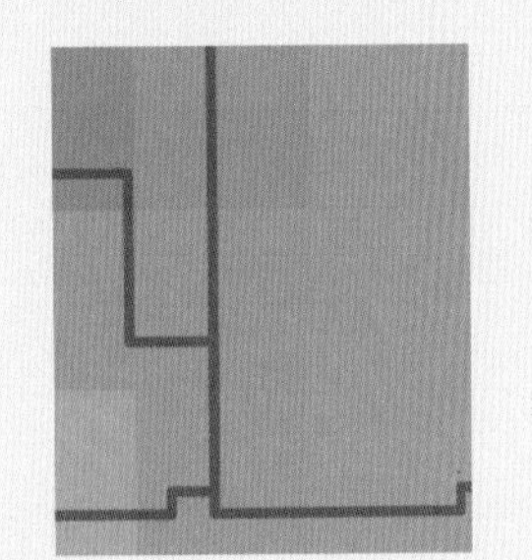

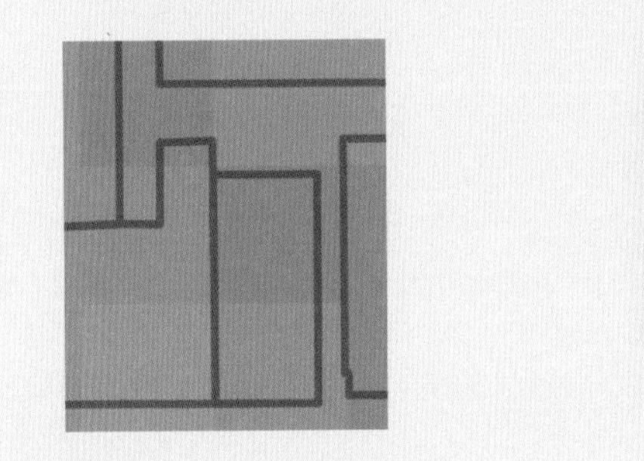

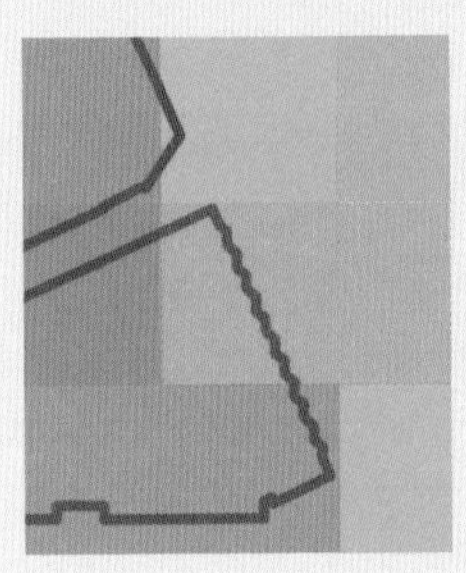

에필로그

데이터의 힘

해도 없이는 항해할 수 없지만,
달랑 해도만 가지고 항해할 수 있는 것은 아니다.
키와 키잡이도 필요하다.[1]

존 K. 라이트, 「지도 제작자는 인간이다」(1942)에서

by 제임스 체셔

데이터는 세상을 이해하는 힘을 길러준다. 우리가 함께 쓴 첫 책『런던: 정보의 수도』는 공개 데이터가 보여주는 도시의 삶을 다뤘다. 그다음에 작업한 책『동물은 어디로 가는가』는 범고래부터 호박벌까지 여러 종의 여정을 추적하며 데이터를 통해 자연 세계를 탐구했다. '인간은 어디로 가는가'라고 제목 붙인 그 책의 에필로그에서 우리는 생태학자들이 앞서 시도한 기술과 기법이 인간 행동을 이해하는 데도 쓰인다고 말했다.

2016년 그 책을 쓸 때만 해도 지구를 좀 더 소중히 다룬다면 상황은 나아지리라 믿었다. 정체 모를 바이러스가 퍼져 우리가 죄다 집에 갇혀 생활하게 될 줄은 몰랐다. 또 그 사태를 계기로 위기 상황에서 데이터의 역할이 확실히 각인되리라고도 예상 못 했다. 록다운 상태에서 이 책을 마무리 짓는 지금, 우리는 데이터 분석과 시각화 역사에서 중대한 순간에 와 있다. 이제 사람들은 확진율, 인구당 사망률 같은 통계학적 개념에 익숙해졌다. 팬데믹을 막으려면 의료 서비스와 백신 연구 못지않게 확실한 데이터를 확보하는 것이 필수적이라는 인식도 생겼다.[2]

과학자와 정책 입안자는 인간 행동이 어떻게 변화하는지를 실시간에 가깝게 파악하고 싶어 했는데 그것은 이제 휴대전화 데이터를 통해 그게 가능해졌다.[3] 72~73쪽에서 우리는 국제 구호원들이 휴대전화 데이터를 이용해 허리케인 대피 인구를 어떻게 가늠하는지 보여주었다. 데이터는 맞춤형 홍보 같은 상업적 목적에도 활용된다. 중국은 그 기술을 극단으로 밀어붙여 신용도부터 온라인 데이트 이용 내역까지 사람들의 모든 행위 데이터를 세세하게 수집한다.[4] 대부분 그러한 데이터 세트는 개인 정보 침해 문제 때문에 그늘에 가려져 있었는데, 대면 접촉과 이동으로 퍼지는 바이러스가 심각한 문제로 떠오르면서 상황이 달라졌다. 세계보건기구가 팬데믹을 선언하고 며칠 지나지 않아 감시 단체들은 하나둘 데이터 추적 기술을 허용하기 시작했다.[5]

데이터를 수집할 수 있는 최대 소스는 휴대전화에 남는 통화내역기록CDR과 GPS 기록이다. CDR 데이터는 휴대전화가 셀 기지국과 교신할 때마다 생성된다(94~97쪽 참고). 그렇게 특정 지역에 휴대전화가 몇 대 있는지를 알면 그 안에 있는 인구를 가늠할 수 있다(70~71쪽). CDR 데이터는 특정 지역에서 켜진 휴대전화를 빠짐없이 잡아내지만 주변에 셀 기지국이 많지 않으면 위치가 다소 뭉뚱그려져 나타난다. 반면 GPS는 위치를 몇 미터 이내로 정확히 잡아내지만 휴대전화에 위치 공유 앱이 실행되어야 한다는 전제가 따라붙는다. 데이터 처리 방식에 따라 달라지겠으나 위치 공유 앱이 켜진 휴대전화는 쉼 없이 GPS 포인트를 수집하기 때문에 헨젤과 그레텔이 떨군 빵 부스러기처럼 사용자가 가는 길마다 흔적을 남긴다. 그렇게 모인 위치 포인트들을 셀에 옮겨 담으면 개인 정보를 과잉 노출하지 않고도 오른쪽 그림처럼 패턴을 도출할 수 있다. 나는

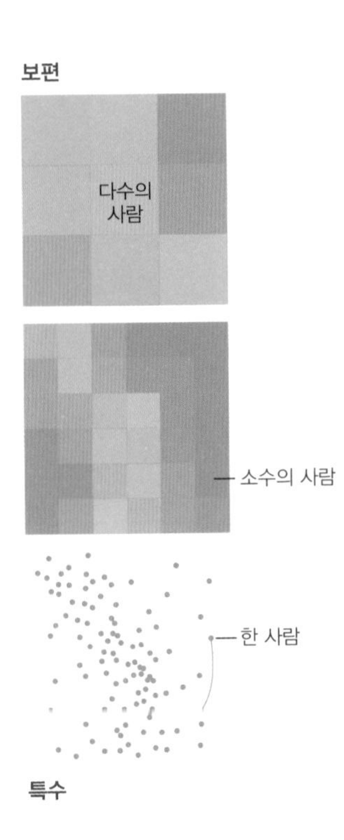

추적 기술은 특정 지역에 있는 군중 규모나 개인이 다니는 구체적 경로에 관한 전체적 데이터를 제공한다.

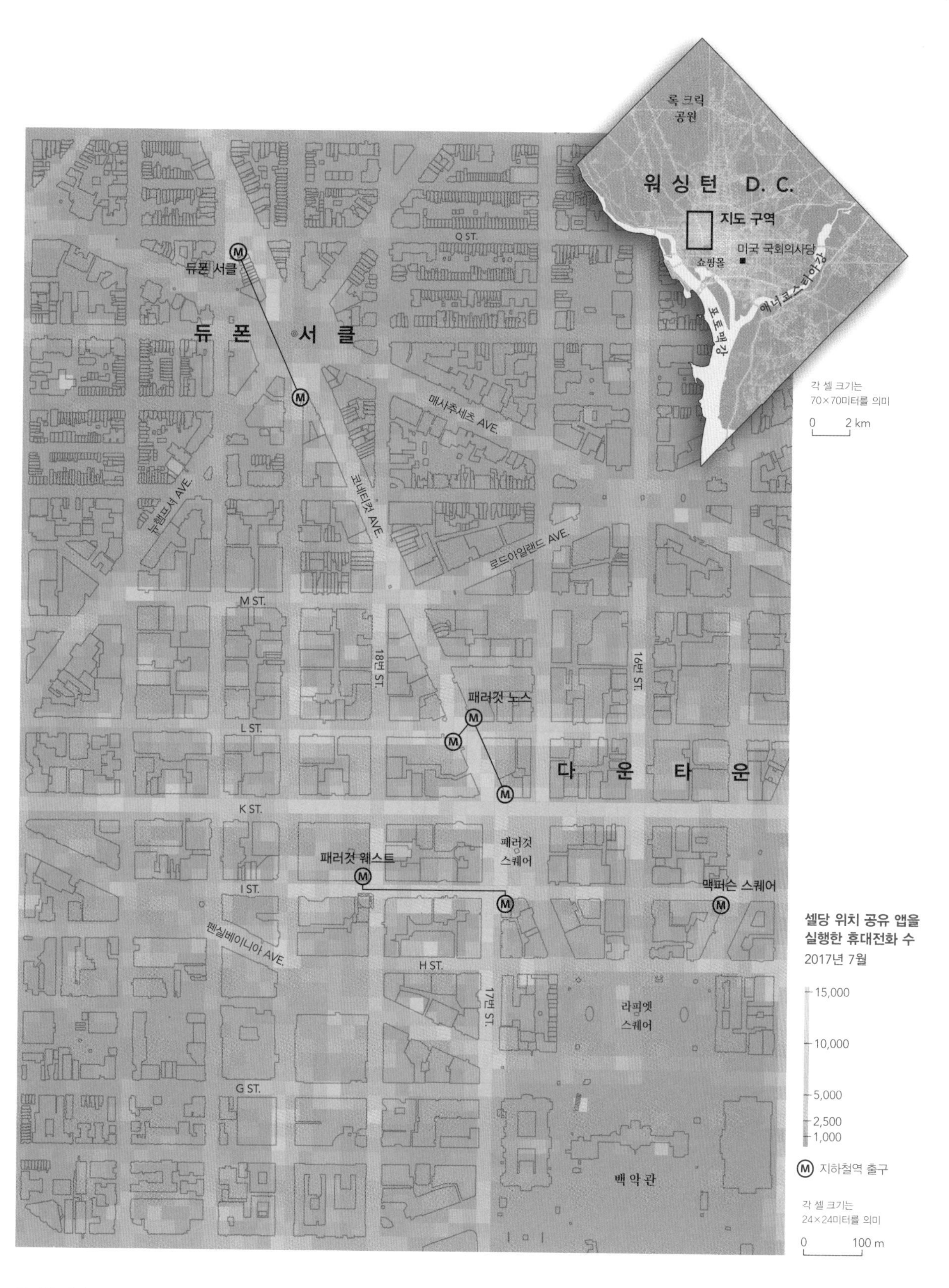

앱 사용 데이터가 평일 워싱턴 D.C.에서 차로 출퇴근하고 지하철역을 오가는 통근 인구를 보여준다.

팬데믹 초기에 이러한 방식으로 인앱 휴대폰 데이터를 활용해 런던 시민 활동 지도를 만들었다. 그리고 전염병학자들과 함께 페이스북 데이터가 역내 록다운의 효용성을 나타내는지를 함께 살폈다.[6]

질병에 맞서기 위해 미시 데이터를 활용하는 것은 새로운 일이 아니다. 19세기 말 가래톳 흑사병이 전 세계를 휩쓸 당시 병의 근원과 치료법을 아는 이는 없었다. 일본은 투명한 관리, 살균, 격리, 접촉자 추적 방침을 엄격히 지켜 오사카 지역에서 전염병이 유행하는 것을 늦췄고, 추적 끝에 면직물 공장에서 감염된 쥐들을 발견해냈다(194~195쪽 참고). 한 세기가 흘러 한국 정부는 2015년 발발한 메르스를 진압하려 유사하게 공격적인 조치를 감행했다. 감염지로 밝혀지면 평판에 문제가 생기리라는 일부 기업들을 중심으로 반발이 일었으나 한국 정부는 감염병 예방 및 관리에 관한 법안을 개정해 특정 기관들이 고도로 사적인 개인 이동 정보를 수집하고 공유할 수 있도록 했다.[7] 즉 한국인들은 코로나19가 터지기 전에 예행연습을 미리 해본 데다 접촉자를 집중적으로 추적할 수 있는 법적 근거를 일찌감치 마련한 셈이다.

확진 사례가 발생할 때마다 한국의 코로나19 국가위기관리센터는 밀접 접촉자를 가려내기 위해 확진자 동선을 세세하게 조사했다. 휴대전화 위치 정보를 수집했고(GPS 포함) 신용카드 거래 내역을 조회했으며 CCTV 영상을 돌려보았다. 이렇게 모인 정보를 토대로 조사관들은 개인 동선을 재구성한 뒤 온라인에 게시했다(오른쪽 표 참고). 그리고 확진자와 가까이 사는 사람들에게 한꺼번에 문자메시지와 앱 알림을 보냈다. 개인 동선 정보를 공개한다는 발상은 서양 사람들에게 불편하게 다가오지만 한국에서는 호응을 얻었다.[8] 실제로 효과를 발휘했기 때문이다. 2020년 5월 한국의 코로나19 사망자 수는 250명에 불과했다. 인구 규모가 엇비슷한 영국에서는 그 기간에 27,454명이 숨졌다.[9]

유엔도 동조했다. 세계보건기구 및 여러 기관과 공동으로 발표한 성명문에서 유엔은 다음과 같이 밝혔다. "데이터를 수집하고 활용하고 공유하고 처리하는 것, 특히 디지털 정보로 접촉자를 추적하는 것이 바이러스 확산을 억제하고 회복을 앞당긴다는 증거가 점점 쌓이고 있다."[10] 유엔은 사람들의 휴대전화, 이메일, 은행, 소셜 미디어 및 우편 서비스 이용 내역에서 뽑아낸 동선 데이터를 활용할 것을 특히 강조했다.

하지만 희생은 불가피했다. 일본이 전염병을 어떻게 극복했는지 전해 들은 당시 프랑스 보건장관 에밀 발랭Émile Vallin은 "그러한 조치가 가장 옳고 바람직하다 할지라도 개인의 자유에 대한 중대한 공격으로 여겨야 한다"[13]고 말했다. 한국에서는 2020년 5월 서울 이태원에 있는 게이 클럽과 술집에서 집단 감염이 발생했다는 소식이 공개되어 많은 이가 신변을 걱정해야 했다.[14] 한국 언론은 접촉자 추적 정보를 토대로 확진자들의 동선과 거주 동네, 나이, 최초 감염자의 직장 정보를 고스란히 보도했다.[15] 결국 그 확진자는 LGBTQ 커뮤니티 중 92퍼센트가 혐오 범죄에 대한 공포를 느낀다고 응답하는 국가에서[16] 아웃팅을 감내해야 했다. 한국 정부로서는 전염병 관리를 위해 어느 선까지 정보를 공유하는 게 적당할지 고민하는 계기가 되었을 것이다.[17]

정보 공유의 효용과 해악 사이에서 우리는 어떻게 균형을 찾아야 할까? 트위터 게시글 하나가 문자 이상의 정보를 전달하는 이 세상에서 정책 입안자들은 자신이 규제하

우리는 끊임없이 디지털 빵부스러기를 만들어내고 있다. 예를 들어 내가 올린 트윗의 메타데이터는 내가 언제, 어디서 글을 올렸으며 어떤 기기를 사용했는지를 말해준다(오른쪽). 종합해보면 이 정보만으로도 내 일과를 알 수 있다.[11]

한국 정부는 코로나19를 극복하려고 훨씬 더 직접적인 방법을 택했다. 정부는 확진자가 다녀간 장소를 하나하나 밝히려고 휴대전화 기록, 거래 내역, CCTV 기록을 조회했다.[12]

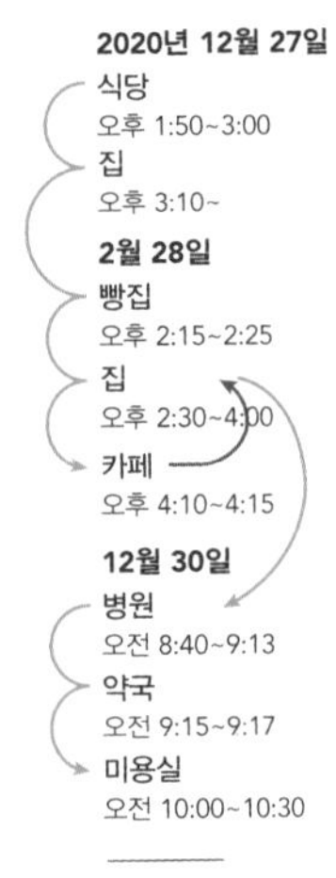

코로나19로 인한 누적 사망자 수, 2020년

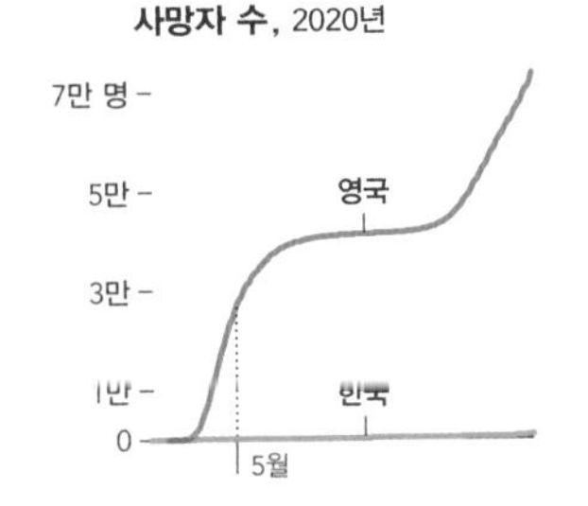

제임스 체셔 님이 리트윗했습니다

{"contributors": null, "coordinates": null, "CREATED_AT": "THU JUL 12 16:36:11 +0000 2018", "entities": { "hashtags": [], "symbols": [], "urls": [], "user_mentions": [{ "id": 389673270, "id_str": "389673270", "indices": [3, 14], "name": "Guy Lansley", "screen_name": "GuyLansley" }] }, "favorite_count": 0, "favorited": false, "geo": null, "id": 1017447539199619072, "id_str": "1017447539199619072", "in_reply_to_screen_name": null, "in_reply_to_status_id": null, "in_reply_to_status_id_str": null, "in_reply_to_user_id": null, "in_reply_to_user_id_str": null, "is_quote_status": false, "lang": "en", "place": null, "retweet_count": 38, "retweeted": false, "retweeted_status": { "contributors": null, "coordinates": null, "created_at": "Thu Jul 12 15:16:07 +0000 2018", "entities": { "hashtags": [], "symbols": [], "urls": [{ "display_url": "twitter.com/i/web/status/1/u2026", "expanded_url": "https://twitter.com/i/web/status/1017427389075337217", "indices": [117, 140], "url": "https://t.co/RmTAyk6gXp" }], "user_mentions": [] }, "favorite_count": 82, "favorited": false, "geo": null, "id": 1017427389075337217, "id_str": "1017427389075337217", "in_reply_to_screen_name": null, "in_reply_to_status_id": null, "in_reply_to_status_id_str": null, "in_reply_to_user_id": null, "in_reply_to_user_id_str": null, "is_quote_status": false, "lang": "en", "place": null, "possibly_sensitive": false, "retweet_count": 38, "retweeted": false, "source": "<a href=\"http://twitter.com\" rel=\"no-follow\">Twitter Web Client </a>", "text": "Here is a free online tutorial on creating a geodemographic classification using multivariate clustering in R. Avai\u2026 https://t.co/RmTAyk6gXp", "truncated": true, "user": { "contributors _enabled": false, "created_at": "Wed Oct 12 20:27:18 +0000 2011", "default_profile": false, "default_profile_image": false, "description": "Research associate at UCL, Department of Geography and the Consumer Data Research Centre", "entities": { "description": { "urls": [] }, "url": { "urls": [{ "display_url": "geog.ucl.ac.uk/about-the-depa\u2026", "expanded_url": "http://www.geog.ucl.ac.uk/about-the-department/people/research-staff/guy-lansley", "indices": [0, 23], "url": "https://t.co/epN4cY1FEh" }] } }, "favourites_count": 84, "follow_request_sent": false, "followers_count": 389, "following": false, "friends_count": 272, "geo_enabled": true, "has_extended_profile": false, "id": 389673270, "id_str": "389673270", "is_translation_enabled": false, "is_translator": false, "lang": "en", "listed_count": 11, "location": "London", "name": "Guy Lansley", "notifications": false, "profile _background_color": "131516", "profile_background_image_url": "http://abs.twimg.com/images/themes/theme14/bg.gif", "profile_background_image_url_https": "https://abs.twimg.com/images/themes/theme14/bg.gif", "profile_background_tile": true, "profile_banner_url": "https://pbs.twimg.com/profile_banners/389673270/1476096672", "profile_image_url": "http://pbs.twimg.com/profile_images/794517796445110272/xAKeLrWl_normal.jpg", "profile_image_url_https": "https://pbs.twimg.com/profile_images/794517796445110272/xAKeLrWl_normal.jpg", "profile_link_color": "009999", "profile_sidebar_border_color": "FFFFFF", "profile_sidebar_fill_color": "EFEFEF", "profile_text_color": "333333", "profile_use_background_image": true, "protected": false, "screen_name": "GuyLansley", "statuses_count": 106, "time_zone": null, "translator_type": "none", "url": "https://t.co/epN4cY1FEh", "utc_offset": null, "verified": false } }, "source": "<a href=\"http://twitter.com/download/iphone\" rel=\"nofollow\">TWITTER FOR IPHONE</a>", "text": "RT @GuyLansley: Here is a free online tutorial on creating a geodemographic classification using multivariate clustering in R. Available vi\u2026", "truncated": false, "user": { "contributors _enabled": false, "created_at": "Fri Jan 15 13:05:39 +0000 2010", "default_profile": false, "default_profile_image": false, "description": "Senior Lecturer at the UCL Department of Geography. Co-author of Where the Animals Go (@whereanimalsgo) & London: The Information Capital (@theinfocapital).", "entities": { "description": { "urls": [] }, "url": { "urls": [{ "display_url": "spatial.ly", "expanded_url": "http://spatial.ly", "indices": [0, 22], "url": "http://t.co/h0Zdp1cX1l" }] } }, "favourites_count": 566, "follow_request_sent": false, "followers_count": 9534, "following": false, "friends_count": 1592, "geo_enabled": true, "has_extended_profile": true, "id": 105132431, "id_str": "105132431", "is_translation_enabled": false, "is_translator": false, "lang": "en", "listed_count": 615, "LOCATION": "LONDON", "name": "James Cheshire", "notifications": false, "profile_background_color": "131516", "profile_background_image_url": "http://abs.twimg.com/images/themes/theme14/bg.gif", "profile_background_image_url_https": "https://abs.twimg.com/images/themes/theme14/bg.gif", "profile_background_tile": true, "profile_banner_url": "https://pbs.twimg.com/profile_banners/105132431/1511557134", "profile_image_url": "http://pbs.twimg.com/profile_images/776001406838898688/a3C9FUfA_normal.jpg", "profile_image_url_https":"https://pbs.twimg.com/profile_images/776001406838898688/a3C9FUfA_normal.jpg""profile_link_color": "009999", "profile_sidebar_border_color": "EEEEEE", "profile_sidebar_fill_color": "EFEFEF", "profile_text_color": "333333", "profile_use_background_image": true, "protected": false, "screen_name": "spatialanalysis", "statuses_count": 3061, "time_zone": null, "translator_type": "none", "url": "http://t.co/h0Zdp1cX1l", "utc_offset": null, "verified": false }}

지도에 표시된 점은 1906년 9월부터 1907년 12월까지 일본 오사카에서 발생한 흑사병 확진 사례 661건을 뜻한다. 확진 사례는 면직 공장, 창고 밀집 구역, 수로 인근에서 대부분 발생했다.[18] 조사관들은 질병 발생지를 추적한 끝에 인도에서 출발한 면직물 화물선의 쥐에게서 감염된 벼룩을 발견하기에 이르렀다.[19]

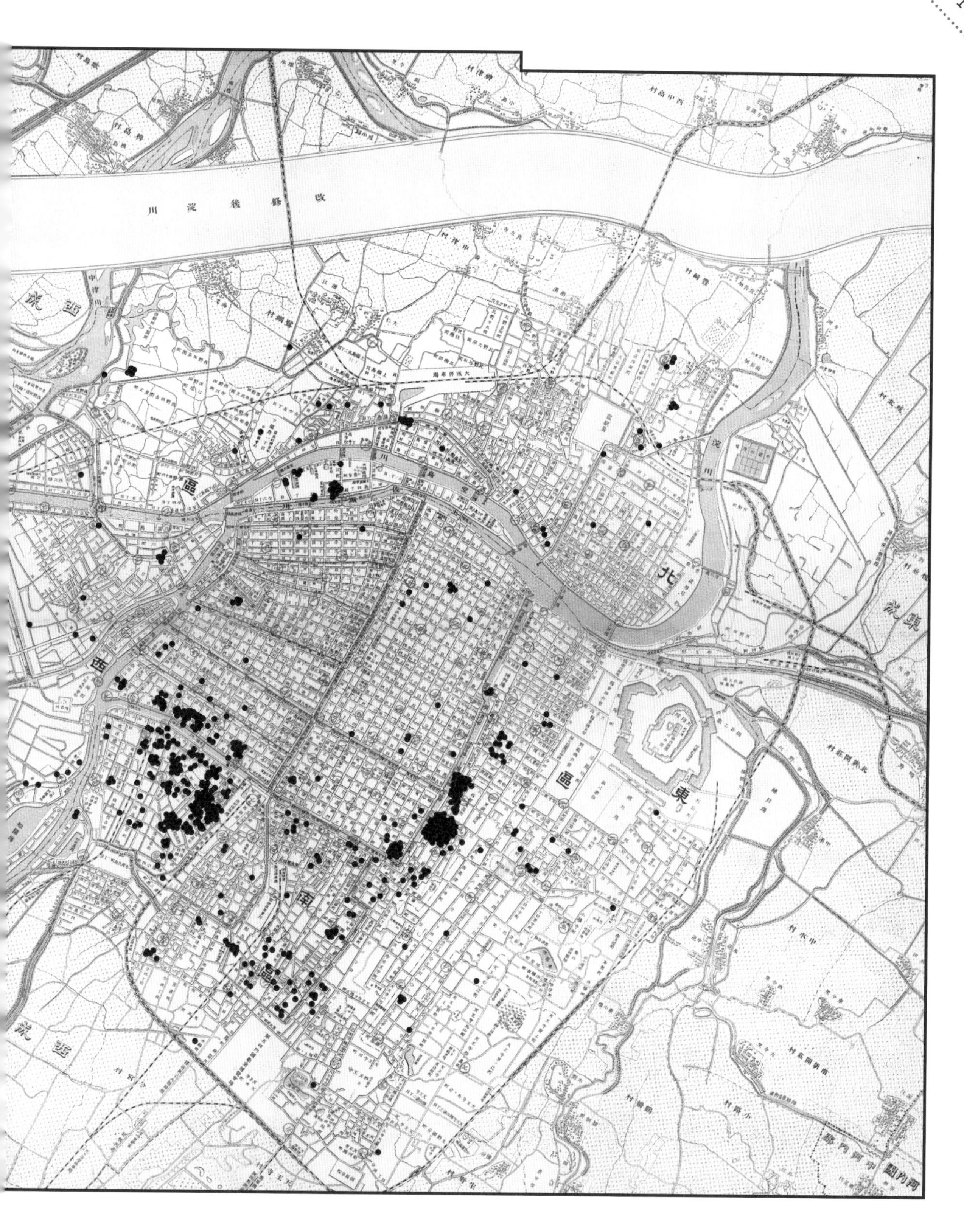

오사카 가래톳 흑사병

1906년 9월～1907년 12월

● 확진 사례

0 1 km

려는 기술을 제대로 이해할 필요가 있다. 2018년 케임브리지 애널리티카가 페이스북 사용자 8,700만 명의 정보를 몰래 수집했다는 사실이 밝혀져 미국 의회가 공청회를 열었다.[20] 84세 상원의원 오린 해치Orrin Hatch는 33세 CEO 마크 저커버그에게 '공화당 상원 첨단기술 TF' 의장이라고 자신을 소개했다. 뒤이어 그는 저커버그에게 사용자들이 서비스 이용료를 내지 않는데 어떻게 비즈니스 모델을 지속할 수 있느냐고 추궁했다. 저커버그는 웃으며 "의원님, 저희는 광고를 달잖아요"라고 답했고, 해치는 몇 초 침묵한 끝에 "알았습니다" 하고 고개를 끄덕였다.[21] 해치 의원은 정말 알았을까? 저커버그는 간단하게, 그것도 아주 온화한 태도로 상황을 정리했다. 하지만 저커버그가 말한, 광고가 사용자 데이터에 기초한 맞춤형 광고이며 실제로는 매우 논쟁적이라는 사실까지 해치 의원이 정말 알았는지는 모르겠다. 한편 대서양 너머에서는 변화가 시작되었다. 같은 해 유럽연합은 개인정보보호법GDPR[22]을 제정해 유럽인들, 정확히는 유럽연합 내에서 데이터가 처리되는 사람들이 기업의 개인 정보 활용을 거부할 권리를 법에 명시했다. 당신의 데이터는 당신 것이다. 데이터를 만들어내는 주체가 당신이므로 데이터가 어떻게 쓰일지, 또 과연 쓰여도 괜찮을지를 결정할 자격이 어느 정도는 당신에게 있는 셈이다. 기업이나 정치인이 그걸 감독하게만 두어서는 안 된다. 데이터의 신뢰성은 모두가 함께 지켜야 한다. 그러려면 먼저 데이터를 해독할 줄 알아야 한다.

이 장 도입부에 인용된 미국 지리학자 존 K. 라이트가 키와 키잡이의 필요성을 역설한 것은 바로 이러한 이유에서다. 도입부 인용구는 라이트가 쓴 「지도 제작자는 인간이다Map Makers Are Human」라는 글에서 따왔다. 라이트는 1942년에 이 글을 발표했는데 당시 지도는 전쟁을 수행하는 데 쓰이는 수단이었다. 라이트는 언젠가 지도가 "산산조각이 난 세상을 재건할 책임이 있는 자들의 생각과 행동을 형성 짓는 데 보탬이 되리라" 믿었다. 다만 지도나 지도 제작자도 실수하기 마련이라 "정직함과 판단력, 비평안"을 발휘해 지도가 제대로 쓰이도록 책임질 독자들이 세상에 필요하다고 했다. 올리버와 나는 이 생각에 누구보다 동의한다.

우리 독자들이 이 책의 지도를 들여다보며 새로운 걸 발견하고 즐거운 시간을 보냈기를 바란다. 동시에 즐거움 이상의 무언가를 얻어 갔으면 한다. 지금 이 글을 쓰는 순간에도, 나는 기록적으로 따뜻했던 한 해가 저물어가는 시점에 거대 빙산이 남극에서 떠밀려 내려가는 인공위성사진을 보고 있다.[23] 우리가 계속 방관자로 머물러 있는 한 그러한 정보는 아무 쓸모도 없다. 단 하나라도 좋으니 이 책에 실린 이야기에 영감을 얻어 당신도 행동에 나서기를 빈다.

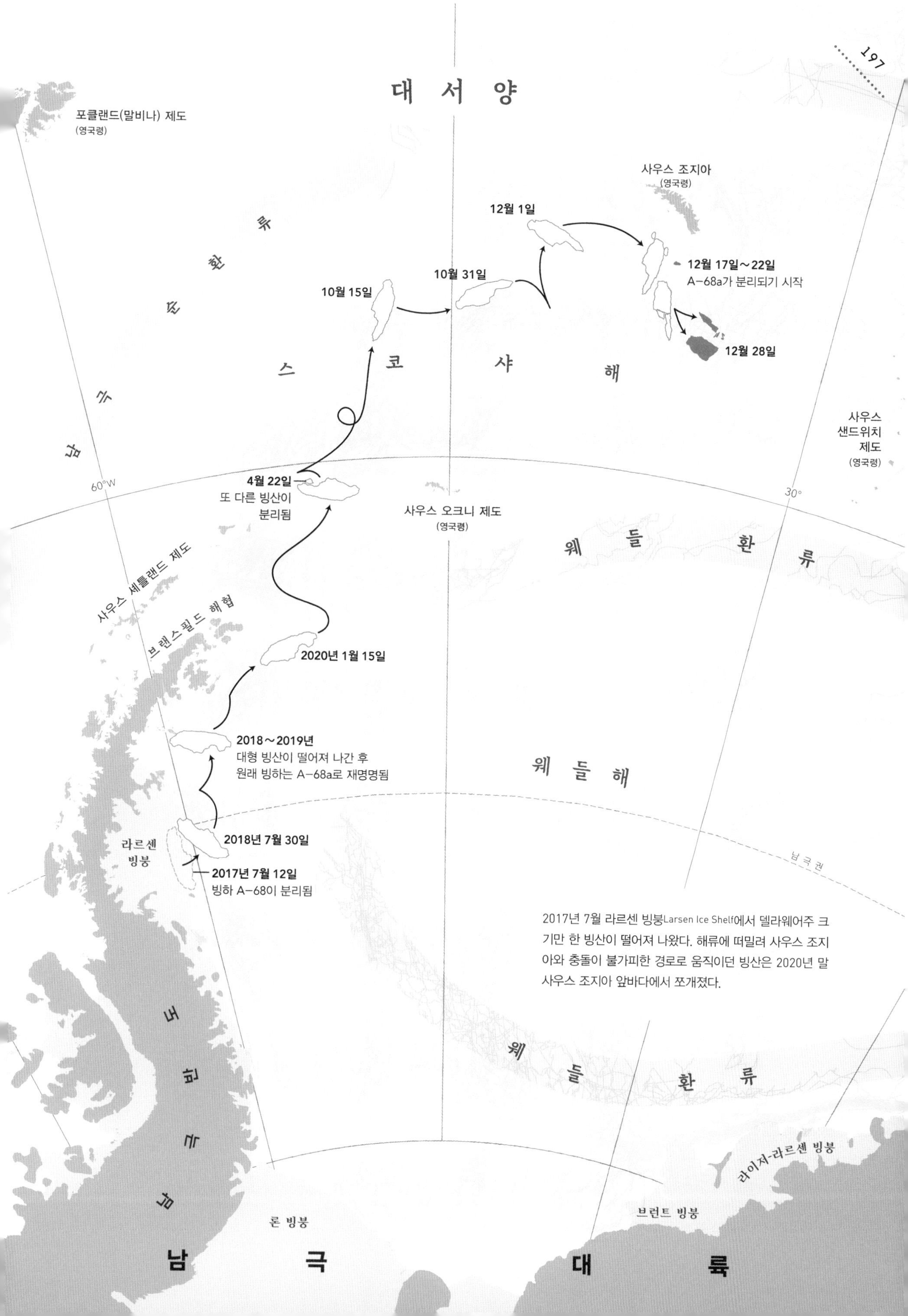

2017년 7월 라르센 빙붕Larsen Ice Shelf에서 델라웨어주 크기만 한 빙산이 떨어져 나왔다. 해류에 떠밀려 사우스 조지아와 충돌이 불가피한 경로로 움직이던 빙산은 2020년 말 사우스 조지아 앞바다에서 쪼개졌다.

부록

지구를 평평하게 만들기

지도 제작자들은 지구를 평평하게 만드는 사람들이다. 지난 1000년 동안 그들은 둥그런 지구에서 대륙과 해양을 떼어낸 뒤 다양한 투영법에 맞춰 종이 위에 옮겨냈다.[1] 몇몇 지도는 국가 모양과 크기를 왜곡한다. 어떤 지도는 장소 사이 거리의 정확도를 높이기 위해 방향의 정확도를 일부 포기하며 반대의 경우도 존재한다. 지도 제작자들에게는 저마다 가장 선호하는 지도가 있다. 우리는 이 책을 쓰면서 지구를 평평하게 만드는 여러 방법을 활용했다.

정사 도법 ORTHOGRAPHIC

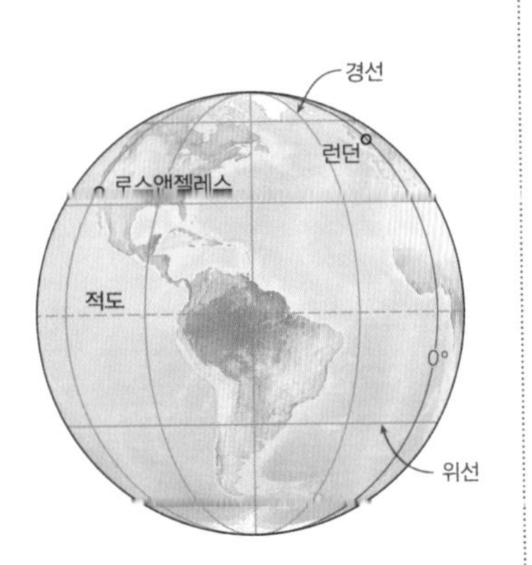

이 책에서 우리는 지구 표면상 어느 지역을 특정할 때 '지구본' 모형을 사용했다.

원뿔 도법 CONIC

펜을 들어 오렌지에 위선과 경선을 그려보자. 잉크가 마르기 전에 종이를 원뿔 모양으로 감아 오렌지에 씌우면 종이에 잉크가 묻어날 것이다. 그 종이를 펼쳐보자. 그러면 이 투영법 지도를 얻을 수 있다. 이 투영법은 모양의 정확도보다 지역 구분에 강점이 있다. 유럽연합과 미국이 이 투영법으로 제작한 대륙 지도를 선호한다.

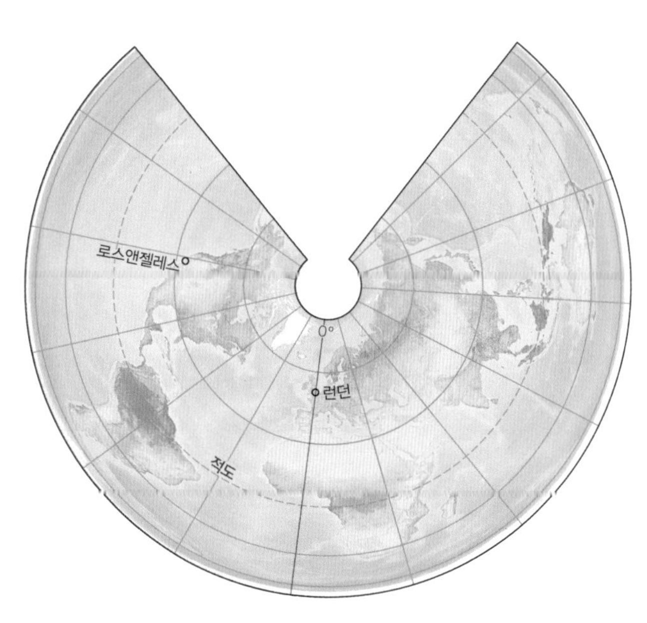

원통 도법 CYLINDRICA

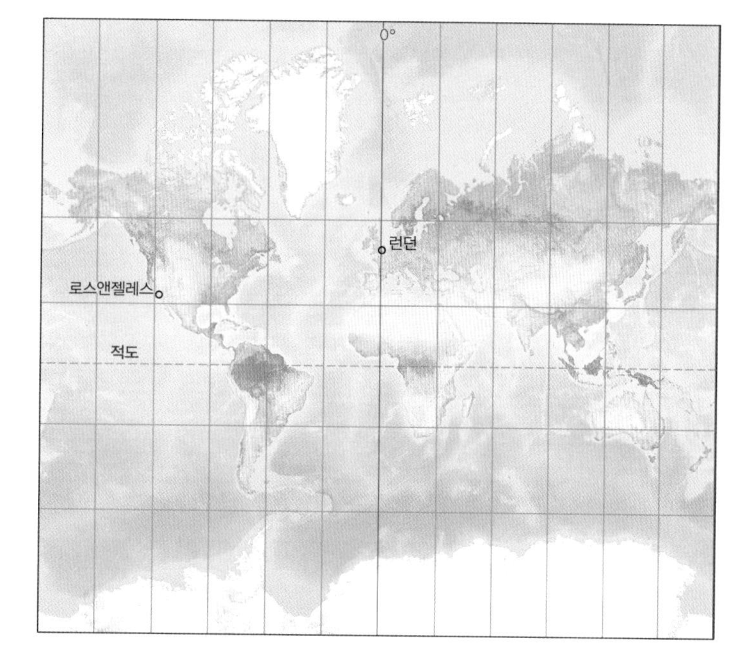

원뿔이 아니라 원통으로 지구를 에워싼 것 같다고 해서 이러한 이름이 붙었다. 가로선으로 위선을, 세로선으로 경선을 표시하는 이 투영법은 극지방 쪽을 특히 심하게 왜곡한다. 웹 지도 대다수가 이 투영법에 기초한 메르카토르 도법을 사용한다(오른쪽 상단). 항해사들도 이 도법을 선호한다. 이 책은 고래잡이배를 추적할 때 메르카토르 도법을 사용했다(46~49쪽 참고). 전 세계 산불 지도를 만들 때는 정방형 버전이 쓰였다(162~163쪽).

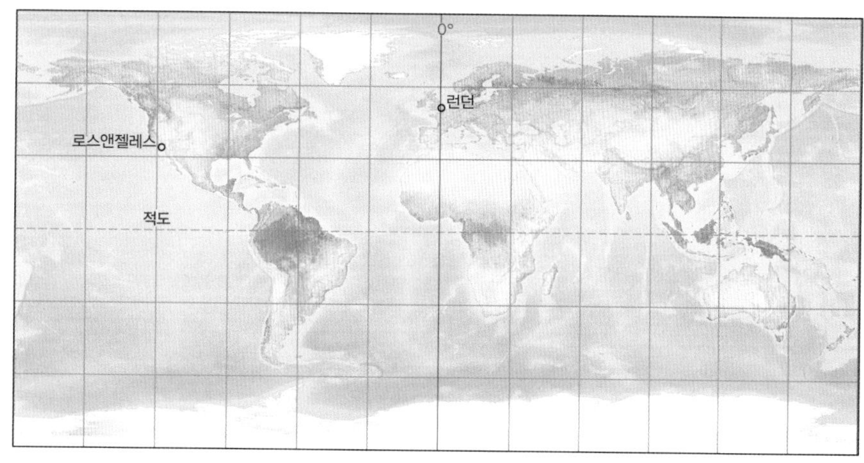

유사 원통 도법 PSEUDO-CYLINDRICAL

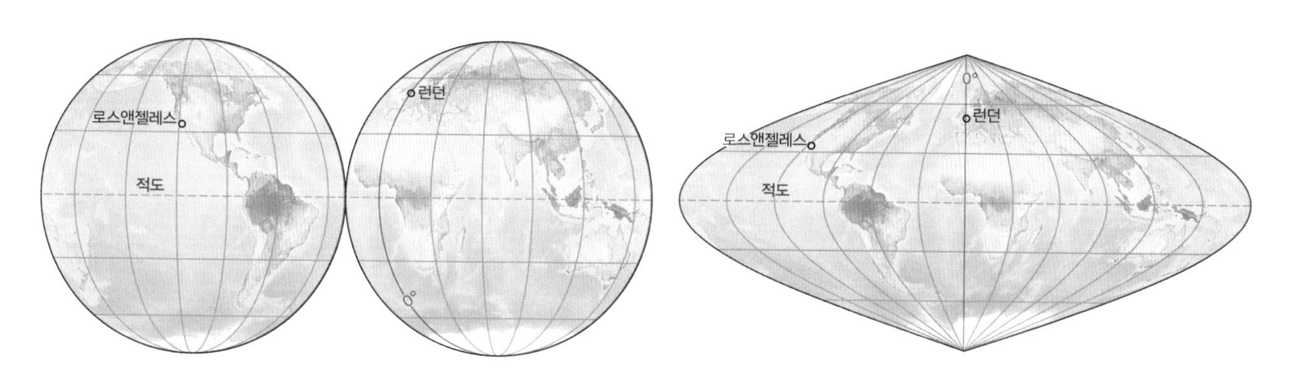

경선을 구부리면 원통 도법에서 발생하는 극지방 왜곡을 해결할 수 있다. 단열 기법도 도움이 된다. 단열 몰바이데 도법은 이 책에서 남반구와 북반구를 비교하는 데 쓰였다(92~93쪽 참고). 팽이 모양의 시뉴소이드 도법(오른쪽)으로는 걷잡을 수 없이 오르는 해수면을 표현했다(170~171쪽).

방위 도법 AZIMUTHAL

이 그림에 쓰인 투영법은 기하학을 기발하게 사용해 지상의 여러 지역을 특별히 강조한다. 어항 너머로 사물을 보듯이 관점을 바꿀 때마다 왜곡상이 달라져 어떤 부분은 툭 튀어나오고 어떤 부분은 푹 꺼져 보인다. 1979년 애덜스턴 스필하우스Athelstan Spillhaus[2]는 이 도법으로 허리케인 상륙이 근접한 해안 지도를 그려냈다(164~165쪽). 또 우리는 이 책 면지에 반복된 패턴과 지구 온난화 시리즈를 만들 때 파격적으로 이 도법을 시도했다(158~159쪽).

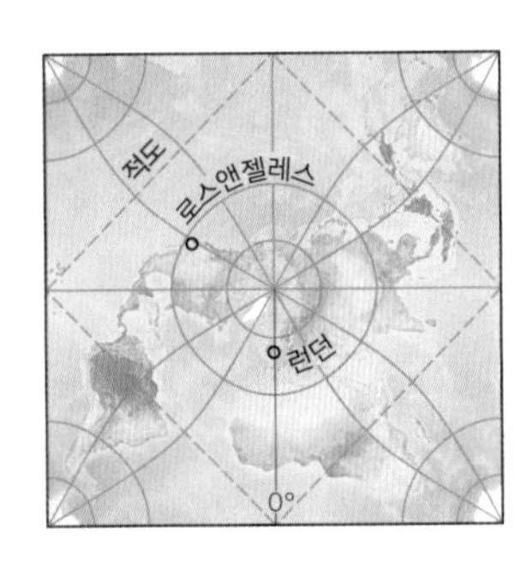

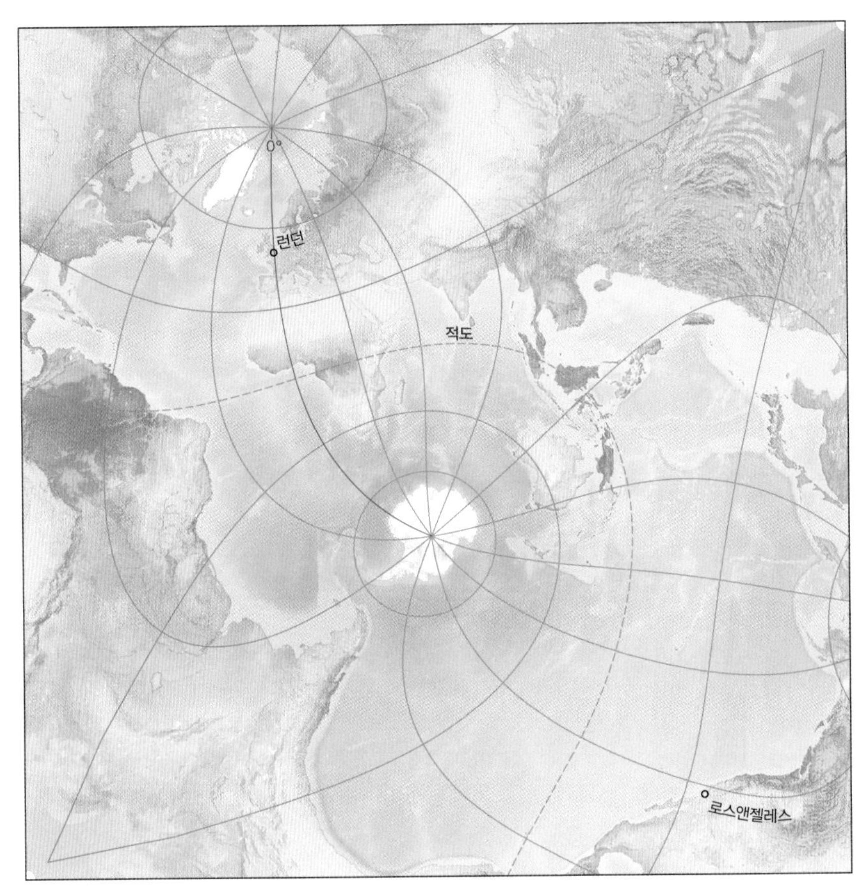

극입체 & 방위 도법 POLAR STEREOGRAPHIC & AZIMUTHAL

입체 도법으로 남극 지도를 그리면 남극 대륙에서 떠밀려 내려가는 빙산을 추적할 수 있다(196~197쪽). 방위 도법으로 북극 지도를 그리면 해저 케이블로 연결된 7개 대륙을 한눈에 파악할 수 있다(98~99쪽).

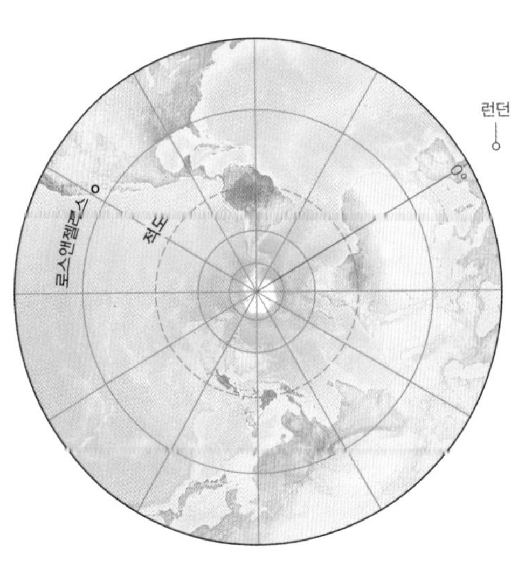

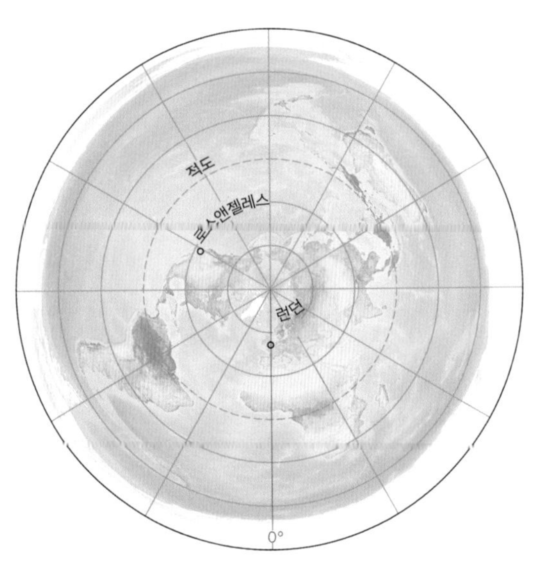

정거 방위 도법 AZIMUTHAL EQUIDISTANT

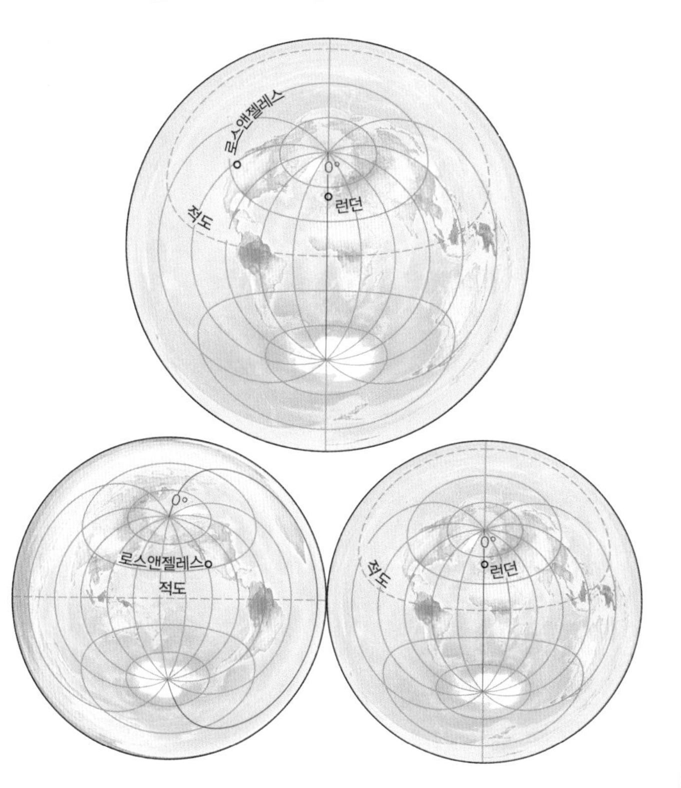

방위 투영법은 중앙점으로 향하는 방향을 정확히 보여주기 때문에 이슬람 키블라(메카 있는 예배 방향)[3] 지도를 제작하는 데 활용된다. 이 책에서는 메카 순례 이야기(160~161쪽)를 다룰 때 이 도법을 썼다. 바다에서 벌어지는 남획을 보여줄 때는 스필하우스가 제작한 지도에서 힌트를 얻어 두 지도를 나란히 배치했다(172~175쪽).

다이맥션 도법 DYMAXION

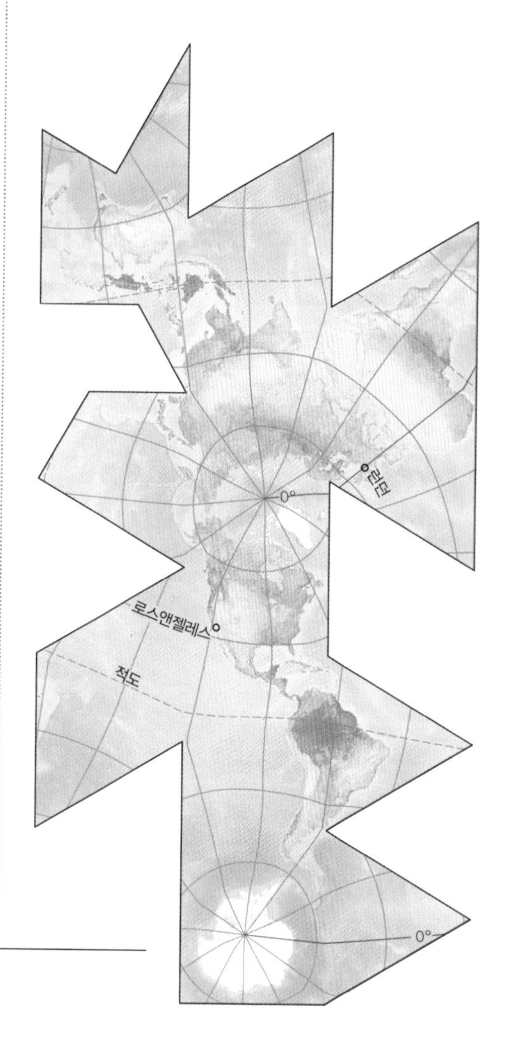

변형 방위 도법 MODIFIED AZIMUTHAL

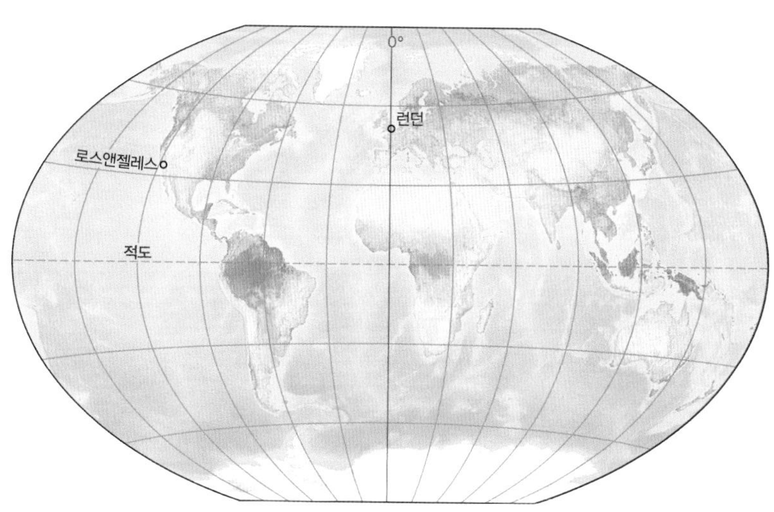

1946년 버크민스터 풀러Buckminster Fuller는 '하나의 해양 속 하나의 섬'[4]을 보여주는 다이맥션 투영법(위 그림)으로 특허를 얻었다. 극방위 도법처럼 이 도법은 대륙을 끊지 않고 이어서 보여주는 데 유용하다. 휴대전화 네트워크 지도를 만들 때 이 도법을 사용했다(94~95쪽 참고).

왼쪽 지도는 빈켈 트리펠Winkel Tripel 도법을 사용해 지역, 모양, 방향 왜곡을 최소화했다. 이 도법은 성이나 여권, 기대수명을 기준으로 세계 지역을 그릴 때 딱이다(56, 112, 187쪽).

함께 읽으면 좋은 책

많은 지도 제작자와 데이터 과학자, 디자이너, 활동가, 작가가 우리에게 영감을 주었다.

W.E.B. 듀보이스의 데이터 시각화 작업에 관해서는 휘트니 배틀-밥티스트Whitney Battle-Baptiste와 브릿 루서트Britt Rusert)가 쓴 『W.E.B. 듀보이스의 데이터 초상: 미국 흑인을 시각화하다W.E.B. Du Bois's Data Portraits: Visualizing Black America』를 주로 참고했다. 앨던 D. 모리스Aldon D. Morris의 『부정당한 학자The Scholar Denied』는 미처 몰랐던 듀보이스의 사상과 일생, 주변인을 조명했다. 듀보이스가 쓴 책과 논문을 직접 읽어보는 것도 후회 없는 선택일 것이다. 『흑인의 영혼』부터 읽기를 권한다.

이 책에 영감을 준 또 다른 영웅 알렉산더 폰 훔볼트의 모험적인 일생은 안드레아 울프가 쓴 『자연의 발명』에 멋지게 소개되었다. 수전 슐턴Susan Schulten이 쓴 『국가를 지도로 그리다Mapping the Nation』는 미국의 선구적인 지도 제작자들을 소개한다. 시카고대학교 출판부가 출간한 『지도 제작의 역사The History of Cartography』 연작 중 첫 세 권은 온라인에 무료로 공개되었다. 제임스 로저 플레밍James Rodger Fleming이 쓴 『1800~1870 미국 기상학Meteorology in America, 1800~1870』은 기상예보가 막 자리 잡던 시절의 치열한 세계를 그려낸다. 컴퓨터로 만드는 지도와 그에 대한 이론적 논의 역사가 궁금한 독자에게는 매슈 윌슨Matthew Wilson이 쓴 『새로운 선들: 중대한 GIS와 지도 문제New Lines: Critical GIS and the Trouble of the Map』를 추천한다. 쇼샤나 주보프Shoshana Zuboff가 쓴 『감시 자본주의 시대The Age of Surveillance』는 개인 정보가 경제 자원이 되어 착취당하는 시대를 종합적으로 (그리고 무척 쉽게) 개괄한다. 좀 더 낙관적인 독자들에게는 세라 윌리엄스Sarah Williams의 『데이터 행동Data Action』이 어떻게 데이터가 공익을 위해 쓰이는지 몇 가지 원칙을 말해줄 것이다. 지도 보기를 즐기는 독자들에게는 데이비드 럼지 역사 지도 콜렉션David Rumsey Historical Map Collection이나 레번설 지도와 교육 센터 Leventhal Map and Education Center 웹사이트를 추천한다.

우리는 북미지도정보학회NACIS가 주는 코를리스 베네피데오상을 받은 일을 계기로 코를리스 베네피데오가 주인공으로 나오는 배리 로페즈Barry Lopez 소설 『지도 제작자The Mappist』를 읽게 되었다. 지도를 사랑하는 사람들에게 영감을 줄 이야기다, 이제 막 지도 제작자가 된 사람들에게는 북미지도정보학회도 마찬가지로 영감을 줄 것이다.

잡지와 언론 매체가 만드는 지도와 그래픽도 어느 때보다 수준이 높아졌다. 특히 《내셔널 지오그래픽》, 《뉴욕타임스》, 《워싱턴 포스트》, 《파이낸셜타임스》의 지도와 그래픽을 추천한다.

출처

우리가 만드는 지도에 맥락의 층을 쌓기 위해 내추럴 어스Natural Earth 지도를 주 자료로 삼되 필요한 경우에 결과물을 변형했다. 아주 자세한 지도가 필요할 때는 오픈스트리트맵을 사용했다. 두 자료는 무척 유용했다. 두 데이터를 관리하고 제공하는 사람들에게 감사를 전한다. 또 우리는 나사NASA의 셔틀 레이더 지형 미션SRTM에서 만들어진 지형 정보를 얻어 활용했다. 더 자세한 정보는 주석에서 찾을 수 있다.

13 OFFICE FOR NATIONAL STATISTIC
15 EVENT HORIZON TELESCOPE
16 KING'S COLLEGE LONDON ARCHIVES
19 USGS
20 DAVID RUMSEY HISTORICAL MAP COLLECTION
22 DAVID RUMSEY HISTORICAL MAP COLLECTION (NIGHTINGALE); WELLCOME LIBRARY, LONDON (SNOW); LIBRARY OF THE LONDON SCHOOL OF ECONOMICS AND POLITICAL SCIENCE (BOOTH)
23 HARVARD LABORATORY FOR COMPUTER GRAPHICS AND SPATIAL ANALYSIS
24 ORDNANCE SURVEY
25 STRAVA
30–32 VAGRANT LIVES PROJECT; ORDNANCE SURVEY
32 VAGRANT LIVES PROJECT; ORDNANCE SURVEY
34–37 LEVI WESTERVELD AND ANNE KELLY KNOWLES; TAUBER HOLOCAUST LIBRARY AND ARCHIVES (ANNA); UNITED STATES HOLOCAUST MEMORIAL MUSEUM (JACOB)
38 DAVID REICH, HARVARD UNIVERSITY
40–41 DAVID REICH, HARVARD UNIVERSITY; NATURAL EARTH (TERRAIN)
42–43 NATIVE LAND DIGITAL
44–45 ICOADS
46–47 WCS CANADA; AMERICAN OFFSHORE WHALING DATABASE; WHALINGHISTORY.ORG; KERRY GATHERS (PRODUCT DATA)
48–49 WCS CANADA; AMERICAN OFFSHORE WHALING DATABASE; *WHALINGHISTORY.ORG*
50–51 TRANS-ATLANTIC SLAVE TRADE DATABASE, *SLAVEVOYAGES.ORG*
52–53 INTRA-AMERICAN SLAVE TRADE DATABASE, *SLAVEVOYAGES.ORG*
54–59 UCL WORLDNAMES DATABASE
60–61 WIKIPEDIA
65 UGLYGERRY
67 US CENSUS BUREAU
69 DAVID RUMSEY MAP COLLECTION
70–71 WORLDPOP; DEVILLE ET AL. (2014)
72–73 TERALYTICS
74–75 NELSON AND RAE (2016); AMERICAN COMMUNITY SURVEY

76–77 NELSON AND RAE (2016); AMERICAN COMMUNITY SURVEY

78–79 STRANO ET AL. (2018); CDC (CHART)

80–83 NASA-NOAA SUOMI-NPP VIIRS

84–85 NASA-NOAA SUOMI-NPP VIIRS; UNHCR (REFUGEE CAMPS)

86–87 EUROPEAN COMMISSION GLOBAL HUMAN SETTLEMENT LAYER; UN POPULATION DIVISION (CHART)

88–89 NASA LANDSAT

90–91 JAMES TODD AND OLIVER O'RIEN, UNIVERSITY COLLEGE LONDON

92–93 WEISS ET AL. (2018)

94–95 MOZILLA LOCATION SERVICE

96–97 MOZILLA LOCATION SERVICE

98–99 TELEGEOGRAPHY; CARTER ET AL. (2009)

102 MICHAEL REYNOLDS / EPA-EFE / SHUTTERSTOCK (HURRICANE)

103 DEUTSCHES HISTORISCHES MUSEUM

104 LIBRARY OF CONGRESS

105 RICHMOND DIGITAL SCHOLARSHIP LAB; NASA LANDSAT (TEMPERATURES)

106 *THIRTY YEARS OF LYNCHING IN THE UNITED STATES,* 1889-1918

107 US NATIONAL ARCHIVES

108 NASA-NOAA SUOMI-NPP VIIRS

109 TWITTER (HKMAP.LIVE)

110–111 WORLD HAPPINESS REPORT 2020

112–113 PASSPORT INDEX; INTERNATIONAL MONETARY FUND (GDP DATA)

114–116 ADS-B EXCHANGE

118–119 COPERNICUS SENTINEL-5

120–121 SOURCES: NASA GHRC DAAC (LIGHTNING); EUROPEAN COMMISSION EDGAR (POLLUTION)

122–123 CAMEO.TW; BING (SATELLITE IMAGE)

124–125 JACOB ABERNETHY, ALEX CHOJNACKI, ARYA FARAHI, ERIC SCHWARTZ AND JARED WEBB, UNIVERSITY OF MICHIGAN

128–129 RENTLOGIC (GRADES); URBAN DISPLACEMENT PROJECT (GENTRIFICATION)

130 EVICTION LAB, PRINCETON UNIVERSITY

132–133 OECD

134–135 ACLED

136–137 ACLED

138–139 HUMANITARIAN DATA EXCHANGE; INTER SECTOR COORDINATION GROUP; INTERNATIONAL ORGANIZATION FOR MIGRATION

140–141 INTERNATIONAL ORGANIZATION FOR MIGRATION

142–145 THEATER HISTORY OF OPERATIONS, US AIR FORCE; NATIONAL SECURITY ARCHIVE (TRANSCRIPT); CIA (HILLSHADE); EUROPEAN COMMISSION GLOBAL HUMAN SETTLEMENT LAYER (POPULATED AREAS

146–147 THEATER HISTORY OF OPERATIONS, US AIR FORCE

148–149 *BULLETIN OF THE ATOMIC SCIENTISTS*; OUR WORLD IN DATA

152 NASA

153 SMITHSONIAN INSTITUTION ARCHIVES

154 FLEMING (1990)

155 WISCONSIN HISTORICAL SOCIETY

157 HOUSTON PUBLIC LIBRARY DIGITAL ARCHIVES

158–159 MET OFFICE HADLEY CENTRE HADCRUT.4.6

160–161 KANG ET AL (2019); WIKIPEDIA

162–163 NASA FIRMS

164–165 NCEI IBTRACS (HURRICANE TRACKS); NCAR SODA (OCEAN CURRENTS); NOAA CORAL REEF WATCH (TEMPERATURE DATA); WIKIPEDIA (CHART)

166–167 NASA/JPL-CALTECH; POLAR GEOSPATIAL CENTER; NASA LCLUC

168–169 NASA; POLAR GEOSPATIAL CENTER

170–171 ESCH ET AL. (2020); NOAA

172–173 GLOBAL FISHING WATCH

174–175 GLOBAL FISHING WATCH

176–177 LUKE STORER, PAUL WILLIAMS AND MANOJ JOSHI, UNIVERSITY OF READING

178–179 FRENCH GEOLOGICAL SURVEY (BRGM). MAP ACTION CONTAINS MODIFIED COPERNICUS SENTINEL DATA (2018).

180–181 OPENSTREETMAP; MAPWITH.AI

182–183 BUDHENDRA BHADURI AND OLUFEMI OMITAOMU, OAK RIDGE NATIONAL LABORATORY

184–185 USGS; TENNESSEE STATE GOVERNMENT

186–187 UN POPULATION DIVISION

190–191 KATHLEEN STEWART AND JUNCHUAN FAN, UNIVERSITY OF MARYLAND

192 SEOUL METROPOLITAN GOVERNMENT (ITINERARY); JOHNS HOPKINS UNIVERSITY, OUR WORLD IN DATA (CHART)

194–195 TOMOKI NAKAYA, TOHOKU UNIVERSITY

196 BRITISH ANTARCTIC SURVEY (A-68); THE ANTARCTIC ICEBERG TRACKING DATABASE (OTHER ICEBERGS)

주석

머리말 & 서문

1 영국 코로나19 사망자 수 데이터는 영국 통계청에서 내려받았다. bit.ly/3uAwh4l
2 Richter, G.&Obrist, H. U. (1995). *The Daily Practice of Painting: Writings and Interviews*, 1962–1993. Cambridge, Massachusetts: MIT Press, p. 11.
3 Bouman, K. L. (2017). Extreme imaging via physical model inversion: seeing around corners and imaging black holes.
4 The Event Horizon Telescope Collaboration et al. (2019). *Astrophys. J. Lett.* 875: L1–6. bit.ly/3s3TvOB
5 BBC News (2012). *The most important photo ever taken?*
6 Medical Research Council (2013). *Behind the picture: Photo 51.*
7 wikipedia.org/wiki/Scientist
8 the *Guardian* (2019). Weatherwatch: the Prussian polymath who founded modern meteorology.
9 Wulf, A. (2015). *The Invention of Nature.* London: John Murray, p. 335.
10 de Botton, A. *The Art of Travel.* New York: Pantheon Books, pp. 106–14.
11 Wulf, A. (2015); Deutsche Welle (2019). *Alexander von Humboldt: A 19th century German home story.*
12 훔볼트 자신도 선구적인 지도 제작자였다. 기온 변화를 나타내는 등온선 기술을 직접 고안하기도 했다.
13 Camerini, J. R. (2000). Heinrich Berghaus's map of human diseases. *Medical History* 44(S20): 186–208.
14 David Rumsey Map Collection, image no. 2515048.
15 Ormeling Snr, F. J. (1986). Tribute to Justus Perthes. *GeoJournal* 13(4): 413–6.
16 Friendly, M. (2008). The Golden Age of Statistical Graphics. *Statistical Science* 23(4): 502–35.
17 *Mortality of the British army: at home and abroad, and during the Russian war, as compared with the mortality of the civil population in England; illustrated by tables and diagrams.* (1858) London: Printed by Harrison and Sons.
18 Snow, J. (1855). *On the Mode and Communication of Cholera.* London: John Churchill.
19 booth.lse.ac.uk
20 dubois-theward.org/resources/mapping
21 프랑스 통계 지도책을 더 보고 싶다면 davidrumsey.com에서 'Imprimie Nationale'을 검색하면 된다.
22 미시시피강 라이다 데이터는 미국 지질조사국 3D 고도 프로그램의 일부이다. doi.org/10.3133/
23 Friendly, M. (2008), p. 530.
24 Chrisman, N. (2006). *Charting the Unknown: How Computer Mapping at Harvard Became GIS.* Redlands: ESRI Press.
25 Ordnance Survey (2020). *Ordnance Survey reveals ten years of walking and cycling data.*
26 Glynn, C. (2019, Sept. 17). Interview.
27 오드넌스 서베이는 1791년 6월 21일 프랑스 침공의 위협에 맞서 잉글랜드 지도를 정확히 제작한다는 목표로 만들어졌다. 당시 측량사들은 토지를 삼각형으로 나눠 지형지물이나 작은 돌무더기로 각 꼭짓점을 표시하며 전국을 걸어 다녔다. 1936년, 오드넌스 서베이는 그 위치 표지들을 콘크리트 받침대로 교체했다.
28 BBC News (2016). The trig pillars that helped map Great Britain.
29 strava.com/heatmap
30 twitter.com/Nrg8000/status/957318498102865920
31 Strava Press (2018). *A Letter to the Strava Community.*
32 *The Washington Post* (2018). U.S. soldiers are revealing sensitive and dangerous information by jogging.

1. 우리는 어디에서 왔나

1 Ginsburg, R. B. (2004). Speech at the US Holocaust Museum on the National Commemoration of the Days of Remembrance. supremecourt.gov/publicinfo/speeches/viewspeech/sp_04-22-04
2 Hitchcock, T. et al. (2014). Loose, idle and disorderly: vagrant removal in late eighteenth-century Middlesex. *Social History* 39(4): 509–27.
3 *Criminal Justice Act 1982*, c. 48. (UK) legislation.gov.uk/ukpga/1982/48/section/70
4 *Vagrancy Act 1824, c. 83.* (UK) legislation.gov.uk/ukpga/Geo4/5/83/section/4
5 *Berkshire Overseers' Papers, vol. 9.* (2005). Wallingford St Mary, 106. [CD]. Berkshire Family History Society.
6 bit.ly/3tDiDMi
7 Crymble, A. et al. (2015). Vagrant Lives: 14,789 Vagrants Processed by the County of Middlesex, 1777–1786. *Journal of Open Humanities Data* 1: e1.
8 *Poor Relief Act 1662, 14 Car. 2 c. 12.* (UK)
9 Beier, A. L.&Ocobock, P. (Eds.). (2008). *Cast Out: Vagrancy and Homelessness in Global and Historical Perspective.* Athens, Ohio: Ohio University Press, p. 11.
10 Crymble et al. (2015), p. 2.
11 Hitchcock et al. (2014), p. 515.
12 BBC News (2015). *Third of homeless Londoners moved out of their boroughs.*

13 the *Guardian* (2018). Windsor council leader calls for removal of homeless before royal wedding.

14 the *Guardian* (2020). Foreign rough sleepers face deportation from UK post-Brexit.

15 Sander, B.&Albanese, F. (2017). An examination of the scale and impact of enforcement interventions on street homeless people in England and Wales. London: Crisis.

16 Ibid., p. 48.

17 *The Salt Lake Tribune* (2020). Utah was once lauded for solving homelessness-the reality was far more complicated.

18 CBC News (2020). *A B.C. research project gave homeless people $7,500 each-the results were 'beautifully surprising'.*

19 Action on Empty Homes (2019). *Empty Homes in England 2019*, p. 8.

20 Homeless Link (2019). *2019 Rough Sleeping Snapshot Statistics.*

21 Ministry of Housing, Communities&Local Government (2019). *Statutory Homelessness in England: October to December 2018.*

22 BBC News (2020). *Coronavirus: Thousands of homeless 'back on streets by July'.*

23 Crymble, A. (2019, September 19). Interview.

24 slavevoyages.org/resources/names-database

25 ushmm.org/information/about-the-museum

26 Knowles, A. K., Cole, T.&Giordano, A. (Eds.). (2014). *Geographies of the Holocaust.* Indiana: Indiana University Press, p. 2.

27 Ibid., p. 4.

28 Knowles, A. K. et al. (2015). Inductive Visualization: A Humanistic Alternative to GIS. *GeoHumbanities* 1(2): p. 242.

29 Iid., p. 254.

30 Westerveld, L. (2019, May 24). Interview.

31 전미 유대여성협의회 새러소타-매너티 지부National Council of Jewish Women Sarasota-Manatee Section가 실시한 제이컵 브로드먼 인터뷰(1989년 4월 13일), 홀로코스트 구술 역사 프로젝트 collections.ushmm.org/search/catalog/irn510728

32 애나 파티파 인터뷰(1989년 2월 23일)는 유대인 가족 아동 서비스 홀로코스트 센터the Jewish Family and Children's Services Holocaust Center 산하의 타우버 홀로코스트 도서관 기록 보관소the archives of the Tauber Holocaust Library에서 발췌. collections.ushmm.org/search/catalog/irn513095

—— 목격자의 지도

33 앤 켈리 놀스Anne Kelly Knowles 제공

34 encyclopedia.ushmm.org/content/en/article/the-aftermath-of-the-holocaust

35 이 지도의 오리지널 버전은 visionscarto.net/i-was-there 이 지도 제작의 과정은 다음에 상세히 나와 있다. Westerveld, L.&Knowles, A. K. (2020). Loosening the grid: topology as the basis for a more inclusive GIS. *International Journal of Geographical Information Science.* doi: 10.1080/13658816.2020.1856854

—— 부분적인 유전

36 blogs.ancestry.com/ancestry/2020/02/05/our-path-forward

37 올리버가 의뢰받아 디자인한 다음 그래픽을 변형한 것이다. Reich, D. (2018) *Who We Are and How We Got Here: Ancient DNA and the New Science of the Human Past.* New York: Pantheon, p. 12.

—— 순전한 미신

38 우리가 의뢰받아 만든 다음 지도를 변형한 것이다. Narasimhan et al. (2019). The formation of human populations in South and Central Asia. *Science 365*(6457): eaat7487.

39 Reich (2018), pp. 106-9.

40 Anthony, D. W. (2007). *The Horse, the Wheel, and Language: How Bronze-Age Riders from the Eurasian Steppes Shaped the Modern World.* Princeton, NJ: Princeton University Press.

41 Nash, D. J. et al. (2020). Origins of the sarsen megaliths at Stonehenge. *Science Advances* 6(31): eabc0133.

—— 조상의 땅

42 White, J. Peter.&Mulvaney, D. J. (1987). *Australians to 1788.* Broadway, N.S.W., Australia: Fairfax, Syme&Weldon Associates. 117쪽에서 저자들은 1788년 원주민 인구가 75만 명으로 추산된다는 결론에 이른다. 그러므로 우리는 5만 년 동안의 누적 인구 총계가 수백만 명에 달할 것이라 추론한다.

43 Bird, M. I. et al. (2019). Early human settlement of Sahul was not an accident. *Scientific Reports* 9: 8220.

44 Tobler, R. et al. (2017). Aboriginal mitogenomes reveal 50,000 years of regionalism in *Australia. Nature* 544: 180-84.

45 오스트레일리아 원주민과 토러스 해협 섬사람의 문화가 궁금한 독자들에게 커먼 그라운드Common Ground는 귀중한 참고 자료가 되어줄 것이다. commonground.org.au

46 Nogrady, B. (2019). Trauma of Australia's Indigenous 'Stolen Generations' is still affecting children today. *Nature* 570: 423-4.

47 네이티브 랜드 디지털의 지도는 다음에서 볼 수 있다. native-land.ca

48 Australian Museum (2021). The spread of people to Australia.

—— 데이터의 바다

49 Maury, M. F. (1856). *The Physical Geography of the Sea* (6th ed.). London: T. Nelson and Sons, p. v.

50 Ibid., p. iii.

51 Ibid., p. iv.

52 icoads.noaa.gov

53 NPR (2014). *Old Ship Logs Reveal Adventure, Tragedy And Hints About Climate.*

54 bit.ly/3lA7vNA

55 National Library of Australia (2006). *The Seynbrief.* bit.ly/3ejGYCv

—— 붉은 얼룩을 마주하다

56 케리 개더스Kerry Gathers는 '기름과 뼈'라고 이름 붙은 멋진 지도를 제작해 양키 포경 황금기의 미국 항구들을 도표화했다. kgmaps.com/oil-and-bone

57 고래잡이 데이터 제작에 관해서는 다음을 참고. Lund et al. (n.d.). American Offshore Whaling Voyages: a database. nmdl.org

58 New Bedford Whaling Museum (2016). Yankee Whaling. bit.ly/3qnABR4

59 wikipedia.org/wiki/Whaling_Disaster_of_1871 and sanctuaries.noaa.gov/whalingfleet/history.html

60 Rocha Jr, R. C. et al. (2015). Emptying the Oceans: A Summary of Industrial Whaling Catches in the 20th Century. *Marine Fisheries Review* 76(4): 37-48.

61 Ibid., p. 47.

—— 비인간적인 흐름

62 Smith, V. (1798). *A Narrative of the Life and Adventures of Venture, a Native of Africa: But Resident above Sixty Years in the United States of America. Related by Himself. New London, CT: C. Holt, at the Bee* office, pp. 13-4. docsouth.unc.edu/neh/venture/venture.html

63 Ibid., p. 5.

64 자세한 정보는 다음을 참고. slavevoyages.org/voyage/about#variable-list/2/en

65 Chazkel, A. (2015). History Out of the Ashes: Remembering Brazilian Slavery after Rui Barbosa's Burning of the Documents. In C. Aguirre and J. Villa-Flores (Eds.). *From the Ashes of History: Loss and Recovery of Archives and Libraries in Modern Latin America.* Raleigh, NC: University of North Carolina Press, pp. 61-78.

66 Phys.org (2019). *Project adds 11,400 intra-American journeys to Slave Voyages database.*

67 The Colonial Williamsburg Foundation (n.d.). *Iberian Slave Trade.* bit.ly/3s72IFN

—— 작명 문화

68 en.wikipedia.org/wiki/Thai_name

69 Atlas Obscura (2017). *Why 40% of Vietnamese People Have the Same Last Name.*

70 Louie, E. W. (2008). *Chinese American Names: Tradition and Transition.* Jefferson, NC: McFarland&Co., p. 35.

—— 하늘이 내려준 재능

71 이 도표는 베르니니Bernini가 1652년 53살에 완성한 〈성 테레사의 환희*Ecstasy of St. Teresa*〉에서 영감을 얻어 제작한 것이다.

72 New York Botanical Garden (2021). *Kusama: Cosmic Nature.*

73 *The New Yorker* (2013). Complexity and the Ten-Thousand-Hour Rule.

74 Simonton, D. K. (2017, January 19). Personal communications.

75 Fry, R. (2015). *The Last Lectures.* Cambridge: Cambridge University Press, p. 14. '예술가의 두 유형'에 관한 추가 논의는 다음을 참고. Galenson, D. W. (2006). *Old Masters and Young Geniuses: The Two Life Cycles of Artistic Creativity.* Princeton, NJ: Princeton University Press.

76 Picasso, P. (1907). *Les Desmoiselles d'Avignon* [oil on canvas]. Museum of Modern Art, New York, NY.

77 Cézanne, P. (1906). *The Large Bathers* [oil on canvas]. Philadelphia Museum of Art, Philadelphia, PA.

2. 우리는 누구인가

1 US National Archives. *From James Madison to Thomas Jefferson, 14 February 1790.*

2 Whitby, A. (2020). *The Sum of the People: How the Census Has Shaped Nations, from the Ancient World to the Modern Age.* New York: Basic Books.

3 *Census Act of 1790, § 1.* (US)

4 US Census Bureau (2020). *Who Conducted the First Census in 1790?*

5 *US Const. art. I, § 2.*

6 *Census Act of 1790, § 7.* (US)

7 인구조사의 총 비용은 44,377달러였다. [United States (1908). *Heads of Families at the First Census of the United States Taken in the Year 1790.* Washington, DC: overnment Printing Office, p. 4.], 등대, 신호소, 부표에 할당된 예산인 38,976달러 36센트보다 많다. 관련 논의는 다음을 참고. Kierner, C. A. (2019). First United States Census, 1790. In *The Digital Encyclopedia of George Washington.* bit.ly/3qrZv1V

8 US National Archives. *From George Washington to Gouverneur Morris, 28 July 1791.*

9 US National Archives. *From George Washington to Gouverneur Morris, 17 December 1790.*

10 US National Archives. *From George Washington to Gouverneur Morris, 28 July 1791.*

11 United States (1791). *Return of the Whole Number of Persons within the Several Districts of the United States.* Philadelphia, PA: Childs and Swaine.

12 의원 할당 수 표 데이터의 출처는 다음과 같다. *US Const. art. I, § 2 and the Apportionment Act of 1792.*

13 US National Archives. *Introductory Note: To George Washington, 4 April 1792.*

14 Ibid.

15 US Census Bureau (1990). *Apportionment of the U.S. House Of Representatives.* census.gov/prod/3/98pubs/CPH-2-US.PDF

16 Ibid.

17 게리맨더링을 가장 잘, 그리고 흥미롭게 설명한 작품이다. Maurer, J. (Writer), Oliver, J. (Writer), Twiss, J. (Writer), Weiner, J. (Writer)&Werner, C. (Director). (2017, April 9). Gerrymandering (Season 4, Episode 8) [TV series episode]. In Taylor, J. (Executive Producer), *Last Week Tonight with John Oliver.* Sixteen String Jack Productions. youtube.com/watch?v=A-4dIImaodQ

18 Policy Map (2017). *A Deeper Look at Gerrymandering.*

19 Hofeller, T. B. (2011). *What I've Learned about Redistricting-The Hard Way!* [PowerPoint slides]. National Conference of State Legislatures. ncsl.org/documents/legismgt/The_Hard_Way.pdf

20 NPR (2019). *Emails Show Trump Officials Consulted With GOP Strategist on Citizenship Question.*

21 *Department of Commerce v. New York, 588 U.S. 2561* (2019)

22 Brown, J. D. et al. (2019). Predicting the Effect of Adding a Citizenship Question to the 2020 Census. *Demography* 56: 1173-94.

23 New York City Department of City Planning (2011). *NYC2010, Results from the 2010 Census: Population Growth and Race/Hispanic Composition.* on.nyc.gov/3emO7lK

24 Museum of the City of New York (2020). *Why the Census Matters.* mcny.org/story/why-census-matters

25 *Department of Commerce v. New York, 588 U.S. 2561, 2564* (2019)

26 플로렌스 켈리 인물 정보: socialwelfare.library.vcu.edu/people/kelley-florence

27 florencekelley.northwestern.edu/florence/arrival

28 다음 자료에서 영감을 얻었다. Residents of Hull House (1895). *Hull-House Maps and Papers.* New York: T. Y. Crowell&Company, p. viii.

29 New York City Department of City Planning (2011).

30 en.wikipedia.org/wiki/List_of_cities_in_New_York

31 Residents of Hull House (1895), p. 14.

32 Sklar, K. K. (1991). Hull-House Maps and Papers: social science as women's work in the 1890s. In M. Bulmer, K. Bales&K. K. Sklar (Eds.), *The Social Survey in Historical Perspective, 1880–1940* (pp. 111-47). Cambridge University Press.

33 Aptheker, H. (1966). Du Bois on Florence Kelly. *Social Work* 11(4): 98-100.

34 nobelprize.org/prizes/peace/1931/addams/facts

35 *The Washington Post* (2019). 2020 Census: What's new for the 2020 Census?

— 언제 어디서든 인구조사

36 Economic&Social Research Council (n.d). *Census: past, present and future* [fact sheet]. bit.ly/3v4YkZZ

37 Deville, P. et al. (2014). Dynamic population mapping using mobile phone data. *PNAS* 111(45): 15888-93.

38 bit.ly/2PCciC5

— 아메리칸 엑소더스

39 NASA Earth Observatory (2018). *Night Lights Show Slow Recovery from Maria.*

40 바탕이 된 익명 집계 데이터는 테랄리틱스가 제공했다. teralytics.net

41 US Census Bureau (2019). *More Puerto Ricans Move to Mainland United States, Poverty Declines.*

— 출퇴근 합중국

42 Stein, M. (2009). *How the States Got Their Shapes.* Washington, DC: Smithsonian Books, pp. 1-9.

43 Dash Nelson, G.&Rae, A. (2016). An Economic Geography of the United States: From Commutes to Megaregions. *PLoS One* 11(11): e0166083.

44 Stein, M. (2009). pp. 33-8, 269.

45 Ibid., pp. 143-4.

— 장거리 운전

46 Ibid., pp. 52-6, 236-7.

— 회복으로 가는 길

47 CNN (2015). *Ebola: Who is patient zero? Disease traced back to 2-year-old in Guinea.*

48 cdc.gov/vhf/ebola/history/2014-2016-outbreak/index.html

49 Strano, E. et al. (2018). Mapping road network communities for guiding disease surveillance and control strategies. *Scientific Reports* 8: 4744.

50 World Health Organization (2014). *Mali confirms its first case of Ebola.*

51 Reuters (2014). *Senegal tracks route of Guinea student in race to stop Ebola.*

52 Bell, B. et al. (2016) Overview, Control Strategies, and Lessons Learned in the CDC Response to the 2014-2016 Ebola Epidemic. *MMWR* 65(Suppl-3): 9.

53 World Health Organization (2014). *Ebola virus disease-Spain.*

54 World Health Organization (2015). *First confirmed Ebola patient in Italy.*

55 World Health Organization (2014). *Ebola virus disease-United Kingdom.*

56 Bell et al. (2016), p. 10.

— 빛의 정도

57 wikipedia.org/wiki/The_Blue_Marble

58 nasa.gov/topics/earth/earthmonth/earthmonth_2013_5.html

59 NASA의 야간 불빛 제품 스위트에 관한 추가 정보는 다음을 참고. NASA Earth Observatory (2017). *Night Light Maps Open Up New Applications.*

60 NASA Earth Observatory (2017). *Pinpointing Where Lights Went Out in Puerto Rico.*

61 Bennie, J. et al. (2014). Contrasting trends in light pollution across Europe based on satellite observed night time lights. *Scientific Reports* 4: 3789.

62 en.wikipedia.org/wiki/List_of_urban_areas_in_Africa_by_population

63 United Nations, Population Division (2018). *World Urbanization Prospects: Total Population at Mid-Year by region, subregion and country, 1950–2050 (thousands).*

64 Oxford Business Group (2018). *Development plans for West Saudi Arabian cities unveiled.*

65 UNHCR (2021). *Syria Refugee Crisis Explained.*

66 Adventure.com (2017). *When the lights go out: Inside Iraq's surprising nightlife boom.*

67 *IEEE Spectrum* (2019). A Power Line to Every Home: India Closes In on Universal Electrification.

68 data.worldbank.org/indicator/EG.USE.ELEC.KH.PC

69 *The Wall Street Journal* (2015). North Korea Downplays Lack of 'Flashy Lights'.

70 *China Labour Bulletin* (2020). Migrant workers and their children.

—— 도시의 유혹

71 빌트업 그리드(GHS-BUILT-S2 R2020A)는 합성곱 신경망(GHS-S2Net)을 이용해 제작된 2018년 센티넬-2 세계 이미지 합성본에서 추출한 것이다. *European Commission, Joint Research Centre.* bit.ly/30WR5VW

72 United Nations, Population Division (2018). *World Urbanization Prospects: Population of Urban Agglomerations with 300,000 Inhabitants or More in 2018, by country, 1950–2035 (thousands).*

73 Ibid.

74 en.wikipedia.org/wiki/Special_economic_zones_of_China

75 Shenzhen Municipal Statistics Bureau (2016). *Shenzhen Statistical Yearbook 2016* [in Chinese]. Beijing: China Statistics Press, p. 4.

76 Shenzhen Government Online (2020). *About Shenzhen: Profile.* bit.ly/3lvUZhT

77 *The New York Times* (2015). Chinese Officials to Restructure Beijing to Ease Strains on City Center.

78 Schneider, M.&Mertes C. M. (2014). Expansion and growth in Chinese cities, 1978–2010. *Environ. Res.* Lett. 9: 024008.

79 World Bank (2015). *East Asia's Changing Urban Landscape: Measuring a Decade of Spatial Growth.* Urban Development Series. Washington, DC: World Bank, p. 75.

80 PR Newswire (2020). *Chengdu Hi-tech Zone Made an Increase by 7% in Industrial Added Value in the First Half of the Year.*

81 United Nations, Population Division (2018).

82 *South China Morning Post* (2020). How 4 Chinese millennials have found secret of hi-tech success in Chengdu.

83 *Nature* (2020). Making it in the megacity; United Nations, Population Division (2018). *World Urbanization Prospects: Total Population at Mid-Year by region, subregion and country, 1950–2050 (thousands).*

84 *South China Morning Post* (2018). A tale of two cities: Shenzhen vs Hong Kong.

85 en.wikipedia.org/wiki/Yantian_International_Container_Terminals

86 en.wikipedia.org/wiki/List_of_busiest_container_ports

87 bit.ly/3vCPZwR

88 wikipedia.org/wiki/Hong_Kong–huhai–acau_Bridge

89 *South China Morning Post* (2012). Link spanning Pearl River Delta from Shenzhen to Zhongshan approved.

—— 이동 방식의 혁명

90 Provo (1965). *Provokatie no. 5* [leaflet]. provo-images.info/Provokaties.html

91 the *Guardian* (2016). Story of cities #30: how this Amsterdam inventor gave bike-sharing to the world.

92 British Library (n.d.) *'Provo.'* vll-minos.bl.uk/learning/histcitizen/21cc/counterculture/assaultonculture/provo/provo.html

93 Ibid.

—— 접근 편의성

94 AAG Newsletter (2016). *The End(s) of Geography?*

95 Cairncross, F. (2002). The death of distance. *RSA Journal* 149(5502), 40–42.

96 Weiss, D. J. et al. (2018). A global map of travel time to cities to assess inequalities in accessibility in 2015. *Nature* 553: 333–6.

97 Ibid.

—— 접속의 강

98 wikipedia.org/wiki/Mobile_phone_tracking

99 the *Guardian* (2016). A day in the digital life of Africa.

100 *Los Angeles Times* (2009). Cellphones catching on in North Korea.

101 *The Mirror* (2019). North Korea releases smartphone that only runs government-approved apps and blocks foreign media.

102 itu.int/en/ITU-D/Statistics/Pages/stat/default.aspx

103 *The Punch* (2020). Nigeria's active mobile telephone lines now 180 million.

—— 옥토퍼스 가든

104 NPR (2009). *'Lo' And Behold: A Communication Revolution.*

105 computer.howstuffworks.com/arpanet.htm

106 초당 256킬로비트로 노래 한 곡을 인코딩할 경우 초당 32킬로바이트의 저장 공간이 필요하다. 〈컴 투게더〉의 노래 길이는 258초이므로 파일 용량은 8.26메가바이트이다. 8.26메가바이트를 환산하면 66,080킬로비트이다. 이를 초당 50킬로비트로 나누면 1,322초 또는 22분이 된다. 초당 128킬로비트로 인코딩할 경우 소요 시간은 11분이다.

107 telegeography.com/submarine-cable-faqs-frequently-asked-questions

108 wikipedia.org/wiki/SEA-ME-WE_3

109 en.wikipedia.org/wiki/MAREA

110 wikipedia.org/wiki/List_of_best-selling_music_artists

111 MarketsandMarkets (2020). *Submarine Cable System Market: Size, Share, System and Industry Analysis and Market Forecast to 2025.*

112 Facebook Engineering (2020). *Building a transformative subsea cable to better connect Africa.*

113 TechCrunch (2020). *Facebook, telcos to build huge subsea cable for Africa and Middle East.*

114 Carter, L., Burnett, D., Drew, S., Marle, G., Hagadorn, L., Bartlett-McNeil, D.&Irvine, N. (2009). *Submarine Cables and the Oceans: Connecting the World.* UNEP-WCMC Biodiversity Series No. 31., pp. 17–20.

3. 우리는 어떻게 행동하는가

1 Du Bois, W. E. B. (1940). *Dusk of Dawn: An Essay Toward an Autobiography of a Race Concept.* New York: Harcourt, p. 68.

2 지도 제작을 둘러싼 정치와 역사에 관해서는 다음을 참고. Kitchin, R., Dodge, M.&Perkins, C. (2011). *The Map Reader: Theories of Mapping Practice and Cartographic Representation.* London: John Wiley&Sons Ltd.

3 wikipedia.org/wiki/Hurricane_Dorian–labama_controversy

4 Latour, B. (1986). Visualization and Cognition: Thinking With Eyes and Hands. In H. Kuklick&E. Long (Eds.). *Knowledge and Society: Studies in the Sociology of Culture Past and Present* (Vol. 6, pp. 1-40). Jai P ess.

5 Novaresio, P. (1996). *The Explorers.* New York: Stewart, Tabori&Chang, p. 191.

6 bit.ly/2O1Ojft

7 Heath, E. (2010). Berlin Conference of 1884–885. In H. L. Gates&K. A. Appiah (Eds.). *Encyclopedia of Africa* (p. 177). Oxford University Press.

8 wikipedia.org/wiki/Bakassi

9 Darwin, L. et al. (1914). The Geographical Results of the Nigerian-Kamerun Boundary Demarcation Commission of 1912–3: Discussion. *The Geographical Journal* 43(6): 648–1.

10 Douglass, F. (1881) The Color Line. *North American Review* 132(295): 567–77.

11 Du Bois, W. E. B. (1903). *The Souls of Black Folk.* Chicago: A. C. McClurg& Company, p. 125.

12 Du Bois, W. E. B. (ca. 1900). *[The Georgia Negro] Income and expenditure of 150 Negro families in Atlanta, Ga., U.S.A.* [chart]. From Library of Congress, Prints and Photographs Division. loc.gov/pictures/resource/ppmsca.33893

13 Morris, A. D. (2015). *The Scholar Denied.* Oakland: University of California Press, p. 7.

14 리치먼드 디지털 스칼러십 랩Richmond Digital Scholarship Lab이 1937년 주택소유자대출공사HOLC 지도에 나타난 레드라이닝 지역을 디지털화했다. bit.ly/3bEUTBu 기온 데이터는 미국 지질조사국이 제공한 랜드샛 8 이미지에서 추출했다. ArcGIS.com에서 데이터를 취합해 내려받았다.

15 *The New York Times* (2020). How Decades of Racist Housing Policy Left Neighborhoods Sweltering.

16 Du Bois, W. E. B. (1899). *The Philadelphia Negro*. Philadelphia: University of Pennsylvania, p. 1.

17 Du Bois, W. E. B. (1902). *The Negro Artisan*. Atlanta: Atlanta University Press, p. 1.

18 Mathews, D. G. (2017). *At the Altar of Lynching: Burning Sam Hose in the American South*. Cambridge: Cambridge University Press.

19 Du Bois, W. E. B. (1940). *Dusk of Dawn: An Essay Toward an Autobiography of a Race Concept*. New York: Harcourt, p. 67.

20 Ibid., 67–8.

21 Ingersoll, W. T. (1960). Oral history interview of W. E. B. Du Bois by William Ingersoll. W. E. B. Du Bois Papers (MS 312). Special Collections and University Archives, University of Massachusetts Amherst Libraries, pp. 146–7.

22 Du Bois, W. E. B. (1968). *The Autobiography of W. E. B. Du Bois: A Soliloquy on Viewing My Life from the Last Decade of Its First Century*. New York: International Publishers, p. 221.

23 Ibid., p. 204.

24 Ibid., p. 226.

25 Ibid., p. 227.

26 US Department of Labor (1974). *Black Studies in the Department of Labor 1897–1907*. dol.gov/general/aboutdol/history/blackstudiestext

27 BlackPast (2008). *(1909) Ida B. Wells, 'Lynching, Our National Crime'*. bit.ly/2OpJHj9

28 NAACP (1919). *Thirty Years of Lynching In the United States, 1889–1918*. New York: NAACP, p. 39.

29 Francis, M. M. (2014). *Civil Rights and the Making of the Modern American State*. Cambridge: Cambridge University Press, pp. 98–26.

30 loc.gov/exhibits/naacp/the-new-negro-movement.html

31 Library of Congress. *Congressman L. C. Dyer to John R. Shillady concerning an anti-lynching bill, April 6, 1918* [typed letter]. Courtesy of the NAACP.

32 Jenkins, J. A. et al. (2010). Between Reconstructions: Congressional Action on Civil Rights, 1891–1940. *Studies in American Political Development* 24: 57–89.

33 *Congressional Record*, House, 67th Cong., 2nd sess. (26 January 1922): 1785. bit.ly/38wG8yE

34 Jenkins et al. (2010).

35 Francis (2014).

36 Jenkins et al. (2010).

37 NAACP (1922). The Shame of America [advertisement]. *The New York Times*. historymatters.gmu.edu/d/6786

38 *The Washington Post* (2018). Why Congress failed nearly 200 times to make lynching a federal crime.

39 CNN (2019). *Senate passes anti-lynching bill in renewed effort to make it a federal hate crime*.

40 *The New York Times* (2020). Frustration and Fury as Rand Paul Hold Up Anti-Lynching Bill in Senate.

41 FBI (1942). *William Edward Burehardt Dubois* [sic] (Report No. 100-1764), p. 5. bit.ly/3qze0kA

42 Morris (2015).

43 Battle-Baptiste, W.&Rusert, B. (Eds.). (2018). *W. E. B. Du Bois's Data Portraits: Visualizing Black America*. New York: Princeton Architectural Press.

44 credo.library.umass.edu/view/collection/mums312

45 웰스가 당대의 거짓 서사에 맞서고자 어떻게 데이터를 활용했는지에 관해서는 다음을 참고. Missouri Historical Society. (2020, 5 August). A Conversation with Michelle Duster: Ida B. Wells and Today's Street Journalism [video]. youtube.com/watch?v=IK7-klWtkFo

46 catalog.archives.gov/id/149268727

47 *The New York Times* (2018). Ida B. Wells, Who Took on Racism in the Deep South With Powerful Reporting on Lynchings.

48 pulitzer.org/winners/ida-b-wells

49 Buzzfeed News (2020). *Find The Police And Military Planes That Monitored The Protests In Your City With These Maps*.

50 washingtonpost.com/graphics/investigations/police-shootings-database/

51 Caracas Chronicles (2019). *Nationwide Blackout in Venezuela: FAQ*.

52 *La Nación* (2019). Driver's notebooks exposed Argentina's greatest corruption scandal ever: ten years and millions of cash bribes in bags.

53 twitter.com/jburnmurdoch/status/1245466020053164034

54 *National Geographic* (2019). What was the Arab Spring and how did it spread?

55 twitter.com/hkmaplive

56 the *Guardian* (2019). Tim Cook defends Apple's removal of Hong Kong mapping app.

57 Quartz (2019). *Real-time maps warn Hong Kong protesters of water cannons and riot police*.

—— 마음의 상태

58 Helliwell, J. F., Layard, R.,Sachs, J.&De Neve, J.-E. (Eds.). (2020). *World Happiness Report 2020*. New York: Sustainable Development Solutions Network

—— 여권 검사

59 *Holy Bible, New International Version*, 1978/2011, Nehemiah 2:1–7.

60 github.com/ilyankou/passport-index-dataset

61 L'Expression (2020). Le visa électronique bientôt introduit.

62 국제 달러는 특정 연도에 미국 달러와 동등한 구매력을 보유한 가상의 화폐 단위다.

63 passportindex.org/world-opennessscore.php

—— 머리 위의 탄소

64 Wynes, S.&Nicholas, K. A. (2017). *Environ. Res. Lett.* 12: 074024.

65 IPCC (2001). *Aviation and the Global Atmosphere: Executive Summary*. grida.no/climate/ipcc/aviation/064.htm

66 *The Wall Street Journal* (2019). 'Flight Shame' Comes to the U.S.-Via Greta Thunberg's Sailboat.

67 Reuters (2020). *Sweden's rail travel jumps with some help from 'flight shaming'*.

68 Ibid.

69 *The Wall Street Journal* (2019).

70 calculator.carbonfootprint.com (LHR–ST, economy return ticket)

71 ourworldindata.org/per-capita-co2

72 Federal Aviation Administration (2020). *Air Traffic by the Numbers*, p. 6.

—— 배기가스 자세히 보기

73 Burnett, R. et al. (2018). Global estimates of mortality associated with long-term exposure to outdoor fine particulate matter. *PNAS* 115(38): 9592–7

74 Lelieveld, J. et al. (2019). Cardiovascular disease burden from ambient air pollution in Europe reassessed using novel hazard ratio functions. *European Heart Journal* 40(20): 1590–6.

75 Transport&Environment (2019). *One Corporation to Pollute Them All: Luxury cruise air emissions in Europe*.

76 centreforcities.org/reader/cities-outlook-2020/air-quality-cities

77 the *Guardian* (2018). UK taken to Europe's highest court over air pollution.

—— 전류

78 Thornton, J. A. et al. (2017). Lightning enhancement over major oceanic shipping lanes. *Geophys. Res. Lett.* 44(17): 9102–11.

—— 공기 감시

79 Walker, G. et al. (2005). Industrial pollution and social deprivation: Evidence and complexity in evaluating and responding to environmental inequality. *Local Environment* 10(4): 361–77.

80 Personal communications with Cameo.tw.

81 Ibid. 최근 수치는 다음을 참고. wot.epa.gov.tw

82 Taiwan Ratings (7 October 2019). *Taiwan Hon Chuan Enterprise Co. Ltd.'s Air-Pollution Incident Has Minimal Credit Impact*. rrs.taiwanratings.com.tw

83 World Health Organization (2005). *WHO Air quality guidelines for particulate matter, ozone, nitrogen dioxide and sulfur dioxide.*

—— 납을 찾아라

84 NPR (2016). *Lead-Laced Water In Flint: A Step-By-Step Look At The Makings Of A Crisis.*

85 *The Detroit News* (2015). Flint resident: Water looks like urine, smells like sewer.

86 NPR (2016).

87 자세한 정보는 다음을 참고. Abernethy, J. et al. (2018). ActiveRemediation: The Search for Lead Pipes in Flint, Michigan. *KDD '18: Proceedings of the 24th ACM SIGKDD International Conference on Knowledge Discovery&Data Mining.* pp. 5–14.

88 *The Atlantic* (2019). How a Feel-Good AI Story Went Wrong in Flint.

89 *Politico* (2020). Flint Has Clean Water Now. Why Won't People Drink It?

90 *The Atlantic* (2019); personal communications with Webb, J.

91 Ibid.

—— 거주 불능 환경

92 Zuk, M. et al. (2018). Gentrification, Displacement and the Role of Public Investment. *Journal of Planning Literature* 33: 31–44.

93 건물 보수 요청은 377,766건, 난방이나 온수 부족 민원은 223,835건 접수되었다. 다음을 참고. NYC (2019). *311 Sets New Record with 44 Million Customer Interactions in 2018.*

94 Chapple, K.&Thomas, T. (2020). Berkeley, CA: Urban Displacement Project. bit.ly/3cuvJo9

95 The Bridge (2019). *Lessons of Rezoning: When It Doesn't Work Out as Planned.*

96 *The New York Times* (2020). Will SoHo Be the Site of New York City's Next Battle Over Development?

97 City Limits (2020). *3 thoughts on 'Debate in Gowanus About Whether to Pause or Push Rezoning'.*

98 *The New York Times* (2019). It's Manhattan's Last Affordable Neighborhood. But for How Long?

99 Curbed New York (2019). *Inwood rezoning struck down following community challenge.*

100 Curbed New York (2020). *New York Court Quashes Push for Racial Equity in Inwood Rezoning.*

101 Welcome2TheBronx (2019). *We are the South Bronx, NOT 'SoBro'!*

102 Curbed New York (2018). *What happens to Jerome Avenue after its rezoning?*

103 the *Guardian* (2020). 'Not what it used to be': in New York, Flushing's Asian residents brace against gentrification.

104 *The New York Times* (2020). The Decade Dominated by the Ultraluxury Condo.

105 Ibid.

106 NYU Furman Center's CoreData.nyc (2018). *Neighborhood Indicators: BK03 Bedford Stuyvesant* [table]. furmancenter.org/neighborhoods/view/bedford-stuyvesant

107 silive.com (2020). *A look at 17 proposed projects that could help revitalize the North Shore with state funding.*

—— 남부의 냉담함

108 [illegible]lab.org/national-estimates

109 Hatch, M. E. (2017). Statutory Protection for Renters: Classification of State Landlord-Tenant Policy Approaches. *Housing Policy Debate* 27(1): 98–119.

110 Greenberg, D. et al. (2016). Discrimination in Evictions: Empirical Evidence and Legal Challenges. *Harvard Civil Rights-Civil Liberties Law Review* 51: 115–58.

111 Desmond, M. (2012). Eviction and the Reproduction of Urban Poverty. *American Journal of Sociology* 118(1): 88–133.

112 Eviction Lab (2020). *Eviction Moratoria have Prevented Over a Million Eviction Filings in the U.S. during the COVID-19 Pandemic.*

113 Vox (2020). *Joe Biden's housing plan calls for universal vouchers.*

114 Desmond, M. (2016). *Evicted: Poverty and Profit in the American City.* New York: Crown, p. 296.

115 evictionlab.org/rankings/#/evictions

—— 불공평한 노동량

116 대다수 국가의 시간 활용 조사에서 '노동 연령'은 15세부터 64세로 설정되었다. 리투아니아는 20~64세, 중국은 15~74세, 오스트레일리아는 15세 이상을 노동 연령으로 규정했다.

117 Miranda, V. (2011). Cooking, Caring and Volunteering: Unpaid Work Around the World. *OECD Social.*

118 McKinsey Global Institute (2015). *The Power of Parity: How advancing women's equality can add $12 trillion to global growth*, p. 2

119 Miranda (2011), p. 25.

120 UN Women (2020). *COVID-19 and its economic toll on women: The story behind the numbers.*

121 Ibid.

—— 겁쟁이들이 일으키는 소란

122 Raleigh, C. et al. (2010). Introducing ACLED-Armed Conflict Location and Event Data. *Journal of Peace Research* 47(5): 651–60.

123 World Bank (2019). *Population, female-India* [chart].

124 모든 사건은 여성을 겨냥한 정치 폭력과 여성 주도 시위 데이터 세트에 포함된 사건 요약에 명시되었다. 데이터 세트에 관한 추가 정보는 다음을 참고. Kishi, R., Pavlik, M.&Matfess, H. (2019). *'Terribly and Terrifyingly Normal': Political Violence Targeting Women.* Austin, TX: Armed Conflict Location&Event Data Project.

—— 눈에 드러난 위기

125 Mohajan, H. K. (2018). History of Rakhine State and the Origin of the Rohingya Muslims. IKAT: *The Indonesian Journal of Southeast Asian Studies* 2(1): 19–46.

126 UN News (2017). *UN human rights chief points to 'textbook example of ethnic cleansing' in Myanmar.*

127 BBC News (2017). *Rohingya crisis: Drone footage shows thousands fleeing.*

128 wikipedia.org/wiki/Kutupalong_refugee_camp

129 World Food Program USA Blog (2020). *Rohingya Crisis: A Firsthand Look Into The World's Largest Refugee Camp.*

130 Cousins, S. (2018). Rohingya threatened by infectious diseases. *The Lancet. Infectious Diseases* 18(8): 609–10.

131 the *Guardian* (2019). Rohingya refugees turn down second Myanmar repatriation effort.

132 UN Human Rights Office (29 April 2020). bit.ly/30hY77w

133 Reliefweb (2020). *Joint Letter: Re: Restrictions on Communication, Fencing, and COVID-19 in Cox's Bazar District Rohingya Refugee Camps.* bit.ly/3cBTAlY

134 ESRI (2020). *Relief Workers Rely on Drone Imagery to Help Bangladesh Refugee Camp.*

135 UN News (2019). *As monsoon rains pound Rohingya refugee camps, UN food relief agency steps up aid.*

136 *The New York Times* (2021). Fire Tears Through Rohingya Camp, Leaving housands Homeless Once More.

137 *Global Village Space* (2020). Rohingya in Bangladesh plead for cemeteries.

—— 폭탄 보고서

138 The National Security Archive (2004). *The Kissinger Telcons, Document 2: Kissinger and President Richard M. Nixon, 9 December 1970, 8:45 p.m.* [transcript], p. 1. nsarchive2.gwu.edu/NSAEBB/NSAEBB123

139 *The New York Times* (1976). Nixon Again Deplores Leak on Bombing Cambodia.

140 en.wikipedia.org/wiki/Operation_Menu

141 en.wikipedia.org/wiki/Operation_Freedom_Deal

142 Martin, M. F. et al. (2019). *War Legacy Issues in Southeast Asia: Unexploded Ordnance (UXO)* (CRS Report No. R45749), p. 6.

143 Landmine&Cluster Munitions Monitor (2018). *Cambodia.* bit.ly/2QbVvGl

144 *Foreign Policy* (2012). Mapping the U.S. bombing of Cambodia.

145 Martin et al. (2019), p. 11.

146 halotrust.org/where-we-work/south-asia/laos/

147 *The Phnom Penh Post* (2020). Landmine fatalities drop.

148 Kiernan, B. (2004) *How Pol Pot Came to Power: Colonialism, Nationalism, and Communism in Cambodia, 1930–1975.* New Haven, CT: Yale University Press, p. 307.

149 Lipsman, S.&Weiss, S. (Eds.). (1985). The false peace. In *The Vietnam Experience* (Vol. 13, p. 53). Boston Publishing Company.

150 Owen, T. (n.d.) *Sideshow? A Spatio-Historical Analysis of the US Bombardment of Cambodia, 1965–1973.*

151 Ibid.

152 Defense POW/MIA Accounting Agency (n.d.). *Khe Sanh.* bit.ly/3qX0XcX

153 National Museum of the United States Air Force (2015). *Operation Niagara: A Waterfall of Bombs at Khe Sanh.*

154 Martin et al. (2019), p. 11.

155 VnExpress International (2020). *900-kg wartime bomb found in famous Vietnam battlefield.*

156 *Viet Nam News* (2020). Four bombs safely removed from landslide sites in Quang Tri Province.

157 *VietNamNet* (2020). International donors assist Quang Tri's bomb, mine clearance efforts.

158 Ibid.

159 Shore II, M. S. (1969). *The Battle for Khe Sanh.* Washington, DC: US Marine Corps, p. 58.

160 이 전투에 관한 자세한 설명은 다음 영상을 참고. Flitton, D. (Writer/Director). (1999, May 7). Siege at Khe Sanh (Episode 7) [TV series episode]. In Mcwhinnie, D. (Executive Producer), *Battlefield Vietnam.* Lamancha Productions. youtube.com/watch?v=sb1YDpO2f9I

161 Ibid.

162 Ibid.

163 Owen, T.&Kiernan, B. (2007). Bombs Over Cambodia: New Light on US Air War. *The Asia-Pacific Journal* 5(5): 2420.

164 3개 지도 지형은 CIA 지도에서 발췌한 것이다. shadedreliefarchive.com/Indochina_CIA.html

—— 종말

165 Boyer, P. S. (1985). *By the Bomb's Early Light.* New York: Pantheon, p. 70.

166 *Physics World* (2020). Doomsday Clock ticks closer to disaster.

167 *The Atlantic* (2015). Designing the Doomsday Clock.

168 *Physics World* (2020).

169 A new era. (1991). *Bulletin of the Atomic Scientists* 47(10): 3.

170 Boyer (1985), p. 70.

171 이 도표 데이터는 ourworldindata.org/nuclear-weapons(1945-2014), *Bulletin of the Atomic Scientists'* Nuclear Notebook(2015-2017)에서 수집했다.

172 분침 이동에 관한 추가 설명은 다음을 참고. thebulletin.org/doomsday-clock/timeline

173 *The Denver Post* (2007). Global warming advances Doomsday Clock.

4. 우리가 마주하는 것

1 Smithsonian Institution (1859). *Annual Report of the Board of Regents of the Smithsonian Institution Showing the Operations, Expenditures, and Condition of the Institution for the Year 1858.* Washington, DC: James B. Steedman, pp. 31 – 2.

2 nasa.gov/image-feature/satellite- captures-four-tropical-cyclones-from-space

3 *The New York Times* (2020). Hurricane Forecast: 'One of the Most Active Seasons on Record'.

4 Ibid.

5 *The New York Times* (2020). The 2020 Hurricane Season in Rewind.

6 en.wikipedia.org/wiki/ Weather_radar

7 the *Guardian* (2011). Weatherwatch: Meteorology blame it on Aristotle.

8 Fleming, J. R. (1990). *Meteorology in America, 1800–1870.* Baltimore: The Johns Hopkins University Press, p. 78.

9 Ibid., pp. 143 – 5 as well as Hoover, L. R. (1933). *Professor Henry Posts Daily Weather Map in Smithsonian Institution Building, 1858* [painting]. From Smithsonian Institution Archives, ID 84-2074.

10 Smithsonian Institution (1859), p. 32.

11 Ibid.

12 Ibid.

13 Fleming (1990), p. 88.

14 Smithsonian Institution (1858). *Annual Report of the Board of Regents of the Smithsonian Institution Showing the Operations, Expenditures, and Condition of the Institution for the Year 1857.* Washington, DC: William A. Harris, pp. 27 – 8.

15 *William Bacon's Letter to Joseph Henry (January 3–4, 1852)* [edited transcript]. Joseph Henry Papers (Volume 8), Smithsonian Institution Archives. siarchives.si.edu/collections/ siris_sic_13123

16 Smithsonian Institution (1861). *Annual Report of the Board of Regents of the Smithsonian Institution Showing the Operations, Expenditures, and Condition of the Institution for the Year 1860.* Washington, DC: George W. Bowman, p. 102.

17 Smithsonian Institution (1863). *Annual Report of the Board of Regents of the Smithsonian Institution Showing the Opera- tions, Expenditures, and Condition of the Institution for the Year 1862.* Washington, DC: George W. Bowman, p. 70.

18 Miller, E. R. (1931). New Light on the Beginnings of the Weather Bureau from the Papers of Increase A. Lapham. *Monthly Weather Review* 59: 66.

19 이 도표는 플레밍 저서(1990)에 실린 그림 4.1과 4.3을 변형한 것이다.

20 Fleming (1990), pp. 146 – 7.

21 Smithsonian Institution. (1873). *Annual Report of the Board of Regents of the Smithsonian Institution Showing the Operations, Expenditures, and Condition of the Institution for the Year 1871.* Washington, DC: Government Printing Office, p. 23.

22 Glahn, B. (2012). *The United States Weather Service: The First 100 Years.* Rockville, MD: Pilot Imaging, p. 5. bit.ly/2OY61R6

23 Fleming (1990), p. 153.

24 Ibid., 지도는 다음에서 볼 수 있다. bit.ly/3rTX2yN

25 Miller (1931), p. 67.

26 Ibid., p. 68.

27 Fleming (1990), p. 161.

28 Glahn (2012), p. 12.

29 Ibid., pp. 5 – 6.

30 Larson, E. (2000). *Isaac's Storm.* New York: Vintage Books, p. 9.

31 Ibid., pp. 9, 142.

32 *Forbes* (2017). As Terrible as Harvey Is, The Galveston Hurricane Of 1900 Was Much, Much Worse.

33 Mrk Cntrmn (2016, 12 November). *KHOU's Dan Rather news highlights during Hurricane Carla 1961* [video]. youtube.com/ watch?v=MW9njTWaSFI

34 *The Atlantic* (2012). Dan Rather Showed the First Radar Image of a Hurricane on TV.

35 Rather, D&Herskowitz, M. (1977). *The Camera Never Blinks.* New York: William Morrow, p. 49.

36 *The Atlantic* (2012).

37 en.wikipedia.org/wiki/Hurricane_Carla 그리고 en.wikipedia.org/wiki/1900_Galveston_hurricane을 참고해 2020년 미국 달러를 계산했다.

38 National Weather Service (2011). *Hurricane Carla-50th Anniversary.*

39 climateactiontracker.org/global/ cat-thermometer

40 Miller (1931), p. 67.

—— 열 변화도

41 1961~1990년이 기준점 시기가 된 이유는 다음을 참고. crudata.uea.ac.uk/ cru/data/temperature/#faq5

42 NOAA National Centers for Environmental Information (2020). *State of the Climate: Global Climate Report for Annual 2019.* ncdc.noaa.gov/sotc/global/201913

—— 너무 더워서 메카 순례를 갈 수 없다고?

43 General Authority for Statistics (2019). *Hajj Statistics 1440,* pp. 10, 23. stats.gov.sa/en/28

44 worldometers.info/coronavirus/ country/saudi-arabia

45 *The New York Times* (2020). Saudi Arabia Drastically Limits Hajj Pilgrimage to Prevent Viral Spread.

46 Kang, S. et al. (2019). Future Heat Stress During Muslim Pilgrim-age (Hajj) Projected to Exceed 'Extreme Danger' Levels. *Geophys. Res. Lett.* 46(16):

10094 - 100.

47 *The New York Times* (2015). How the Hajj Stampede Unfolded.

48 saudiembassy.net/hajj

—— 불에 그을린 상처

49 en.wikipedia.org/wiki/Camp_Fire_(2018)

50 *National Geographic* (2019). As the Amazon burns, cattle ranchers are blamed. But it's complicated.

51 Reuters (2019). *Singapore smog worst in three years as forest fires rage.*

52 *The Washington Post* (2018). Wildfire smoke is choking Seattle, obscuring the view and blocking out the sun.

53 NBC News (2020). *Climate concerns as Siberia experiences record-breaking heat.*

54 *The Washington Post* (2020). Hottest Arctic temperature record likely set in Siberian town.

55 CBS News (2020). *Arctic records its hottest temperature ever.*

56 go.nasa.gov/30ZMToA

57 KVAL (2020). *Siberian wildfire smoke reaches Alaska, Pacific Northwest.*

58 Deutsche Welle (2020). *Record heat wave in Siberia: What happens when climate change goes extreme?*

59 *The Washington Post* (2020). 'Zombie fires' are burning in the Arctic after surviving the winter.

60 지도 제작자들이여, 정방형 도법에 육각형을 사용한 것을 용서해주길!

61 Global Forest Watch (2016). *Fighting fires with satellites: VIIRS fire data now available on Global Forest Watch.*

62 *The New York Times* (2019). Under Brazil's Far-Right Leader, Amazon Protections Slashed and Forests Fall.

63 bit.ly/3bZQhG3 (Filter by biome: Amazon)

64 BBC (2019). *Amazon deforestation: Brazil's Bolsonaro dismisses data as 'lies'.*

65 NASA Earth Observatory (2006). *Fires in Guinea.*

66 NASA Earth Observatory (2007). *Fires in Angola.*

67 NBC News (2020). *Climate concerns as Siberia experiences record-breaking heat.*

68 the *Guardian* (2020). Almost 3 billion animals affected by Australian bushfires, report shows.

69 the *Guardian* (2019). Australia's environment minister says up to 30% of koalas killed in NSW mid-north coast fires.

—— 폭풍이 몰아치는 바다

70 Wallace-Wells, D. (2019). *The Uninhabitable Earth.* New York: Tim Duggan Books, p. 95.

71 Ibid., p. 97.

72 Schmidt, C. W. (2008). In Hot Water: Global Warming Takes a Toll on Coral Reefs. *Environmental Health Perspectives* 116(7): A292 - 9.

73 Wallace-Wells (2019), p. 80.

74 Hu, S. et al. (2020). Deep-reaching acceleration of global mean ocean circulation over the past two decades. *Science Advances* 6(6): eaax7727.

75 *Independent* (2019). 'Dead zones' expanding rapidly in oceans as climate emergency causes unprecedented oxygen loss.

76 Wallace-Wells (2019), p. 96.

77 *The New York Times* (2020). Climate Change Is Making Hurricanes Stronger, Researchers Find.

78 *The New York Times* (2019). Climate Change Fills Storms With More Rain, Analysis Shows.

79 Li, L.&Chakraborty, P. (2020). Slower decay of landfalling hurricanes in a warming world. *Nature* 587: 230 - 34.

80 Blake, E. S.&Zelinksy, D. A. (2018). *National Hurricane Center Tropical Cyclone Report: Hurricane Harvey*, p. 9.

81 en.wikipedia.org/wiki/Tropical_cyclone_basins

82 Ibid., 1980~2019년만을 계산했다.

83 en.wikipedia.org/wiki/Hurricane_Harvey

84 en.wikipedia.org/wiki/Cyclone_Nargis

85 en.wikipedia.org/wiki/Tropical_cyclones_by_year

—— 움직이는 얼음

86 NASA Earth Observatory (2019). *Retreat Begins at Taku Glacier.*

87 Zeiman, F. et al. (2016). Modeling the evolution of the Juneau Icefield between 1971 and 2100 using the Parallel Ice Sheet Model (PISM). *Journal of Glaciology* 62(231): 199 - 214.

88 더 많은 빙하 데이터를 보고 싶다면 다음을 참고. its-live.jpl.nasa.gov

89 Ibid.

90 Pelto, M. (2019). Exceptionally High 2018 Equilibrium Line Altitude on Taku Glacier, Alaska. *Remote Sensing* 11(20): 2378.

91 Aschwanden, A. et al. (2019). Contribution of the Greenland Ice Sheet to sea level over the next millennium. *Science Advances* 19: eaav9396.

92 Phillips, T. et al. (2013). Evaluation of cryo-hydrologic warming as an explanation for increased ice velocities in the wet snow zone, Sermeq Avannarleq, West Greenland. *JGR Earth Science* 118(3): 1241 - 56.

93 climate.nasa.gov/vital-signs/ice-sheets

—— 물속에서 헤엄치기

94 atomicheritage.org/location/marshall-islands

95 *The New Yorker* (2020). The Cost of Fleeing Climate Change.

96 Ibid.

97 BBC News (2019). *Climate change: COP25 island nation in 'fight to death'.*

98 Gesch, D. et al. (2020). Inundation Exposure Assessment for Majuro Atoll, Republic of the Marshall Islands Using A High-Accuracy Digital Elevation Model. *Remote Sensing* 12(1): 154.

99 NASA (2020). *Sea Level 101: What Determines the Level of the Sea?*

—— 범죄의 바다

100 *The New York Times* (2019). The World Is Losing Fish to Eat as Oceans Warm, Study Finds.

101 Phys.org (2020). *Study: Ocean fish farming in tropics and sub-tropics most impacted by climate change.*

102 Kroodsma, D. et al. (2018). Tracking the global footprint of fisheries. *Science* 359(6378): 904 - 8.

103 Global Fishing Watch (n.d.). *Our digital ocean: Transforming fishing through transparency and technology* [fact sheet]. bit.ly/2QgBwqh

104 Boerder, K. et al. (2018). Global hot spots of transshipment of fish catch at sea. *Science Advances* 25: eaat7159.

105 Boerder et al. (2018).

106 SkyTruth (2017). *Reefer Fined $5.9 Million for Endangered Catch in Galapagos Recently Rendezvoused with Chinese Longliners.*

107 Global Fishing Watch and SkyTruth (2017). *The Global View of Transshipment: Revised Preliminary Findings*, p. 14.

108 Ibid.

109 McDonald, G. G. et al. (2021). Satellites can reveal global extent of forced labor in the world's fishing fleet. *PNAS* 118(3): e2016238117.

—— 안전띠를 착용하세요

110 en.wikipedia.org/wiki/United_Airlines_Flight_826

111 Bureau of Transportation Statistics (2020). *2018 Traffic Data for U.S Airlines and Foreign Airlines U.S. Flights.*

112 Federal Aviation Administration (2020). *Attention Passengers: Sit Down and Buckle Up* [fact sheet]. bit.ly/3qWMYUn

113 Storer, L. N. et al. (2017). Global Response of Clear-Air Turbulence to Climate Change. *Geophys. Res. Lett.* 44(19): 9976 - 84.

114 Ibid.

—— 모든 걸 꿰뚫어 보는 눈

115 Copernicus EMS (2018). *Copernicus EMS Supports Monitoring of Deadly Earthquake and Tsunami in Indonesia.*

116 *The New York Times* (2018). Witness: Scenes From the Indonesian Tsunami.

117 bit.ly/30VeB5P

118 Reuters (2018). *Destruction in Palu.*

119 Copernicus EMS (2019). *Copernicus EMS Risk and Recovery Mapping: Ground deformation analyses, Sulawesi, Indonesia.*

120 Ibid.

121 emergency.copernicus.eu/mapping/ems/rapid-mapping-portfolio

122 bit.ly/3cNLPtw

123 *EOS* (2020). Social Media Helps Reveal Cause of 2018 Indonesian Tsunami.

124 *The New York Times* (2018). A Tsunami Didn't Destroy These 1,747 Homes. It was the Ground Itself, Flowing.

125 Dorati, C., Kucera, J., Mari i Rivero, I.&Wania, A. (2018). Annex 1: Damage Assessment. *In Product User Manual for Copernicus EMS Rapid Mapping, JRC Technical Report JRC111889* (pp. 23-5)

—— 빨리 움직여 지도를 정복하라

126 wiki.openstreetmap.org/wiki/Stats

127 Barington-Leigh, C.&Millard-Ball, A. (2017). The world's user-generated road map is more than 80% complete. *PloS One.* 12(8): e0180698.

128 Anderson, J. et al. (2019). Corporate Editors in the Evolving Landscape of OpenStreetMap. *ISPRS International Journal of Geographic Information* 8: 232.

129 connectivity.fb.com

130 twitter.com/flolederman/status/1155960862747680770

—— 그늘진 곳에 소금을

131 weather.gov/mrx/tysclimate

132 weather.gov/lot/ord_rfd_monthly_yearly_normals

133 *Scientific American* (2019). Love Snow? Here's How It's Changing.

134 bit.ly/30XbzOv

135 Rodriguez, T. K. et al. (2019). Allocating limited deicing resources in winter snow events. *Journal of Vehicle Routing Algorithms* 2: 75-88.

136 *Smithsonian* (2014). What Happens to All the Salt We Dump On the Roads?

137 The Earth Institute, Columbia University (2018). *How Road Salt Harms the Environment.*

138 SunCalc. bit.ly/3eilBS7

—— 새로운 시대

139 United Nations, Population Division (2019). *World Population Prospects 2019: Highlights*, p. 1.

140 Pew Research Center (2019). *World's population is projected to nearly stop growing by the end of the century.*

141 Nippon.com (2019). *Japan's Historic Immigration Reform: A Work in Progress.*

142 Pew Research Center (2019).

143 Ibid.

에필로그: 데이터의 힘

1 Wright, J. K. (1942). Map Makers are Human: Comments on the Subjective in Maps. *Geographical Review* 32(4): 527-44.

2 The Conversation (2020). *Next slide please: data visualisation expert on what's wrong with the UK government's coronavirus charts.*

3 González, M. C. et al. (2008). Understanding individual human mobility patterns. *Nature* 453: 779-82.

4 BBC (2015). *China 'social credit': Beijing sets up huge system.*

5 the *Guardian* (2020). Watchdog approves use of UK phone data to help fight coronavirus.

6 Gibbs, H. et al. (2021). Human movement can inform the spatial scale of interventions against COVID-19 transmission. *MedRxiv* 10.26.20219550

7 Korea Centers for Disease Control and Prevention, Cheongju, Korea (2020). Contact Transmission of COVID-19 in South Korea: Novel Investigation Techniques for Tracing Contacts. *Osong Public Health Research Perspectives* 11(1): 60-63.

8 Kye, B.&Hwang, S. J. (2020). Social trust in the midst of pandemic crisis: Implications from COVID-19 of South Korea. *Research in social stratification and mobility* 68: 100523.

9 Our World in Data. bit.ly/3dQ7kvO

10 World Health Organization (2020). *Joint Statement on Data Protection and Privacy in the COVID-19 Response.*

11 Perez, B. et al. (2018). You are your Metadata: Identification and Obfuscation of Social Media Users using Metadata Information. *Proceedings of the Twelfth International AAAI Conference on Web and Social Media*, 241-50.

12 news.seoul.go.kr/welfare/archives/513105 (Retrieved 5 January 2020).

13 Plague Checked by Destruction of Rats. Kitasato on the Limitation of Outbreaks at Kobe and Osaka. (1900). *The British Medical Journal* 2(2078): 1258.

14 The Conversation (2020). *Tracing homophobia in South Korea's coronavirus surveillance program.*

15 *The Korea Herald* (2020). COVID-19 patient went clubbing in Itaewon.

16 BBC News (2019). *Gay in South Korea: 'She said I don't need a son like you'.*

17 Park, S. et al. (2020). Information Technology-ased Tracing Strategy in Response to COVID-19 in South Korea-rivacy Controversies. *JAMA* 323(21): 2129-30.

18 Nakaya, T. et al. (2019). Spacetime mapping of historical plague epidemics in modern Osaka, Japan. *Abstracts of the International Cartographic Association* 1: 267. doi.org/10.5194/ica-abs-1-267-2019; Suzuki, A. (2006). Cotton, Rats and Plague in Japan.

19 Suzuki (2006).

20 *The New York Times* (2018). Facebook Data Collected by Quiz App Included Private Messages.

21 NBC News (2018, 10 April). *Senator Asks How Facebook Remains Free, Mark Zuckerberg Smirks: 'We Run Ads'* [video]. youtube.com/watch?v=n2H8wx1aBiQ

22 TechCrunch (2018). *WTF is GDPR?*

23 the *Guardian* (2021). Climate crisis: 2020 was joint hottest year ever recorded.

부록: 지구를 평평하게 만들기

1 다양한 도법에 관한 좋은 입문서는 다음을 참고. Battersby, S. (2017). Map Projections. *The Geographic Information Science&Technology Body of Knowledge* (2nd Quarter 2017 Edition).

2 스필하우스 도법에 관한 추가 논의는 다음을 참고. jasondavies.com/maps/spilhaus and bit.ly/3bqEG2N

3 Tobler, W. (2002). Qibla, and related, Map Projections. *Cartography&Geographical Information Science* 29(1): 17-23.

4 bfi.org/about-fuller/big-ideas/spaceshipearth

감사의 말

여러 훌륭한 분들이 시간을 내어 데이터를 공유하고, 지도와 그래픽에 대한 생각을 나눠주었다. 영국에서 가장 인기 있는 코스를 소개해준 폴 네일러와 찰리 글린에게 감사하다. 부랑자의 삶에 관하여 정보를 나눠준 애덤 크럼블에게도 감사하다. 지도의 한계를 넓혀준 애덤 켈리 놀스와 레비 웨스터벨드에게도 고마움을 전한다. 게놈의 비밀을 풀어낸 데이비드 라이크, 고래잡이 경로를 밝히는 데 협조해준 낸터킷 역사 협회의 제임스 러셀, 국제종합해양대기 데이터 세트ICOADS의 심오한 세계로 우리를 안내한 벤 슈미트에게 감사하다.

뉴욕시 인구를 지도로 만들 수 있게 해준 쿠비 애커먼과 뉴욕시 박물관 측에 깊은 감사를 전한다. 프랑스 인구 데이터로 도움을 준 알레산드로 소리체타, 앤디 타템, 월드팝 팁 측에도 고맙다. 또 그 지도를 보고 훌륭하게 조언해준 친구이자 프랑스 전문가 니콜라스 퀴링에게도 고맙다. 푸에르토리코에서 시작되는 인구 흐름은 공유해준 테랄리틱스 회사, 아프리카 도로 정보를 제공해준 에마누엘레 스트래노에게도 감사하다. 오랜 협업자이자 친구로서 자전거 공유와 성씨에 대한 데이터를 전해준 올리버 오브라이언에게도 큰 빚을 졌다.

키키에펌과 CAMEO 팀이 데이터를 공유해준 덕분에 타이완 대기오염 데이터를 이 책에 실을 수 있었다. 플린트와 인근 도시들의 오염수 문제를 해결해낸 에릭 슈워츠, 제이컵 애버네시, 재러드 웹의 노고에도 감사드린다. 렌트로직의 예일 폭스 팀은 뉴욕 세입자들이 집을 구할 때 맞닥뜨릴 수 있는 문제들을 알려주었고, 더스틴 크롤은 한 해 동안 일어난 시위를 하나로 연결 지어 생각하도록 해주었다.

기후 위기를 가시화하면서는 에드 호킨스가 지구 온난화 데이터로 도움을 주었다. 엘페이스 A. B. 엘타히르는 메카 순례의 미래에 관해 자신이 알아낸 것을 명료하게 나눠주었다. 딘 B. 게슈는 해수면 상승 데이터를 기꺼이 공유해주었다(심지어 누구나 사용할 수 있게 데이터를 공개했다). 폴 윌리엄스와 루스 스토러는 난기류에 관한 복잡한 데이터를 참을성 있게 소개하고 설명해주었다. 지진으로 인한 술라웨시 지반 이동 데이터를 건넨 마이클 포멜리스와 마르첼로 드 미첼, 녹스빌 제설 데이터를 준 부두바두리와 올루페미 오미타오무에게도 고마움을 전한다.

워싱턴 D.C. 내 앱 사용자 추적 지도를 만들 수 있게 데이터를 전해준 캐슬린 스튜어트와 판준추안에게 깊이 감사드린다. 트위터 해독에 도움을 준 비어트리스 페레즈, 오사카 지도를 제공해준 나카야 도모키, 주말 내내 빙산 추적에 도움을 준 로라 게리시에게도 고맙다.

이 프로젝트를 막 시작하면서 우리는 영국 도서관, 로스앤젤레스 공공도서관, 미시간대학교 클라크 도서관에서 본 지도 모음을 토대로 책을 구상했다. 보석 같은 지도를 모아준 팀 어터에게 특별히 고맙다. 아울러 꼼꼼한 지도 편집자들 덕에 일정에 맞춰 지도를 제작할 수 있었다.

『눈에 보이지 않는 지도책』은 이들이 없었다면 실수투성이 지도가 되었을 것이다. 모두에게 이루 말할 수 없이 감사하다.

제임스의 말: UCL의 인턴, 박사생, 연구원, 학자들과 멋진 팀을 이뤄 즐겁게 작업했다. 여름 내내 데이터를 처리하느라 애쓴 니콜 노그라디와 핀바르 어헌에게 고맙다. 직접 데이터를 구해주고 어쩌다 보니 조언자 역할까지 맡아준 앨리슨 로이드와 제이슨 탱, 발라무루간 사운드다라라지, 제임스 토드, 테리에 트라스버그, 저스틴 반 다이크, 마이크로 무솔레시에게도 모두 고맙다.
꾸준히 응원해주고 애정을 보내준 가족과 친구들에게 진심으로 고마움을 전한다. 마지막으로 이 책은 내 곁에 있는 아일라가 없었다면 나오지 못했을 것이다. 아일라에게 가장 큰 고마움을 전한다.

올리버의 말: 책을 만드는 데 4년이라는 시간은 결코 짧지 않다. 책을 만드느라 고생하는 사람을 옆에서 지켜보기에도 기나긴 시간이다. 며칠씩 스튜디오에 나올 때마다 힘을 준 친구들에게 고맙다. 지도와 역사에 대한 사랑을 물려준 어머니께도 감사하다. 언제나 용기와 영감을 주는 형 저스틴에게도 고맙다. 끝없는 사랑과 응원, 확신을 주는 아내 소피에게도 고맙다. 1년 치 수면과 걸음걸이 데이터를 공유해주어 더욱 고맙다.

마지막으로 에이전트 루이지 보노미와 파티큘러 북스, W.W. 노튼 출판사 직원들에게 깊은 감사의 마음을 보낸다. 헬렌 콘퍼드와 세실리아 스테인은 처음부터 우리를 믿어주었다. 클로에 커렌스는 이 책 구상 단계에서 실마리를 주었다. 짐 스토다트 역시 책 구상에 관해 믿음직한 조언을 제공했다. 킴 양이 연결해준 네이선 버튼은 우리가 제시한 아이디어를 멋지게 합쳐 완벽한 표지를 만들어주었다. 구글 독스를 통해 리처드 앳킨슨과 톰 메이어에게서 조언을 들을 수 있었던 것도 행운이었다. 모두의 열정과 사려 깊은 편집, 꾸준한 격려의 말 덕분에 무언가를 궁금해하는 마음이 더 나은 세상을 만든다는 사실을 유념하며 작업을 해나갈 수 있었다.

지은이

제임스 체셔James Cheshire

유니버시티 칼리지 런던에서 지리 정보와 제작을 가르치는 교수다. "빅데이터를 지도로 옮겨 지리학적 지식을 발전시킨" 공을 인정받아 2017년 영국 왕립지리학회에서 커스버트 피크상을 받았다.

올리버 우버티Oliver Uberti

《내셔널 지오그래픽》에서 수석 디자인 편집자로 일했고, 현재는 과학자들과 함께 연구 결과를 눈에 띄는 시각 자료로 옮기는 작업을 하고 있다. 지금껏 그는 각종 수치와 책 면지, 표지 등을 다수 디자인했고 유전학자 데이비드 라이크 등 유명 학자들과 작업했다.

제임스와 올리버는 10년 동안 함께 지도를 만들고 있다. 첫 책이자 베스트셀러였던 『런던: 정보의 수도London: The Information Capital』는 지도 제작 면에서 탁월함을 인정받아 영국 지도학회상을 받았다. 두 번째 책 『동물은 어디로 가는가Where the Animals Go』는 제인 구달에게서 "야생동물과 야생 서식지를 보호하려는 우리의 싸움에 기여했다"라는 호평을 받았다. 그책으로 제임스와 올리버는 북미지도정보학회가 창의적인 지도 제작자에게 수여하는 코를리스 베네피데오상을 받았다. 두 사람이 만든 지도는 스위스 디자인 박물관, 뉴욕시 박물관, 낸터킷 고래잡이 박물관에 전시되었고 《내셔널 지오그래픽》, 《와이어드》, 《파이낸셜 타임스》, 《가디언》에 실렸다. 둘은 각각 런던과 로스앤젤레스에 살며 둥근 지도를 가로질러 협업한다.

옮긴이

송예슬

대학에서 영문학과 국제정치학을 공부했고 대학원에서 비교문학을 전공했다. 바른번역 소속 번역가로 활동하며 의미 있는 책들을 우리말로 옮기고 있다. 옮긴 책으로는 『언캐니 밸리』, 『사울 레이터 더 가까이』, 『스트라진스키의 장르문학 작가로 살기』, 『3시에 멈춘 8개의 시계』 등이 있다.

눈에 보이지 않는 지도책

• 세상을 읽는 데이터 지리학 •

펴낸날 초판 1쇄 2022년 11월 1일 | 초판 6쇄 2024년 10월 18일
지은이 제임스 체셔, 올리버 우버티 | **옮긴이** 송예슬 | **펴낸이** 이주애, 홍영완 | **편집장** 최혜리
편집1팀 양혜영, 문주영, 강민우 | **편집** 박효주, 유승재, 박주희, 장종철, 홍은비, 김하영, 김혜원, 이소연, 이정미
디자인 기조숙, 박아형, 김주연, 윤소정, 윤신혜 | **마케팅** 김태윤, 김지윤, 김미소, 최혜빈, 정혜인
해외기획 정미현 | **경영지원** 박소현
펴낸곳 (주)윌북 | **출판등록** 제 2006-000017호 | **주소** 10881 경기도 파주시 광인사길 217
전화 031-955-3777 | **팩스** 031-955-3778 | **홈페이지** willbookspub.com
블로그 blog.naver.com/willbooks | **포스트** post.naver.com/willbooks
트위터 @onwillbooks | **인스타그램** @willbooks_pub
ISBN 979-11-5581-538-0 (03980)

• 책값은 뒤표지에 있습니다. • 잘못 만들어진 책은 구입하신 서점에서 바꿔드립니다.